高等学校教材

# 机械工程材料及选用

主　编　何庆复
副主编　杨　萍　王德志
主　审　王金华

中国铁道出版社有限公司
2020年·北京

## 内 容 简 介

本书为高等工科院校机械类各专业的技术基础课教材。与传统的相关教材相比,本书对材料基础理论内容进行了较大幅度调整和补充。全书注重对必要的工程材料基本知识和基本原理的阐述,做到由浅入深,兼顾原理与应用,重点突出了材料工程应用方面的知识,加强了对工艺方法的分析比较,扩增了工程材料的失效、选用与设计方面的内容。

本书除可作为高校机械专业的教材外,也可供有关工程技术人员学习参考。

**图书在版编目 (CIP) 数据**

机械工程材料及选用/何庆复主编 . −北京:中国铁道
出版社,2001.7(2020.3重印)
高等学校教材
ISBN 978−7−113−04245−5

Ⅰ. 机⋯  Ⅱ. 何⋯  Ⅲ. 机械制造材料−高等学校−
教材  Ⅳ.TH14

中国版本图书馆 CIP 数据核字(2001)第 043504 号

书　　名:机械工程材料及选用

作　　者:何庆复

出版发行:中国铁道出版社有限公司(100054,北京市西城区右安门西街 8 号)

责任编辑:赵　静

封面设计:陈东山

印　　刷:三河市宏盛印务有限公司

版　　次:2001 年 8 月第 1 版　2020 年 3 月第 7 次印刷

开　　本:787 mm×960 mm　1/16　印张:17　字数:338 千

印　　数:16 001 ~ 17 000 册

书　　号:ISBN 978−7−113−04245−5

定　　价:46.00 元

# 前　　言

"机械工程材料及选用"作为高等工科院校机械类各专业的技术基础课,为机械类专业学生毕业后从事机械产品设计、制造和维修工作奠定基础。传统的相关教材涉及材料学科基础理论的内容比重偏大,而材料应用方面的内容比重较小,尤其是有关新材料及其应用方面的知识更欠缺,已不能适应科技与教育事业发展的要求。鉴于这种情况,我们在编写过程中,坚持以转变教育思想为先导,立足于培养机械类专业本科学生机械创新设计的综合能力,做到教材在体系上符合机械类人才培养方案整体优化的原则,以满足21世纪初科技发展对系列技术基础课的要求。

本书对材料基础理论内容进行了较大幅度调整,注重对必要的工程材料基本知识和基本原理的阐述,力求由浅入深,兼顾原理与应用,循序渐进,内容精练,体系完整。重点突出了材料工程应用方面的知识,加强了对工艺方法的分析比较,扩增了工程材料的失效、选用与设计方面的内容。在内容上力求有一定深度和广度,反映近年来国内外材料学科较成熟的最新科技成就,并力图建立理论联系实际,适应科技与现代化发展的需要的本课程新体系,使学生能对工程材料领域的现代发展全貌有基本了解。着重解决材料选用与设计思想方法,培养初步具有合理选材,制定工艺路线,综合运用知识,分析和解决一般工程实际问题的能力,并为后续课程的学习及毕业以后从事生产和科研工作打下必要的坚实的基础。

本书的完成是面向21世纪机械基础系列课程教改项目成果的重要体现之一。为确保教材质量,编写过程中,在发挥各自优势的基础上,注重协同作战,发扬团队精神。本书包括课堂教学和一定量的课外自学两部分内容。

本书由何庆复主编,杨萍和王德志副主编,王金华主审。参加本书编写工作的有:丁志敏(第一章),章为夷(第二章),王顺花(第三章),何庆复(第四章),刘伟(第五章),付华(第六章),王德志(第七章),杨萍(第八章),朱旻昊(第九章)。

在本书编审出版过程中,很多同志为此付出辛勤劳动,并提出宝贵意见,在此一并表示感谢。

本书如有错误之处,恳切希望读者批评指正。

编　者

2001 年 1 月

# 目　　录

# 绪　　论

　　材料、能源和信息并列被称为现代技术的三大支柱,而材料又是能源和信息的基础。人类文化是一个极复杂的结构,材料进步对决定人类文化总体面貌具有头等意义。人类与材料一起走过各个历史阶段,人类的文明史就是按当时制作工具或武器所用材料而定名。19世纪初,丹麦考古学家提出人类文化经过石器时代、铜器时代和铁器时代三阶段理论,并很快被社会所承认,当今人们所说的由钢铁时代进入信息时代的概念也与时代的材料发展相关。

　　材料的应用与研制构成了人类历史进程中辉煌的里程碑。我国对材料发展做出过重要贡献。人类冶金史有6000多年,经历了三次大发展,其中两次大发展发生在中国。冶金史第一次大发展是中国商周时期青铜冶铸技术大发展。在战国时期,已对青铜成分与性能的规律有所认识,根据器物使用性能提出Cu-Zn的6种不同配方,是世界上最早的合金化技术。冶金史第二次大发展是战国秦汉冶铁与生铁炼钢技术的大发展。春秋战国时期,中国出现了生铁铸造技术。通过生铁退火得到铸铁脱碳钢的这一技术已属于生铁炼钢工艺的范畴。西汉时期又发明了用生铁炼钢的新技术。生铁炼钢、生铁柔化两大成就构成世界古代冶铁技术发展的重要内容。当时我国钢铁生产技术已达到相当高的水平,处于世界领先地位。冶金史第三次大发展是欧洲近代冶金技术大发展。18世纪欧洲工业革命后,冶炼技术才在欧洲发展起来,直到20世纪电炉炼钢法诞生,进一步提高了钢的质量,使合金钢生产成为可能,近代炼钢技术发展才突飞猛进。1886年美国在有色金属冶炼方面最重大发明是将氧化铝加入熔融冰晶石,电解得到铝。

　　材料是社会进步的标志。材料科学受到重视的原因之一,就是社会的发展对材料的需要。材料的发展又促进社会的进程,二者相辅相成。科学技术在经济增长中所起作用的比重逐年增加,而在科技所占比例中材料发展的贡献很大。随着我国现代化生产发展,零件的服役条件日趋苛刻,因而对其质量和材料性能的要求也越来越高。这一趋势要求工程技术人员对工程材料的物理本质以及成分、组织和力学性能有一基本了解。新材料、新工艺的应用推动着现代化工业发展和科技进步。目前,材料研究已成为一门尖端技术。划时代新材料的出现,必然萌生技术革新。技术革新又对新材料有强烈的需求,促进新材料的研制与发展,使新材料品种增多,质量提高,以满足需要。如航空航天技术的发展,促进了具有抗高温性能的新材料的飞速发展;石油化学工业的兴起,促进了高分子化学的发展;材料的研究与应用给现代技术的发展带来了新的生机。

　　材料科学是一门研究材料成分、结构、加工工艺、性能与应用之间内在相互关系及其变化规律的学科。材料科学理论与实验是材料发展与创新的基础与前提。19世纪冶金、材料技术有了新的发展。人们用显微镜对钢组织进行观察，揭示了组织、成分和性能之间的关系，建立了金相学，提出了 Fe-C 相图，这时对于钢件在加热和冷却过程中其内部组织变化规律以及对由此引起钢的性能变化的物理本质才有所认识。X射线衍射技术与电子显微镜的应用使金属电子理论与位错理论大发展，化学、物理、力学与材料、冶金之间建立了密不可分的关系，形成了化学冶金学、物理冶金学和力学冶金学等一系列新的材料学科的分支，成为指导材料及材料制造业的理论基础。

　　材料按用途可分为工程材料和功能材料；按结构可分为金属、非金属和复合材料。在近十几年甚至几十年内，钢铁材料所处的主导地位是不容忽视的，但从未来的发展看，钢铁材料有可能逐渐被其他材料所替代。具有各种性能的陶瓷作为一种新型材料相继研制成功，复合材料应用取代了某些金属材料，作为未来最有希望的材料已日益受到人们的重视。在当前材料科学迅速发展的情况下，仅有金属材料知识还不够，必须对其他材料有所了解。

　　本课程在先行基础课与后续技术基础课或专业课之间起着承前启后的作用。本课程对机械产品设计、生产、检测起着重要指导作用。本书主要包括三大方面内容，即材料基础理论部分、工程材料及应用部分和工程材料的失效、设计与选用部分。加强基础理论部分学习是认识材料与合理使用材料的先导。学习这门课程首先了解材料成分、组织与性能之间相互关系，知道具有什么成分的材料，通过哪一种工艺可以获得适当的组织，才能达到所要求的性能，为提高机械零件质量，充分发挥现有材料潜力及发展新材料打下基础。学会如何运用材料学科理论与研究方法分析与解决机械产品设计与生产中所遇到的问题，具有能根据机件服役条件和对材料性能要求正确选材与制订合理的热处理工艺，妥善安排工艺路线的初步能力。

# 第一章 金属材料力学性能

金属材料的性能包括物理性能、化学性能、工艺性能和力学性能,对于工程材料来说,其中最重要的是力学性能。

金属材料的力学性能是指金属在外加载荷(外力或能量)作用下或载荷与环境因素(温度、介质和加载速率)联合作用下所表现的行为。由于载荷施加的方式多种多样,而环境、介质的变化又十分复杂,所以金属在这些条件下所表现的行为就会大不相同,致使金属材料力学性能所研究的内容非常广泛,它已发展成为介于金属学和材料力学之间的一门边缘学科。

金属材料的力学性能包括强度、硬度、塑性和韧性等性能。因为金属构件的承载条件一般用各种力学参量(如应力、应变和冲击能量等)来表示,因此,人们便将表征金属材料力学行为的力学参量的临界值或规定值称为金属材料力学性能指标,如强度指标、塑性指标、韧性指标等等。本章将在介绍金属材料力学性能基本知识的基础上着重介绍这些性能指标的物理概念及实用意义。

## 第一节 拉伸曲线和应力应变曲线

拉伸试验是工业上最广泛使用的力学性能试验方法之一。试验时在拉伸机上对圆柱试样或板状试样两端缓慢地施加载荷,使试样受轴向拉力沿轴向伸长,一般进行到拉断为止。

一般试验机都带有自动记录装置,可把作用在试样上的力和所引起的试样伸长自动记录下来,绘出载荷-伸长曲线,称拉伸曲线或拉伸图。

图 1-1 为退火低碳钢拉伸曲线示意图。曲线的纵坐标为载荷($P$),横坐标是绝对伸长($\Delta L$),由图可见,载荷比较小时,试样伸长随载荷增加成正比例增加,保持直线关系。载荷超过 $P_p$ 后,拉伸曲线开始偏离直线。载荷在 $P_e$ 以下阶段,试样在加载时发生变形,卸载后变形能完全恢复,该阶段为弹性变形阶段。当载荷超过 $P_e$ 后,试样在继续产生弹性变形的同时,将产生塑性变形,进入弹塑性变形阶段。此时,若在载荷 $P$

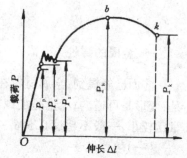

图 1-1 低碳钢的拉伸曲线示意图

作用下试样的变形为 $ac$ ,则弹性变形和塑性变形分别为 $ab$ 和 $bc$（如图 1-2 所示）。若卸载,弹性变形 $ab$ 将恢复,塑性变形 $bc$ 被保留,使试样的伸长只能部分地恢复,而保留一部分残余变形 $OD$。当载荷达到 $P_s$ 时,在拉伸曲线上出现锯齿或平台。即载荷虽然保持不变或发生波动,而试样继续伸长（变形量继续增加）,这种现象称为屈服。由于在弹塑性变形阶段有塑性变形的产生,因此试样要继续变形,就必须不断增加载荷。随着塑性变形增大,载荷升高。当到最大载荷 $P_b$ 时,试样的某一部位横截面开始缩小,出现了颈缩。随着伸长量的增加,试样的变形主要集中在颈缩处而使试样的颈缩越来越明显。由于颈缩处试样截面急剧缩小,继续变形所需的载荷下降。载荷达 $P_k$ 时,试样产生断裂。

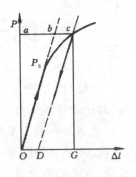

图 1-2　弹塑性变形阶段各类变形的示意图

由此可知,金属材料在外加载荷作用下的变形过程一般可分为三个阶段,即弹性变形、弹塑性变形和断裂。

用试样原始横截面积（$F_0$）去除载荷得到应力（$\sigma$）,即 $\sigma = P/F_0$。以试样的原始标距长度（$L_0$）去除绝对伸长,得到相对伸长（应变 $\varepsilon$）,即 $\varepsilon = \Delta L/L_0$,单位为百分数（%）。故可由金属材料的拉伸曲线得到材料的应力应变曲线,并且由于原始横截面积和原始标距长度均系常数,因而两曲线形状相同。

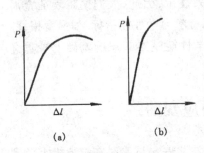

图 1-3　其他类型的拉伸曲线
(a)塑性材料；(b)脆性材料。

金属材料的拉伸曲线除了低碳钢这种类型以外,还有其他不同类型的拉伸曲线(图 1-3)。图 1-3(a)为塑性材料的拉伸曲线,它由弹性变形过渡到弹塑性变形是逐渐发生的,没有屈服现象,而存在有颈缩现象。图 1-3(b)为脆性材料的拉伸曲线,它不仅没有屈服现象,而且也没有颈缩现象,最大载荷就是断裂载荷。

# 第二节　金属的弹性与塑性

## 一、金属的弹性

前面已经提到,金属材料在外加载荷作用下最先产生弹性变形。弹性变形的特点是：变形是可逆的；不论是加载或卸载期内,应力与应变之间都保持单值线性关系；变形量比较小,一般不超过 0.5%～1%。

### (一)弹性模量

在弹性变形阶段,金属材料的应力与应变成正比关系,如拉伸时 $\sigma = E\varepsilon$,$E$ 表示应力应变曲线的斜率,称为正弹性模量。弹性模量表征金属材料对弹性变形的抗力,其值的大小反映了金属材料弹性变形的难易程度。$E$ 值越大,则产生一定弹性变形的应力也越大。

在工程上一般机器零件大都在弹性状态下工作,在设计、选材时除了设计足够的截面外,还应考虑弹性模量问题。故弹性模量是金属材料重要的力学性能指标之一。它的大小主要由材料本身的种类和晶体结构所决定,通常的合金化、热处理、冷加工等均不能明显改变金属材料的弹性模量,它是一个对材料的成分和显微组织不敏感的力学性能指标。

（二）比例极限和弹性极限

比例极限（$\sigma_p$）是应力与应变成正比关系的最大应力,即在拉伸应力应变曲线上开始偏离直线时的应力。

$$\sigma_p = \frac{P_p}{F_0} \tag{1-1}$$

式中　　$P_p$——比例极限对应的载荷;

　　　　$F_0$——试样的原始截面积。

弹性极限（$\sigma_e$）是材料弹性变形阶段弹性变形量达到最大值时的应力。应力超过弹性极限以后,材料便开始发生塑性变形。

$$\sigma_e = \frac{P_e}{F_0} \tag{1-2}$$

式中　　$P_e$——弹性极限对应的载荷;

　　　　$F_0$——试样的原始截面积。

$\sigma_p$ 和 $\sigma_e$ 的实际意义是:对于要求在服役时其应力应变关系严格维持直线关系的构件,如测力计弹簧,是依靠变形的应力正比于应变的关系显示载荷大小的,则选择这类构件的材料应以比例极限为依据;若服役条件要求构件不允许产生微量塑性变形,则设计时应按弹性极限来选材。

（三）弹性比功

弹性比功又称弹性比能、应变比能,表示金属材料吸收弹性变形功的能力。一般可用金属开始塑性变形前单位体积吸收的最大弹性变形功表示。金属拉伸时的弹性比功可用图1-4应力应变曲线下影线面积表示,且

$$a_e = \frac{1}{2}\sigma_e \varepsilon_e = \frac{\sigma_e^2}{2E} \tag{1-3}$$

式中　　$a_e$——弹性比功;

　　　　$\sigma_e$——弹性极限;

　　　　$\varepsilon_e$——最大弹性应变。

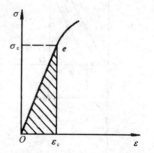

图1-4　金属拉伸时应力
应变曲线(弹性阶段)

由式(1-3)可见,金属材料的弹性比功决定于其弹性模量和弹性极限。由于弹性模量是组织不敏感性能指标,因此,对于一般金属材料,只有用提高弹性极限的方法才能提高其弹性比功。

弹簧是典型的弹性零件,其重要作用是减震和储能驱动,要求 $\sigma_e$ 较高,使弹性比功增加。

### (四)弹性不完整性

理想的弹性变形应该是单值性的可逆变形,加载时立即变形,卸载时又立即恢复原状,变形与加载方向、时间无关,加载线和卸载线重合一致。但是由于实际金属是多晶体并有各种缺陷存在,弹性变形时,并不是完整弹性的,还将出现弹性不完整性。弹性不完整性包括包申格效应、弹性后效和弹性滞后等现象。

#### 1. 包申格效应

图 1-5 为退火轧制黄铜在不同载荷条件下弹性极限的变化情况。曲线 1 为初次拉伸曲线,测得的弹性极限为 $\sigma_{e1}$;曲线 2 为初次压缩曲线,弹性极限为 $\sigma_{e2}$。若将经初次压缩后的试样卸载,再进行第二次压缩加载,弹性极限将由 $\sigma_{e2}$ 增加到 $\sigma_{e3}$(曲线 3);若用初次压缩过的试样进行第二次拉伸加载,则弹性极限明显下降,由 $\sigma_{e2}$ 下降到 $\sigma_{e4}$(曲线 4)。

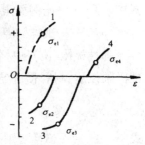

图 1-5　包申格效应

金属经过这种预先加载产生微量塑性变形,然后再同向加载,使弹性极限升高;反向加载弹性极限降低的现象叫包申格效应。

包申格效应在很多金属中都有发现。显然,包申格效应对于预先经过轻度塑性变形而后又反向加载的构件十分有害。在交变过载作用下,因包申格效应会使材料逐步弱化。

预先进行较大的塑性变形是消除包申格效应的方法之一。

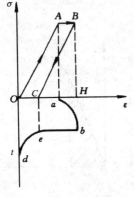

图 1-6　弹性后效

#### 2. 弹性后效

试验发现,在加载速率比较快时,金属的拉伸应力应变曲线上的直线段实际上是由两部分组成的,如图 1-6 所示。

试样在应力作用下产生的弹性变形开始时,沿 $OA$ 变化,产生瞬时弹性应变 $Oa$ 之后,在应力不变的条件下,随时间延长变形慢慢增加,产生附加的弹性应变 $aH$。这种加载时应变落后于应力而和时间有关的现象,称为正弹性后效。卸载时,立即沿 $BC$ 变化,部分弹性应变 $HC$ 消失,之后随时间延长应变才缓慢消失至零。卸载时应变落后于应力的现象,称为反弹性后效。弹性后效又称滞弹性,随时间延长而产生的附加弹性应变叫做滞弹性应变。滞弹性应变随时间的变化情况如图 1-6 下半部分所示。正弹性后效 ab 段和反弹性后效 ed 段都是时间的函数,而瞬时弹性应变 Oa 和 be 则和时间无关。

评定仪表和精密机械中一些重要的传感元件如长期承受载荷的测力弹簧、薄膜传感元件所用材料,需要考虑弹性后效问题,如弹性后效较明显,会使仪表精度不足。

### 3．弹性滞后

金属在弹性区内加载后,又卸载时,由于应变落后于应力,使加载线和卸载线不重合而形成封闭回线的现象,称为弹性滞后。封闭回线称为弹性滞后环。单向加载卸载形成的滞后环如图 1-7(a)所示。如果所加的是交变载荷,且最大应力低于材料的弹性极限,则得到交变载荷下的弹性滞后环〔图 1-7(b)〕。若交变载荷中的最大应力超过材料的弹性极限,则得到塑性滞后环〔图 1-7(c)〕。

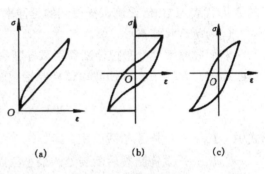

图 1-7 滞后环的类型
(a)单向加载弹性滞后环;
(b)交变加载弹性滞后环;
(c)交变加载塑性滞后环。

存在滞后环现象说明加载时消耗于金属的变形功大于卸载时金属释放出的变形功,因而有一部分变形功为金属所吸收。金属这种吸收不可逆变形功的能力,称为金属的循环韧性,也叫金属的内耗或消震性。循环韧性也是金属材料的重要力学性能。

循环韧性大的材料其消震能力强。对于承受交变应力而易振动的构件,常希望材料有良好的消震性,如汽轮叶片。但是另一方面,对有些零件又希望材料的循环韧性越小越好。如仪表上的传感元件,材料的循环韧性越小,传感灵敏度越高;乐器所用金属材料的循环韧性越小,声音越好听。

### 二、金属的塑性

金属在外力作用下,当超过弹性极限后开始塑性变形。和弹性变形相比,塑性变形是一种不可逆变形。随着外力增加其塑性变形量也增加。当达到断裂时,塑性变形量也达到最大值。通常用断裂时塑性变形极限值的相对量,即最大相对塑性变形量来表示材料的塑性变形能力,即塑性。拉伸试样的塑性指标有延伸率或断面收缩率。

#### (一)延 伸 率

延伸率($\delta$)又叫伸长率,是试样拉断后标距长度的相对伸长值,等于标距的绝对伸长($\Delta L_k = L_k - L_0$)除以试样原始标距长度($L_0$),用百分数表示:

$$\delta = \frac{L_k - L_0}{L_0} \times 100\% \tag{1-4}$$

式中　$L_0$——试样原始标距长度；

　　　$L_k$——试样断裂后的标距长度。

实验证明：试样的原始截面积和原始标距长度的大小会对延伸率有一定的影响，因此为了得到统一的可以相互比较的数据，通常对试样的尺寸有一定的要求。对于圆柱试样而言，试样的尺寸有两种：$L_0 = 5d_0$ 或 $10d_0$（$d_0$ 为试样的原始直径）。相应的试样分别称为 5 倍或 10 倍比例试样，得到的延伸率分别以 $\delta_5$ 或 $\delta_{10}$ 表示，且 $\delta_5 > \delta_{10}$。通常的 $\delta$ 即代表用 10 倍比例试样得到的延伸率。

**（二）断面收缩率**

断面收缩率（$\Psi$）是拉伸断裂后试样断裂处截面的相对收缩值，等于断裂处截面绝对收缩值（$\Delta F_k = F_0 - F_k$）除以试样原始截面积（$F_0$），也用百分数表示：

$$\Psi = \frac{F_0 - F_k}{F_0} \times 100\% \tag{1-5}$$

式中　$F_0$——试样原始截面积；

　　　$F_k$——试样断裂后断裂处的最小截面积。

# 第三节　金属的强韧性

## 一、金属的强度

金属的强度是表征金属材料抵抗变形和断裂的能力。材料内部的化学成分和组织结构将影响金属的强度，因而可以通过合金化、热处理、冷变形等方法使之改变。这将在第二章中详细介绍。

**（一）屈服极限**

在介绍退火低碳钢的拉伸曲线时曾经指出，在弹性变形后载荷达到 $P_s$ 时将产生屈服现象。表现在试验过程中，载荷不增加试样仍能继续伸长而在拉伸曲线上出现平台〔图 1-8（a）〕，称为平台状屈服；或在载荷上下波动情况下，试样继续伸长变形而在拉伸曲线上出现锯齿〔图 1-8（b）〕，称为锯齿状屈服。在平台状屈服时与平台对应的载荷记为 $P_s$，相应的应

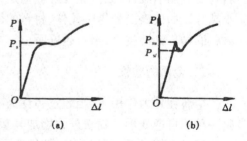

图 1-8　屈服点的确定

(a)平台状屈服；　(b)锯齿状屈服。

力称为屈服点，以 $\sigma_s$ 表示。仍以 $F_0$ 表示试样原始截面积，则

$$\sigma_s = P_s / F_0 \tag{1-6}$$

在锯齿状屈服时，最大载荷或不计初始瞬时效应（指载荷第一次发生下降）时的最小载荷分别记为 $P_{su}$ 和 $P_{sl}$，相对应的应力 $\sigma_{su}$ 和 $\sigma_{sl}$ 分别称为材料的上屈服点和下屈服

点,通常以下屈服点作为材料的屈服点,也以 $\sigma_s$ 表示。屈服伸长变形是不均匀的,载荷刚开始突然下降时,可以在经预先抛光的试样上局部区域见到与拉伸轴约成45°的滑移带,称吕德斯(Lüders)带或屈服线,随后滑移带沿试样长度方向逐渐扩展,当布满整个试样长度时屈服变形结束,试样开始进入均匀塑性变形阶段。屈服现象是金属材料开始产生微量塑性变形的标志。

金属材料在拉伸试验时如果出现屈服平台,或出现拉伸力陡降的现象,那么测定屈服点或下屈服点非常方便。但是许多金属材料在拉伸试验时看不到明显的屈服现象,对于这类材料人为地规定拉伸试样标距部分产生一定的微量塑性伸长率(如0.2%等)时的应力作为规定微量塑性伸长应力,称为条件屈服强度,以 $\sigma_{0.2}$ 表示。

零件与结构件,经常因过量塑性变形而失效,因此,一般不允许发生塑性变形。但是要求的严格程度是不一样的。要求特别严的构件,应根据材料的弹性极限或比例极限设计,要求不十分严格的构件,则要以材料的屈服强度作为设计和选材的主要依据。正因为这样,屈服强度被公认是评定金属材料的重要力学性能指标,资料中大多数金属材料都有屈服强度的数据。

(二)抗拉强度

抗拉强度($\sigma_b$)是拉伸试验时试样拉断过程中最大试验力所对应的应力,其值等于最大载荷除以试样原始横截面积:

$$\sigma_b = \frac{P_b}{F_0} \tag{1-7}$$

抗拉强度代表金属材料所能承受的最大拉伸应力。对脆性材料而言,因为一达到最大载荷材料便迅速断裂,所以抗拉强度也就是材料的断裂抗力。对塑性材料而言,在最大载荷以前试样均匀变形,试样各部分的伸长基本上是一样的;在最大载荷以后,变形将集中于试样的某一部分,发生集中变形,试样上出现颈缩,由于颈缩处截面积急剧减小,试样能担负的载荷减少,所以按试样原始截面积($F_0$)计算出来的条件应力,也随之减少,如图1-9中曲线1所示。所以,塑性材料形成颈缩时相当于从均匀塑性变形向集中塑性变形过渡的临界时刻。此时,抗拉强度代表材料的最大均匀塑性变形抗力。如果在最大载荷之后,改用颈缩处的瞬时截面积($F_X$)去除当时的载荷,得到的真实应力($S$)($S = P/F_X$)仍是

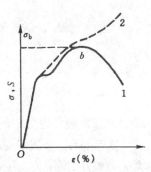

图1-9　$\sigma$(或 $S$)-$\varepsilon$ 曲线
1—条件应力应变曲线;
2—真实应力应变曲线。

随变形的增加而增大的,如图1-9中曲线2所示。这说明产生颈缩之后,变形抗力将继续增加,进一步产生加工硬化。抗拉强度在技术上是很重要的,它是设计和选材的主要依据之一,也是材料的重要力学性能指标。

(三)断裂强度

断裂强度 $S_k$ 是拉断试样时的真实应力,它等于拉断时的载荷($P_k$)除以断裂后颈缩处的横截面积($F_k$):

$$S_k = \frac{P_k}{F_k} \tag{1-8}$$

断裂强度表征材料抵抗断裂的能力。

(四)疲劳强度

许多构件如轴、齿轮、弹簧等,都是在交变应力下工作的,它们工作时所承受的应力通常都低于材料的屈服强度。构件在这种变动载荷下,经过较长时间工作而发生断裂的现象叫金属的疲劳。疲劳断裂与静载荷下的断裂不同,在静载荷下显示脆性或韧性的材料,在疲劳断裂时都不产生明显的塑性变形,断裂是突然发生的,因此具有很大的危险性,常常造成严重的事故。据统计,在损伤的机器零件中,有 80% 以上属于疲劳断裂。

构件所承受的变动载荷是指载荷的大小、方向或大小和方向随时间发生变化的载荷。变动载荷可分为周期性变动载荷(也称循环应力)和随机变动载荷。生产中构件正常工作及实验室进行研究时变动载荷多为循环应力,最常见的循环应力为载荷与时间呈正弦曲线的对称应力循环。

循环应力的特性可用应力幅 $\sigma_a$、平均应力 $\sigma_m$ 和应力循环对称系数 $r$ 等几个参量表示,如图 1-10 所示。它们的定义为:

$$\sigma_a = \frac{\sigma_{max} - \sigma_{min}}{2} \tag{1-9}$$

$$\sigma_m = \frac{\sigma_{max} + \sigma_{min}}{2} \tag{1-10}$$

$$r = \frac{\sigma_{min}}{\sigma_{max}} \tag{1-11}$$

式中 $\sigma_{max}$ 为循环应力中的最大应力;$\sigma_{min}$ 为循环应力中的最小应力。

实验证明:金属承受的最大应力愈大,则断裂时应力交变的次数 $N$ 愈少;反之,最大应力愈小,则应力交变次数愈大。若将所加的最大应力 $\sigma_{max}$ 和对应的断裂周次 $N$ 绘成图时,便得到图 1-11 所示的 $\sigma$-$N$ 曲线,称疲劳曲线。从图 1-11 看出,当应力低于 $\sigma_r$($r$ 为应力循环对称系数)时,应力即使循环无限次构件也不会发生疲劳断裂。因此曲线水平部分所对应的应力 $\sigma_r$ 就是疲劳极限,它表示材料经受无限次应力循环而不断裂的最大应力。通常光滑试样的疲劳曲线用对称旋转弯曲载荷测定。其 $r = -1$,故疲劳极限用 $\sigma_{-1}$ 表示。由于疲劳断裂时循环周次 $N$ 很大,所以疲劳曲线的横坐标一般取对数坐标。

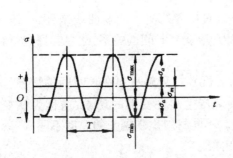

图 1-10　循环应力特性

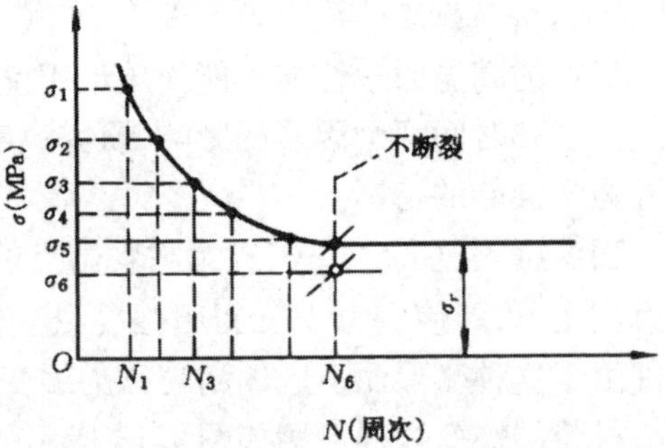

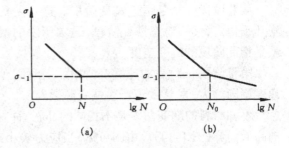

图 1-11　疲劳曲线示意图

不同材料的疲劳曲线形状不同,大致分为两种类型(如图 1-12 所示):一种类型是疲劳曲线上有明显的水平部分〔图 1-12(a)〕,如钢铁材料的疲劳曲线,疲劳极限有明确的物理意义;另一类是疲劳曲线上没有水平部分〔图 1-12(b)〕,如部分有色金属,这时就规定在某一循环基数($N_0$)时发生断裂的应力作为"条件疲劳极限"或"有限疲劳极限",$N_0$ 称为循环基数。对于实际构件来说,$N_0$ 是根据构件工作条件和使用寿命来确定的。

图 1-12　两种类型疲劳曲线
(a)钢铁材料;(b)部分有色金属。

实验表明,疲劳极限和材料的抗拉强度有一定的经验关系,一般,中、低强度钢为

$$\sigma_{-1} = 0.5\sigma_{b}。$$

如上所述,疲劳曲线的水平线所对应的应力为疲劳极限,而其斜线部分则表示在超过疲劳极限的应力作用下,材料的疲劳强度和断裂循环次数的关系,它反映了材料对过载(应力超过疲劳极限时的载荷)的抗力,用过载持久值表示。所谓过载持久值是指在过载应力下材料的断裂循环周次。对于疲劳极限相同而抗拉强度不同的材料,在大多数情况下,抗拉强度愈高,疲劳曲线上的斜率就愈陡,因而在相同过载荷下能经受的应力循环周次也就愈多。即过载持久值愈大,材料的抗过载能力愈好。机械设计时大多数构件是按照疲劳极限进行设计的,也有些构件,如飞机起落架等,承受的交变应力远高于疲劳极限,这就要按照有限周次确定其疲劳寿命,这时过载持久值就具有重要意义。

应该指出,材料的疲劳极限主要取决于材料的抗拉强度,而在过载范围内,材料的疲劳强度不仅与材料的抗拉强度有关,还与材料的塑性与韧性有关。过载应力越高,破

断的循环周次越少。在材料抗拉强度相近的情况下,塑性好的材料疲劳强度也较高。

(五)高温强度

材料的高温力学性能不能简单地用室温下短时拉伸的应力应变曲线来评定,还应考虑温度和时间两个因素的影响,研究温度、应力、应变与时间的关系,建立起评定材料高温力学性能的指标。

当温度超过$0.5T_m$($T_m$为材料熔点的绝对温度)时,金属材料在长时间的恒温、恒应力作用下,即使应力小于屈服强度,也会慢慢地产生塑性变形的现象,这称为蠕变。构件由于这种变形而引起的断裂称为蠕变断裂。不同材料出现蠕变的温度不同。

材料的蠕变过程可用如图 1-13 所示的蠕变曲线来描述。蠕变曲线可分为三个阶段:

第 I 阶段($ab$)是减速蠕变阶段。加载后,蠕变速度($\dot{\varepsilon}=\mathrm{d}\varepsilon/\mathrm{d}t$)随时间延长逐渐减小。

第 II 阶段($bc$)是恒速蠕变阶段。这一阶段应变速度几乎恒定,又称稳态蠕变阶段,通常所说的蠕变速度就是指此阶段的蠕变速度。

第 III 阶段($cd$)是加速蠕变阶段。随时间延长蠕变速度逐渐增大,直至 $d$ 点产生蠕变断裂。

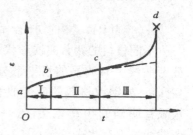

图 1-13　典型的蠕变曲线

不同材料的蠕变曲线是不相同的,同一种材料的蠕变曲线也随应力的大小和温度的高低而异(图 1-14)。由图可见,当应力较小或温度较低时,蠕变第 II 阶段持续时间较长,甚至可能不出现第 III 阶段,即不发生蠕变断裂。相反,当应力较大或温度较高时,蠕变第 II 阶段很短,甚至完全消失,试样将在很短时间内断裂。

材料的蠕变极限是根据蠕变曲线来确定的,一般有两种表示方法。一种方法是在给定温度下使试样产生规定蠕变速度的应力值,以符号 $\sigma_{\dot{\varepsilon}}^{T}$ 表示(其中 $T$ 为试验温度,

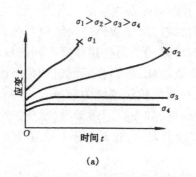

(a)

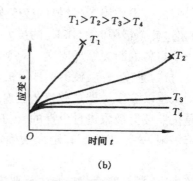

(b)

图 1-14　应力和温度对蠕变曲线的影响
(a)恒定温度下改变应力; (b)恒定应力下改变温度。

单位为℃；$\dot{\varepsilon}$ 为第Ⅱ阶段蠕变速度，单位为%/h）。例如，$\sigma_{1\times10^{-5}}^{600} = 60$ MPa表示材料在温度600℃下，蠕变速度为 $1\times10^{-5}$%/h 的应力值为60 MPa。蠕变速度是根据构件的服役条件来确定的。另一种方法是在给定温度（单位为℃）下和规定的时间（$t$）（单位为h）内使试样产生一定蠕变总变形量（$\delta$）（单位为1%）的应力值，以符号 $\sigma_{\delta/t}^{T}$ 表示。例如，$\sigma_{1/10^5}^{500} = 100$ MPa表示材料在500℃温度下，$10^5$ h后变形量为1%的应力值为100 MPa。试验时间及蠕变变形量的具体数值也是根据构件的工作条件来规定的。

为了保证在高温长期载荷作用下构件不致产生过量变形，要求材料具有足够的蠕变极限。和常温下的屈服强度相似，蠕变极限是高温长期载荷作用下材料对塑性变形的抗力指标。

蠕变极限虽然表征了材料在高温长期载荷作用下的塑性变形的抗力，但不能反映断裂时的强度和塑性。为了使材料在高温长期使用时不破坏，要求材料具有一定的持久强度。与室温下的抗拉强度相似，持久强度是材料在高温长期载荷作用下抵抗断裂的能力，是在给定温度和规定的时间内使试样发生断裂的应力，以符号 $\sigma_{10^3}^{T}$ 表示。例如 $\sigma_{1/10^3}^{700} = 300$ MPa表示材料在700℃温度下经1 000 h后发生断裂的应力（即持久强度）为300 MPa。这里所指的规定时间是以零件的设计寿命为依据的。

综上所述，对于设计某些在高温运转过程中不考虑变形量的大小，而只考虑在承受给定应力下的使用寿命的构件来说，材料的持久强度是极其重要的性能指标。对于在高温下对塑性变形要求较严的构件，在长期运行中只允许发生一定量的塑性变形，则设计时必须用蠕变极限作为设计的主要依据。

需要指出，材料的蠕变极限和持久强度是对化学成分和显微组织很敏感的力学性能指标。

### 二、金属的韧性

金属的韧性是指金属断裂前吸收变形功和断裂功的能力，或指材料抵抗裂纹扩展的能力。韧性可以分为静力韧性、冲击韧性与断裂韧性。

（一）静力韧性

通常拉伸条件下应力应变曲线下所包围的总面积，也就是材料断裂前单位体积所吸收的功，称之为静力韧性，用 $a$ 表示。

精确测定静力韧性应该是测定应力应变曲线下所包括的面积。但下面的几个经验公式可近似计算材料的静力韧性。

对于脆性材料

$$a = \sigma_b \cdot \delta_k \tag{1-12}$$

或

$$a = (\sigma_s + \sigma_b) \cdot \delta_k/2 \tag{1-13}$$

对于塑性材料

$$a = 2\sigma_b \cdot \delta_k /3 \qquad\qquad (1\text{-}14)$$

显然,静力韧性是材料强度和塑性的综合体现。只有当强度与塑性有良好配合时材料才有较高的韧性。静力韧性对那些按屈服强度设计,在服役过程中不可避免存在着可能偶尔过载的构件,如链条、起重机吊钩等,是必须考虑的重要指标,对于这些构件,没有足够的静力韧性是不允许的。

### (二)冲击韧性

冲击韧性是反映材料在冲击载荷作用下抵抗断裂的一种能力。测定冲击韧性的试验是在摆锤式冲击试验机上进行的,如图 1-15 所示。所用标准试样根据国家标准为夏比 U 形或 V 形缺口试样。将试样水平放在试验机支座上,然后将具有一定重量 $G$ 的摆锤举至一定高度 $H_1$ 使其获得一定位能 $GH_1$。释放摆锤冲断试样,摆锤剩余能量为 $GH_2$,则摆锤冲断试样失去的位能为 $GH_1 - GH_2$,此即为试样变形和断裂所消耗的功,称为冲击功,记为 $A_k$。$A_k$ 的具体数值可直接从冲击试验机的表盘上读出,单位为 J(焦)。将冲击功 $(A_k)$ 除以试样缺口处截面面积$(F_N)$可得材料的冲击韧性$(a_k)$:

$$a_k = A_k / F_N \qquad\qquad (1\text{-}15)$$

$a_k$ 的单位通常为 $J/cm^2$。

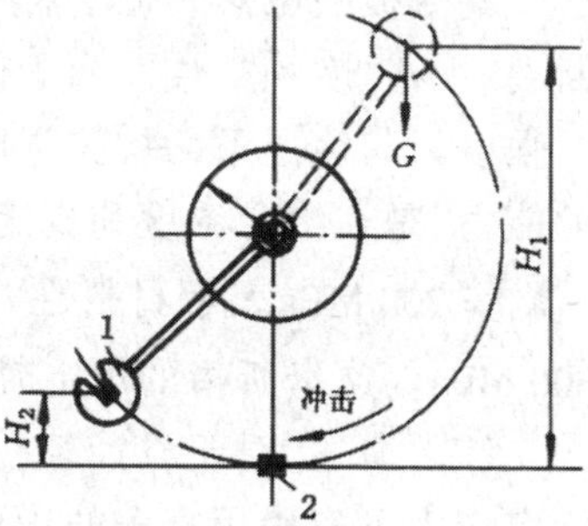

图 1-15　冲击试验原理
1—摆锤;2—试样。

对于夏比 U 形缺口和 V 形缺口试样的冲击功分别用 $A_{ku}$ 和 $A_{kv}$ 表示,它们的冲击韧性则分别用 $a_{ku}$ 和 $a_{kv}$ 表示。

同一条件下同一材料制作的试样,由于 V 形缺口试样缺口尖端曲率半径小,应力集中程度大,对塑性变形的约束程度高,因而其 $a_{kv}$ 值显著低于 $a_{ku}$ 值,两种试样的 $a_k$ 值是不能互相比较的。

实践证明,冲击韧性对材料微观组织微小变化的反应是极敏感的,因而 $a_k$ 值是生产上经常用来检验冶炼、热加工和热处理质量的重要指标。

经一系列低温下的冲击试验(称系列冲击试验)后可以得到材料的冲击韧性随温度变化的关系曲线,如图 1-16 所示。随温度的降低冲击韧性值减小,当降至某一温度时,冲击韧性值发生急剧降低,这种现象称为低温脆性或冷脆。冲击韧性值明显下降的温度称为韧脆转变温度,或冷脆转变温度,以 $T_k$ 表示。一般来说,具有体心立方或密排六方晶体结构的金属,尤其是工程上使用的低碳钢,其低温脆性现象较为明显;而具有面心立方晶体结构的金属以及高强度钢,基本上没有低温脆性现象或低温脆性现象不明显。韧脆转变温度$(T_k)$是

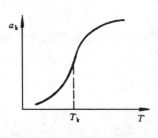

图 1-16　系列冲击曲线

表征材料低温性能的一个重要力学性能指标,也是保证构件安全的一个安全性指标。其值愈低,则使用愈可靠。

在动载荷下工作的构件,实际上很少因一次超载冲击而被破坏,大多是受小能量的多次重复冲击,此时则应以小能量多次重复冲击试验来度量,实验证明,材料承受小能量多次重复冲击的能力主要决定于材料的强度,而不是冲击韧性。

(三)断裂韧性

断裂是构件最危险的一种失效方式,在构件强度设计时必须考虑如何防止断裂事故发生。为了防止构件断裂,传统的设计是使构件工作过程中所承受的最大应力小于材料的许用应力,即 $\sigma \leqslant [\sigma]$,而 $[\sigma] = \sigma_{0.2}/n$, $n$ 为安全系数,一般取 $1.5 \sim 2$。同时,再根据材料的使用经验,对材料的塑性($\delta$、$\Psi$)、韧性($a_k$、$T_k$)等指标提出一定的要求。设计人员有时为了避免断裂事故发生,往往凭经验过分地要求高的塑性和韧性,牺牲强度,导致选定偏低的许用应力,而不得不使构件的尺寸增大,重量增加,造成构件笨重和材料浪费。但即使是这样,也不能可靠地保证构件不发生脆断。如高强度钢和超高强度钢的构件,以及中、低强度钢的大型件,按理说,采用这样的设计,既不会发生塑性变形,更不会发生断裂。但是,在实际中却经常在工作应力低于屈服强度的条件下发生了脆性断裂。这种在屈服强度以下产生的脆性断裂称为低应力脆性断裂。

大量断裂事例分析表明,构件的低应力脆断是由微小的裂纹失稳扩展引起的。在实际金属构件中,裂纹往往难以避免。它们可能是原材料中的冶金缺陷,也可能是在加工过程中(铸造热处理、焊接、锻造等)或使用过程中(疲劳、应力腐蚀等)产生的。正是这种裂纹的存在,引起材料的低应力脆性断裂。随着断裂力学的发展,提出了评定材料抵抗脆性断裂的力学性能指标——断裂韧性($K_{IC}$),它是表征材料抵抗裂纹失稳扩展的能力。断裂力学分析证明,材料中存在裂纹时,裂纹尖端就是一个应力集中点,而形成具有特殊应力分布的应力场。这一应力场强弱程度可用应力场强度因子($K_I$)来描述。$K_I$ 值的大小与裂纹尺寸($2a$)和外加应力($\sigma$)有如下关系:

$$K_I = Y \cdot \sigma \cdot \sqrt{a} \quad (\mathrm{MN/m^{3/2}}) \tag{1-16}$$

式中,$Y$ 为与裂纹形状、加载方式和试样几何形状有关的一个无量纲的系数。$K_I \geqslant K_{IC}$ 时,构件发生低应力脆性断裂;$K_I < K_{IC}$ 时,构件安全可靠。因此 $K_I = K_{IC}$ 是构件发生低应力脆断的临界条件,即

$$K_I = Y\sigma\sqrt{a} = K_{IC} \tag{1-17}$$

上式是一个很有用的定量关系式,它将材料的断裂韧性同构件的工作应力及裂纹尺寸的关系定量地联系起来了。应用这个关系式可以解决以下几个问题:第一,由材料的断裂韧性($K_{IC}$)及构件的工作应力($\sigma$),则可估算出构件中所能允许的最大裂纹尺寸($2a$);第二,由材料的断裂韧性($K_{IC}$)及构件中的裂纹尺寸($2a$),则可估算出构件的最大承载能力($\sigma$);第三,由构件的工作应力($\sigma$)和裂纹尺寸($2a$),则可估算出构件所选材

料所要求的最小断裂韧性值($K_{IC}$)。这样按断裂韧性设计的构件,既可以充分发挥材料强度潜力,又可以有效地防止构件发生脆性断裂。因此,断裂韧性已成为设计对用高强度材料制造的构件和用中、低强度材料制造的大型构件的重要性能指标。

需要指出,断裂韧性是对材料成分、组织敏感的力学性能指标,可以通过合金化、热处理等方法改变。

### 三、金属的硬度

硬度是衡量金属材料软硬程度的一种性能。金属的硬度是通过硬度试验来测定的,金属硬度试验与拉伸试验一样也是一种应用最广的力学性能试验方法。目前测定金属硬度的方法有很多种,基本上可分为压入法和刻划法两大类。在压入法中,根据加载速率不同又可分为静载压入法和动载压入法。通常所采用的布氏硬度、洛氏硬度、维氏硬度和显微硬度均属于静载试验法。里氏硬度则属于动载试验法。测定方法不同,所测量的硬度值也具有不同的物理意义。例如,刻划法硬度值主要表征金属对切断方式破坏的抗力;里氏硬度值表征金属弹性变形功的大小;压入法硬度值则表示金属抵抗变形的能力。因此,硬度值实际上不是一个单纯的物理量,它是表征着材料的弹性、塑性、形变强化、强度和韧性等一系列不同物理量组合的一种综合性能指标。生产上压入法应用最广。

#### (一)布氏硬度

布氏硬度测定的原理是用一定直径 $D(mm)$ 的淬火钢球或硬质合金球为压头,施以一定的载荷 $P(kg)$,将其压入试样表面〔图 1-17(a)〕,经规定保持时间 $t(s)$ 后卸除载荷,试样表面将存在一残留压痕〔图 1-17(b)〕。测量试样表面上压痕直径 $d(mm)$,求得球冠形压痕表面积 $F(mm^2)$。用压痕表面积 $F$ 除载荷所得的商值即为布氏硬度值。其符号用 HB 表示。即

$$HB = \frac{P}{F} = \frac{2P}{\pi D(D - \sqrt{D^2 - d^2})} \tag{1-18}$$

布氏硬度值一般不标出单位。硬度值越高,表示材料越硬。当压头为淬火钢球时,布氏硬度值符号为HBS(适用于布氏硬度值在 450 以下的材料);当压头为硬质合金球时,布氏硬度值符号为 HBW(适用于布氏硬度值为 450 ~ 650 的材料)。

布氏硬度试验时一般采用直径较大的压头,因而所得压痕面积较

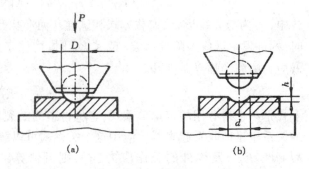

图 1-17　布氏硬度测定原理
(a)压头压入试样表面; (b)试样表面残留压痕。

大。压痕面积大的一个优点是其硬度值能反映金属在较大范围内各组成相的平均性能,而不受个别组成相及微小不均匀性的影响。因此,布氏硬度试验特别适用于测定灰铸铁、轴承合金等具有粗大晶粒或组成相的金属材料的硬度。压痕较大的另一个优点是试验数据稳定,重复性强。

布氏硬度试验的缺点是对不同材料需要更换不同直径的压头和改变载荷,压痕直径的测量也较麻烦,因而用于自动检测时受到限制;当压痕较大时不宜在成品上进行试验。

（二）洛氏硬度

洛氏硬度试验是目前应用最广的试验方法,和布氏硬度一样,也是一种压入硬度试验。但它不是测定压痕的面积,而是测量压痕的深度,以深度的大小表示材料的硬度值。

洛氏硬度试验原理,可用图 1-18 说明。洛氏硬度试验的压头采用锥角为 $120°$ 的金刚石圆锥体或直径为 $1.588\ \text{mm}$ 的淬火钢球。载荷分两次施加,先加初载荷 $P_1$,再加主载荷 $P_2$,其总载荷为 $P(P = P_1 + P_2)$。

图 1-18 中 0-0 为金刚石压头没有和试样接触时的位置;1-1 为压头受到初载荷 $P_1$ 后压入试样深度为 $h_0$ 的位置;2-2 为压头在 1-1 的基础上受到主载荷 $P_2$ 后压入试样深度为 $h_1$ 的位置;3-3 为压头卸除主载荷 $P_2$ 后但仍保留初载荷 $P_1$ 下的位置,由于试样弹性变形的恢复,压头位置提高了 $h_2$。此时压头受主载荷 $P_2$ 作用压入的深度为 $h$,用 $h$ 值的大小来衡量材料的硬度。

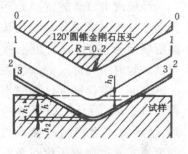

图 1-18　洛氏硬度试验原理

金属越硬,压痕深度越小;金属越软,压痕深度越大。若直接以深度 $h$ 作为硬度值,则出现硬的材料 $h$ 值小,软的材料 $h$ 值反而大的现象。为了适应人们习惯上数值越大硬度越高的概念,人为规定用一常数 $k$ 减去压痕深度 $h$ 作为硬度值,并规定每 $0.002\ \text{mm}$ 为一个洛氏硬度单位。用符号 HR 表示,即:

$$HR = (k - h)/0.002 \tag{1-19}$$

当使用金刚石圆锥压头时,$k$ 取 $0.2\ \text{mm}$;使用钢球压头时,$k$ 取 $0.26\ \text{mm}$。采用不同的压头和载荷,可组合成几种不同的洛氏硬度标尺。每一种标尺用一个字母在 HR 后注明。我国最常用的标尺有 A,B,C 三种,其硬度值的符号分别用 HRA,HRB 及 HRC 表示。

实际测定洛氏硬度时,由于硬度计上方测量压痕深度的百分表表盘上的刻度已按式(1-19)换算为相应的硬度值,因此可直接从表盘上指针的指示值读出硬度值。

洛氏硬度试验的优点是操作简便迅速,硬度值可直接读出,压痕较小,可在工件上进行试验,采用不同标尺可测定各种软硬不同的金属和厚薄不一的试样的硬度,因而广泛用于热处理质量的检验。其缺点是压痕较小,代表性差,由于材料中有偏析及组织不均匀等缺陷,致使所测硬度值重复性差,分散度大。此外,用不同标尺测得的硬度值彼此没有联系,不能直接进行比较。

### (三)维氏硬度及显微硬度

维氏硬度的试验原理与布氏硬度的相同,也是根据压痕单位面积所承受的载荷来计算硬度值。所不同的是,维氏硬度试验的压头不是球体,而是两相对面夹角为136°的金刚石正四棱锥体,其试验原理如图 1-19 所示。压头在载荷 $P$(kg)作用下,经规定保持时间后,卸除载荷,将在试样表面压出一个正四棱锥形的压痕,测量出试样表面压痕对角线长度 $d$(mm),用以计算压痕的表面积 $F$(mm$^2$)。载荷 $P$ 除以压痕表面积 $F$ 所得的商值即为维氏硬度值,以符号 HV 表示。即:

$$HV = P/F = \frac{2P\sin\frac{136°}{2}}{d^2} = 1.854\ 4\ P/d^2 \qquad (1\text{-}20)$$

与布氏硬度值一样,维氏硬度值也不标注单位。

维氏硬度试验的优点是不存在布氏硬度试验时要求载荷与压头直径之间所规定条件的约束,也不存在洛氏硬度试验时不同标尺的硬度值无法统一的弊端。维氏硬度试验时不仅载荷可任意选取,而且压痕测量的精度较高,硬度值较为精确。唯一的缺点是硬度值需通过测量压痕对角线长度后才能进行计算或查表,因此工作效率比洛氏硬度试验低得多。

显微硬度试验实质上就是小载荷的维氏硬度试验,其原理和维氏硬度试验一样,所不同的是载荷以克计量,压痕对角线以微米计量。主要用来测定各种组成相的硬度和表面硬化层的

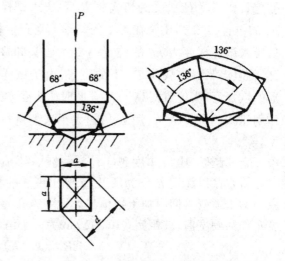

图 1-19　维氏硬度试验原理

硬度分布。显微硬度符号用 HM 表示。根据式(1-20)可得

$$HM = 1\ 854.4\ P/d^2 \qquad (1\text{-}21)$$

式中 $P$ 以 g 为单位,$d$ 以 μm 为单位。

显微硬度值的表示方法与维氏硬度的相同,由于压痕微小,试样必须制成金相试样,在磨制与抛光试样时应注意,不能产生较厚的金属扰乱层和表面形变强化层,以免

影响试验结果。在可能范围内,选用较大的载荷,以减少因磨制试样时所产生的表面硬化层的影响,并可提高测量精确度。

（四）里氏硬度

里氏硬度是一种动载荷试验方法。其基本原理是用规定质量的冲击体(碳化钨球冲头)在弹力作用下以一定速度冲击试样表面,用冲头在距试样表面1 mm处的回弹速度 $v_R$ 与冲击速度 $v_A$ 的比值计算硬度值。里氏硬度用符号 HL 表示,计算公式如下:

$$HL = 1\ 000\ v_R / v_A \tag{1-22}$$

冲击体以一定的速度冲击试样表面,使其产生弹性变形和塑性变形。因而冲击体的冲击能量一部分转变成塑性变形功被试样所吸收,另一部分转变成弹性变形功而被试样储存起来,当弹性变形恢复时,能量被释放出来,使冲击体以某一速度回弹。金属试样的弹性极限越高,塑性变形越小,储存的能量越多,则冲击体的回弹速度越快,表明金属试样越硬。

里氏硬度计由冲击装置和显示装置两部分组成。试样的硬度值可直接由显示装置显示出来。为了测定不同质量及厚度金属材料的硬度,可选用配有不同类型冲击装置的里氏硬度计。每一种类型的冲击装置用字母在 HL 后注明。常用的冲击装置有 D型、DC 型、G 型、C 型四种,其硬度值的符号分别用 HLD、HLDC、HLG、HLC 表示。

里氏硬度试验法有其独特的优点,它是一种轻便的便携式硬度计,主要用于大型金属产品及部件的硬度检验,特别适用于其他硬度计难以胜任的,不易移动的大型工件和不易拆卸的大型部件及构件的硬度检验。其缺点是试验结果的准确性受人为因素影响较大,硬度测量精度较低。

## 练 习 题

1. 何谓金属材料的力学性能及其研究内容?
2. 试述下列力学性能指标的定义:

    (1)弹性模量($E$);　　　　　(2)比例极限($\sigma_p$);

    (3)屈服点($\sigma_s$);　　　　　(4)屈服强度($\sigma_{0.2}$);

    (5)抗拉强度($\sigma_b$);　　　　(6)延伸率($\delta$)和断面收缩率($\Psi$);

    (7)疲劳极限($\sigma_{-1}$);　　　(8)过载持久值;

    (9)蠕变极限;　　　　　　　(10)持久强度;

    (11)断裂韧性($K_{IC}$);　　　(12)冲击韧性($a_k$)。

3. 画出退火低碳钢的拉伸图。并根据拉伸图说明金属拉伸时的变形和断裂过程。
4. 金属弹性模量的大小主要取决于什么因素? 为什么说它是一个对组织不敏感的力学性能指标?
5. 简述金属材料弹性不完整性的定义及它所包括的几种现象。

6. 何谓金属材料的疲劳？疲劳曲线有几种？

7. 何谓金属材料的高温蠕变？蠕变曲线的形状是怎样的？

8. 试述各种韧性的定义及其表达式。

9. 分析各种硬度试验方法的原理及其适用性。

# 第二章 金属晶体结构与塑性变形

不同的金属材料具有不同的性能,除了和它们的化学成分有关之外,还与它们内部的组织结构有关,因此认识金属中各种晶体结构的特点和彼此之间的差异,对于正确使用金属材料,提高其性能和开发新的金属材料都是十分重要的。

## 第一节 金属晶体结构

### 一、晶体学基础知识

#### (一)晶体与非晶体

固态物质按其内部原子的排列方式可以分为两大类:晶体和非晶体。在晶体中原子、离子等质点是按照一定的规则在空间作周期性地重复排列,而非晶体中原子等质点在空间是无规则地堆积在一起的,这是两者的本质区别所在。金属与合金是晶体,玻璃、木材、棉花等都是非晶体。

晶体和非晶体在原子排列方式上的不同,决定了两者在物理性质方面存在许多不同。首先晶体有固定的熔点(或凝固点),而非晶体则没有。其次沿晶体的不同方向测得的性能是不同的(如导电性、导热率、热膨胀性、弹性、强度、光学性质等等),这种各个方向性能的差异称为晶体的各向异性,而非晶体在任何方向测得的性能都是一样的,不因方向而异,称为各向同性。

虽然晶体和非晶体之间存在着本质的差别,但在一定的条件下两者可以互相转化。例如非晶态玻璃在高温下长时间加热退火能够转变成晶态玻璃,采用特殊的设备使液体金属以极高的速度($>10^7$ ℃/s)冷却下来也能制得非晶态金属(金属玻璃)。

#### (二)空间点阵

为了便于研究晶体中原子的排列方式,不考虑原子属性和类别,把它们抽象成一个个纯粹的几何点。这些几何点可以是原子或离子的中心,也可以是彼此等同的原子群或离子群的中心。每个几何点周围的环境都一样,即任一几何点周围的几何点数目、几何点排列方式、点间距等参数都相同。那么由这样的几何点在空间周期性地规则排列组成的阵列就称为空间点阵,简称点阵,这些几何点就叫阵点或结点。在表达空间点阵的几何图像时,为观察方便,可以作许多平行的直线把阵点连接起来构成一个三维的几何构架,如图 2-1 所示。很显然,在某一空间点阵中,各阵点在空间的位置是一定的,而通过这些阵点所作的几何构架则因直线的取向不同可有多种形式,因此必须强调指出:

阵点是构成空间点阵的基本要素。

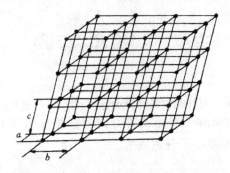

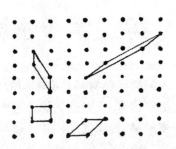

图 2-1　空间点阵示意图　　　　　　　图 2-2　二维点阵上选取的不同晶胞

在空间点阵中选取一个有代表性的基本单元,将它在空间沿三维方向重复堆砌就能得到空间点阵,这个最能表达空间点阵排列形式的基本的几何单元称为晶胞。在同一个空间点阵中可以选出许多具有这种性质的形状不同的晶胞,图 2-2 表示在一个二维点阵中选取的不同晶胞。为避免混乱,人们规定了选取晶胞的原则:(1)它是一个体积最小的平行六面体;(2)六面体每个顶角上都要有一个阵点;(3)它能反映出点阵的对称性。按这样的原则选出的晶胞称作初级晶胞或简单晶胞。不过有时为了更好地反映出空间点阵的对称性,也可在晶胞中心或面中心保留有阵点,形成体心晶胞、面心晶胞等。

以晶胞某一角上的阵点为原点,沿其三个棱边作坐标轴(称为晶轴)建立坐标系,那么这个晶胞就可以用三个棱边的长度 $a,b,c$ 和三个棱边相互间的夹角 $\alpha,\beta,\gamma$ 六个参数来定量描述,其中 $a,b,c$ 称为晶格常数。根据晶胞的六个参数的差异可将所有晶体结构归为七大晶系 14 种空间点阵,其中立方晶系 $a=b=c,\alpha=\beta=\gamma=90°$;六方晶系 $a_1=a_2=a_3\neq c,\alpha=\beta=90°,\gamma=120°$。

(三)晶向指数和晶面指数

在研究晶体生长、相变和塑性变形时,常常要涉及到晶体中的某些方向(称为晶向)和某些平面(称为晶面)。为了区分不同的晶向和晶面,需要有一个统一的标识符号来表示它们,这种标识符号分别叫做晶向指数和晶面指数,国际上通用的是密勒(Miller)指数。

1. 晶向指数标定

晶向指数标定步骤如下:

(1)以晶胞的某一阵点为原点,三个棱边为坐标轴 $X,Y,Z$,以晶格常数分别作为三个坐标轴的量度单位,如图 2-3(a)所示。

(2)过原点 $O$ 引一定向直线使其平行于待定晶向 $AB$。

(3)在所引直线上任取一点(为分析方便起见,可取距原点最近的那个阵点 $B'$),求出该点在 $X,Y,Z$ 轴上的三个坐标值。

(4)将这三个坐标值乘以最小公倍数化为整数 $u,v,w$,放入方括号中,即[$uvw$],表示所求晶向的晶向指数。如果 $u,v,w$ 中某一数为负值,则将负号标在该数的上方,如[$\overline{uvw}$]。图 2-3(a)中 $AB$ 晶向指数[110],图 2-3(b)给出了立方晶系中一些常用晶向的晶向指数。

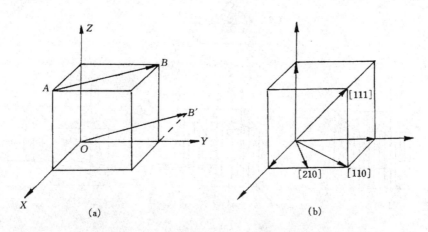

图 2-3 晶向指数确定和一些常用的晶向指数

从晶向指数的标定过程来看,晶向指数所表示的不仅仅是一条直线的位向,而是一组相互平行、方向一致的直线的位向。如果晶体中有两条直线相互平行,方向相反,则它们的晶向指数数字相同,但符号相反,[101]和[$\overline{101}$]就是两个相互平行方向相反的晶向。

由于空间点阵的对称性,在晶体中有些晶向虽然位向不同,但其上的原子排列完全相同,这些晶向就可归并为一个晶向族,用⟨$uvw$⟩表示。如晶胞的棱边[100],[010],[001]和与它们方向相反的[$\overline{1}$00],[0$\overline{1}$0],[00$\overline{1}$]六个晶向上的原子排列完全相同,它们都属于⟨100⟩晶向族。可以看出,同一晶向族中的晶向指数的数字相同,只是排列顺序和符号不同。

2.晶面指数标定

晶面指数的标定步骤如下:

(1)与晶向指数标定方法一样,在晶胞中建立坐标系,但不能将原点选在待定晶面上。

(2)求出待定晶面在各坐标轴上的截距。

(3)将三个截距取倒数,并化为最小简单整数:$h,k,l$,放入圆括号中即($hkl$),表示所求晶面的晶面指数。截距为负值时在相应的指数上加一负号,如($h\overline{k}l$)。在某些情况下,晶面可能与一个或两个坐标轴平行,没有截距。这时规定,晶面与平行坐标轴的截距为∞,取倒数后为0。

图 2-4(a)所示晶面与 $X,Y,Z$ 轴的截距分别为1,1/2,1/2,取倒数后分别为1,2,2,

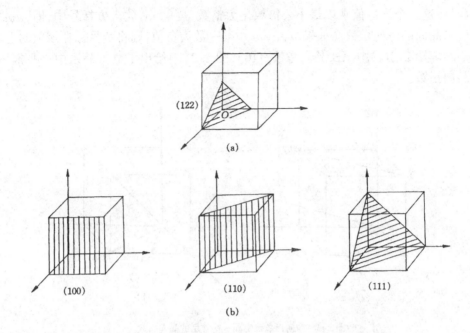

图 2-4　晶面指数确定和立方晶系中某些晶面指数

该晶面的晶面指数为(122)。图 2-4(b)中给出了立方晶系中的一些晶面指数。和晶向指数一样,某一晶面指数并不只代表某一具体晶面,而是代表一组和它平行的晶面,两个晶面指数数字和顺序相同,但符号相反的晶面相互平行。有些晶面虽然在空间的位向不同,但其上的原子排列完全相同,这些晶面就可归并为同一个晶面族,用大括号$\{hkl\}$表示。如$\{100\}$晶面族代表了$(100),(010),(001),$

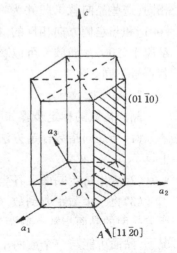

$(\bar{1}00),(0\bar{1}0)$和$(00\bar{1})$六个晶面,属于同一晶面族的晶面晶面指数数字相同,只是符号和排列顺序不同。

在立方晶系中,当某一晶向$[uvw]$位于某一晶面$(hkl)$上或平行于它时,则必然满足下列关系式:$hu + kv + lw = 0$;当某一晶向垂直于某一晶面时,则有下列关系存在:$h = u, k = v, l = w$,即晶面法线方向的晶向指数等于该晶面的晶面指数的数字。

3. 六方晶系的晶向指数和晶面指数

六方晶系的指数标定采用了一种特殊的坐标系——四轴坐标系。三个横坐标为 $a_1, a_2, a_3$ 轴,彼此间夹角均为 120°,一个纵坐标为 c 轴,如图 2-5 所示。指数的标定步骤和前述一样,只是晶面指数要用四位数字来表示$(hkil)$。由于三维空间中只有三个独立的变量,所以 h,

图 2-5　六方晶系的晶向
及晶面指数确定方法

$k,i$ 中只有两个是独立的,可以证明它们之间存在下列关系:$i = -(h+k)$。采用这种标定方法,六个柱面的晶面指数分别为$(10\bar{1}0)$,$(01\bar{1}0)$,$(\bar{1}100)$,$(\bar{1}010)$,$(0\bar{1}10)$ 和$(1\bar{1}00)$,它们属于$\{10\bar{1}0\}$晶面族。晶向指数也采用四位数字来表示$[uvtw]$,其中 $t = -(u+v)$。

## 二、金属典型晶体结构

晶体结构是指晶体中原子排列的具体方式。如果两种晶体中原子排列方式完全相同,但由于两者的原子种类、晶格常数不同,它们也是两种不同的晶体结构,这和空间点阵不同。实际的晶体结构数量是无限的,但对于大多数金属晶体而言,它们都具有高对称的简单晶体结构,最典型的有三种。

### (一)体心立方晶格

体心立方晶格的晶胞模型见图2-6,除了在晶胞的八个顶角上各有一个原子外,在立方体的中心还有一个原子,晶胞顶点上的原子为相邻的八个晶胞所共有,所以晶胞中的原子数为 $1/8 \times 8 + 1 = 2$。晶胞体对角线上的三个原子紧密排列,彼此相切,晶胞晶格常数为 $a$,晶胞对角线长度为 $\sqrt{3}a$,等于 4个原子半径 $r$,所以体心立方晶格中原子半径 $r = \dfrac{\sqrt{3}}{4}a$。具有这种晶体结构的金属有 $\alpha$-Fe,Cr,V,Nb,Mo,W 等。

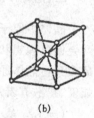

图2-6　体心立方晶胞
(a)刚球模型;(b)质点模型。

如果把原子看成是刚性圆球,那么晶体就不能被原子完全填满,而是存在一定的间隙,通常用配位数和致密度来表征晶体中原子排列的紧密程度。配位数是指晶体中与任一原子最近邻并且等距离的原子数。配位数越大,晶体中原子的排列就越紧密。体心立方晶格中的配位数为 8。

致密度 $K$ 是指晶胞中原子所占体积和晶胞体积之比:$K = nV_1/V$,式中 $n$ 为晶胞中的原子数,$V_1$ 为一个原子的体积,$V$ 为晶胞体积。体心立方晶格中的 $K = 0.68$。

### (二)面心立方晶格

面心立方晶格的晶胞模型见图 2-7。同样晶胞顶点上的原子为八个相邻晶胞所共有,晶胞每个面中心处的原子为两个晶胞所共有,则晶胞中含 4 个原子。在晶胞面对角线上三个原子紧密排列,彼此相切,所以面心立方晶格中原子半

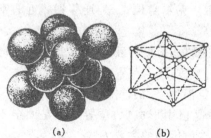

图2-7　面心立方晶胞
(a)刚球模型;(b)质点模型。

径 $r = \dfrac{\sqrt{2}}{4}a$，配位数为 12，$K = 0.74$。$\gamma$-Fe，Cu，Ni，Al，Ag 等金属都具有这种晶体晶格。

### (三)密排六方晶格

图 2-8 给出了这种晶格的晶胞示意图，它是一个六方柱体。柱体的上下底面六个角及中心各有一个原子，柱中心还有三个原子。密排六方晶体晶格常数有两个，底面正六边形的边长 $a$ 和上下两底面之间的距离 $c$，实际六方晶格金属的 $c/a$ 值在 1.57 ~ 1.64 之间波动。当 $c/a = 1.633$ 时，六方晶格内的原子是真正紧密地排列，这时晶胞中原子数为 6，原子半径 $r = a/2$，配位数为 12，$K = 0.74$。具有这种晶格的金属有 Zn，Mg，Be，Cd，$\alpha$-Ti，$\alpha$-Co 等。

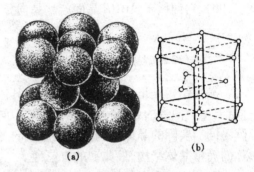

图 2-8　密排六方晶胞
(a)刚球模型；(b)质点模型。

## 三、晶体不完整性

晶体中原子呈规则排列只是一种理想情况，在实际晶体中，某些局部区域中原子排列会偏离理想状态，出现不完整性，这种偏离称为晶体缺陷。虽然偏离理想状态的原子最多只占晶体原子总数的千分之一，但它们对金属性能有很大的影响，特别是对塑性、强度、扩散有着决定性的作用。根据晶体缺陷的几何形态，可将它们分成以下三类。

### (一)点 缺 陷

点缺陷是指晶体中在三个方向上尺寸都很小(几个原子间距)的原子错排区域。晶体中的点缺陷有空位、间隙原子和置换原子三种。

#### 1. 空位

晶格点阵结点上某些原子由于热振动摆脱了周围原子对它的束缚，脱离其原来的平衡位置而迁移到别处，在原来位置上留下空结点，这个空结点就是空位。

离开结点的原子可以有三个去处：一是迁移到晶体表面；所形成的空位叫肖脱基空位；二是迁移到晶格的间隙处，所形成的空位叫弗兰克尔空位；三是迁移到邻近的空位处。

空位形成后，它周围结点上的原子原本相互间的平衡被打破，在空位周围产生局部畸变。

空位是一种热力学稳定缺陷，也就是说在一定温度下晶体中总是存在一定数量的空位，其平衡浓度随温度的升高而升高。空位在晶格中形成后，位置并不是固定不变的。而是始终处于运动之中，和周围原子换位是空位运动的主要方式。

#### 2. 间隙原子

位于晶格间隙处的原子称为间隙原子，它不是正常晶格点阵结点上的原子，由于晶格点阵中间隙尺寸都很小,而间隙原子尺寸通常都大于间隙尺寸,所以在间隙原子周围存在着较严重的点阵畸变。钢中常见的间隙原子都是原子半径较小的非金属元素如碳、氮、氢、硼等。

间隙原子也是一种热力学稳定缺陷,平衡浓度与温度间的关系和空位类似。

3. 置换原子

占据了原晶格点阵结点上原子的异类原子称为置换原子。置换原子尺寸一般不同于原点阵原子尺寸(或大于或小于),所以在其周围也存在晶格畸变。

综上所述,无论是哪种点缺陷,共同点是在晶格点阵中都会引起晶格畸变,这也正是点缺陷影响金属性能的主要原因。

(二)位　错

晶体中一维方向尺寸很长(几百至几千个原子间距),另二维方向尺寸很小(只有几个原子间距)的原子错排区域,通常称为位错。位错附近的原子排列情况可用以下模型来进行描述。

设有一简单立方晶体〔图 2-9(a)〕,对其施加一切应力 τ,使上下两部分晶体沿 AB-CD 晶面(滑移面)相对滑移一个原子间距 d,终止于 EF 处。结果在滑移面上半部晶体多出了半个原子面 EFGH,就好像是一把刀刃插入晶体中,故得名刃型位错。刃口就是多余半个原子面和滑移面的交线 EF,滑移面上下两部分晶体在刃口附近区域的原子产生错排,见图 2-9(b)。刃型位错有正负之分,半个原子面位于滑移面上半部时为正刃型位错,用符号⊥表示,反之为负刃型位错,用符号⊤表示。实际上正负只是相对而言,两者之间并无实质上的区别。在正刃型位错中,上部晶体点阵受压,原子间距要减小;下部受拉,原子间距要增大。越是靠近位错线,所引起的晶格畸变就越严重,畸变范围大约在几个原子间距。真正意义上的位错是指这整个晶格畸变区,所以位错线并不是几何意义上的一条线,而是一条管道,直径约为几个原子间距。除了刃型位错外,还有螺型位错和混合型位错两种模型。

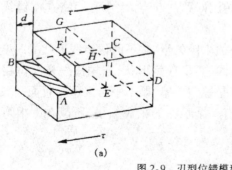
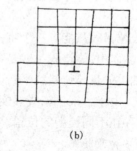

(a)　　　　　　　　　　　(b)

图 2-9　刃型位错模型

从刃型位错的形成过程来看,晶体在切应力作用下只发生了局部滑移,EFCD 区域内的晶体并未发生滑移,滑移区和未滑移区的分界线 *EF* 恰好就是刃型位错,因此可以把位错理解为晶体中已滑移区和未滑移区的分界线。

当位错扫过滑移面后,晶体发生滑移,其滑移量的方向与大小最能表示这根位错线的特征,把它称为位错线的柏氏矢量。使用柏氏矢量不仅可以表示位错的性质,还能表示位错引起的晶格畸变的大小和方向。

下面以刃型位错为例来说明柏氏矢量的确定方法:

(1)在一个含有位错的实际晶体中〔图 2-10(a)〕,距位错一定距离以任一个原子(图中为 *M*)为起点,围绕位错按反时针方向以一定的步数作闭合回路(称为柏氏回路)。

(2)在完整晶体中按同样的方向和步数作相同的回路,如图 2-10(b)所示,这时回路不封闭。

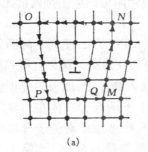
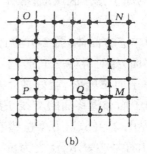

　　　　　　　　(a)　　　　　　　　　　　　　　　(b)

图 2-10　刃型位错柏氏矢量的确定

(3)由这个回路的终点 *Q* 向起点 *M* 作一矢量 *b*,使该回路闭合,矢量 *b* 就是实际晶体中位错的柏氏矢量。

柏氏矢量是描述位错性质的一个很重要的物理量,它具有以下重要特征:

(1)柏氏矢量是一个反映由位错引起的晶格畸变大小的物理量。柏氏矢量的模越大,它所代表的位错周围的晶格畸变就越严重,柏氏矢量的模也称为位错的强度。

(2)柏氏矢量具有守恒性,它与柏氏回路的起点、大小和回路在位错线上的位置无关。

(3)一根位错线只能有一个唯一的柏氏矢量,它不因位错线形状的改变而改变。

在实际晶体中,位错线一般是弯曲的,呈任意形状,当柏氏矢量与位错线垂直时是刃型位错,柏氏矢量与位错线平行时是螺型位错,既不平行又不垂直而是成任意角度时是混合位错。由于一根位错线只能有一个唯一的柏氏矢量,所以在一根弯曲的位错线上可以同时存在不同类型的位错。

(三)晶界和亚晶界

1. 晶界

实际金属材料都是多晶材料,即由一个个单晶体晶粒组成,这些晶粒在空间的位向不同,它们的交界处称为晶界。在晶界处原子排列紊乱,是一种二维晶体缺陷,厚度仅为几个原子间距。相邻晶粒的位向差大于 10°时,称为大角晶界。实际金属中的晶界大都属于大角晶界。大角晶界区域中的原子排列情况目前还未弄清,提出的模型也较多,图 2-11 是其中的一种。相邻晶粒在邻接处的形状是由不规则的台阶所组成,界面上既包含有不属于任一晶粒的原子 $A$,也含有同时属于两晶粒的原子 $D$;既包含有压缩区 $B$,也含有扩张区 $C$。这是由于晶界上的原子同时受到位向不同的两个晶粒中原子的作用所致。大角晶界很薄,纯金属中大角晶界的厚度不超过三个原子间距。

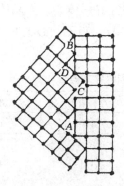

图2-11　大角晶界模型

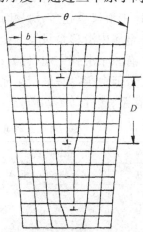

图2-12　小角对称倾侧晶界结构

相邻晶粒的位向差小于 10°时,称为小角晶界,最简单的小角晶界是对称倾侧晶界,它是将晶体沿某一晶面切开,两侧晶粒以该晶面为对称面,各自向外倾侧 $\theta/2$(弧度)角,中间留下的缺口被一系列的刃型位错插入填满,这一系列刃型位错就构成了对称倾侧晶界,称为位错墙,位错间距 $D = b/\theta$,见图 2-12。

**2. 亚晶界**

多晶体金属中的每个晶粒还可再划分成更小的微区,微区中原子排列整齐,微区和微区之间有极小的位向差(通常小于 1°)。这些微区称为亚结构或亚晶,它们之间的界面就是亚晶界。很显然,亚晶界是一种小角晶界。

# 第二节　金属塑性变形基本方式

金属在外力作用下,首先产生弹性变形,当外力达到屈服应力后,金属开始塑性变形。塑性变形主要是通过滑移进行的,此外还可借助孪生方式进行。

**一、滑　移**

虽然金属都是多晶体,但其塑性变形与各个晶粒的变形行为相关,所以我们首先来讨论单晶体的变形规律。

### (一)滑移晶体学

滑移是晶体的一部分沿着一定的晶面和晶向相对于另一部分作相对滑动,此晶面称为滑移面,此晶向称为滑移方向。一个滑移面和其上的一个滑移方向的组合称为滑移系。并不是任意的晶面和晶向都能成为滑移面和滑移方向,一般来说,滑移面通常是晶体中的原子最密排面,滑移方向通常也是原子最密排晶向。三种典型金属晶体结构中的滑移面和滑移方向见表2-1。滑移系代表了金属晶体在发生滑移时可能采用的空间位向,晶体中滑移系越多,滑移时可供采用的空间位向也越多,塑性也越好。例如密排六方晶体金属中滑移系只有3个,塑性很差,而面心立方金属有四个滑移面{111},每个滑移面上有三个滑移方向⟨110⟩,其滑移系有12个,塑性好。体心立方晶体金属滑移方向为⟨111⟩,但由于没有最密排面,滑移可能发生在{110},{112},{123}面上,尽管高达48个滑移系,塑性却不如面心立方晶体好。

表 2-1　三种典型金属晶体中的滑移面和滑移方向

| 晶体结构 | 金属举例 | 滑移面 | 滑移方向 | 滑移系 |
|---|---|---|---|---|
| 面心立方 | Cu,Ag,Au,Ni,Al | {111} | ⟨110⟩ | 12 个 |
| 体心立方 | α-Fe | {110}<br>{112}<br>{123} | ⟨111⟩ | 48 个 |
| 密排六方 | Zn | {0001} | ⟨11$\bar{2}$0⟩ | 3 个 |

滑移是在切应力作用下发生的。晶体受力时,晶体中某个滑移系能否开动取决于作用在该滑移系上的分切应力的大小,当分切应力达到某个值时滑移系开动,使滑移系开动的最小分切应力称为临界分切应力。临界分切应力的大小与金属的类型、成分、组织结构以及温度等诸多因素有关,与外加应力无关,不同金属的临界分切应力值是不同的。根据图2-13,作用在滑移系上的分切应力可按下式计算:

$$\tau = F\cos\varphi\cos\lambda / A \qquad (2\text{-}1)$$

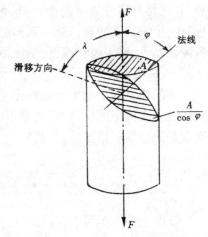

式中　$F$——作用在晶体上的外力;

　　　$A$——晶体横截面积;

　　　$\varphi$——外力作用方向与滑移面法线夹角;

　　　$\lambda$——外力作用方向与滑移方向的夹角。

图 2-13　计算分切应力分析图

$\cos\varphi\cos\lambda$ 称为取向因子,当外力一定时,取向因子越大,作用在滑移系上的分切应力也就越大。$\varphi = \lambda = 45°$时,取向因子具有最大值 0.5,此时的分切应力具有最大值,该取向是最有利于滑移的取向,称为软取向。$\varphi=90°$或$\lambda=90°$时,取向因子具有最小值0,此时分切应力等于0,根本无法滑移,这种取向称为硬取向。

（二）滑移的位错机制

理论计算表明,晶体上下两部分沿滑移系作整体刚性滑移时所需的临界分切应力值比实验测定值要高出$1\sim2$个数量级,这说明晶体滑移时不是以整体刚性滑动的方式来实现的,实际上晶体滑移是通过位错的移动来实现的。如图2-14所示,在切应力作

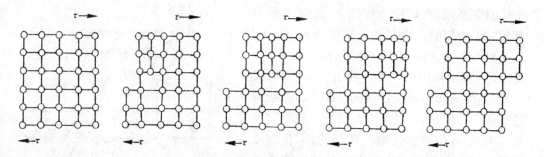

图 2-14　晶体通过刃型位错移动实现滑移的示意图

用下,晶体中的位错沿着滑移面逐步移动,最后移出晶体表面,留下一个大小等于该位错柏氏矢量模的台阶,效果相当于上下两部分晶体沿滑移面相对滑移了一个原子间距。当大量的位错按此方式不断地滑出晶体,通常在表面就形成一条滑移线,高度约为1 000个原子间距,由这样一组互相平行的滑移线构成了滑移带,见图2-15。通常在金相显微镜下观察到的所谓滑移线实际上就是这些滑移带,它们是由滑移线所组成的,真正的滑移线要在电镜下才能观察到,因为它们的尺寸太小。由于位错滑动时只是位错中心附近少量的原子参与滑动,并逐一向前递进,而不是

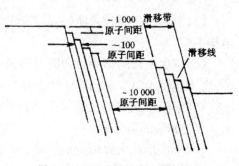

图 2-15　滑移线和滑移带示意图

滑移面上的全部原子一齐滑动,故只需很小的切应力就可实现,这正是理论计算临界分切应力值与实验值相差悬殊的原因。

二、孪　　生

孪生是塑性变形的另一种方式。通常金属受力后优先以滑移的方式进行塑性变形,但当滑移受阻时,塑性变形就会以孪生方式进行。密排六方晶体由于滑移系较少,受力后易发生孪生。在形变温度极低和形变速度极快时,立方晶体也会发生孪生。和滑移一样,孪生也是在切应力作用下沿着特定的晶面和晶向进行,见表2-2。所不同的是孪生时局部区域中的原子发生整体移动而不是像滑移那样只是位错附近的原子逐一递进。

表 2-2　三种典型金属晶体中的孪晶面和孪生方向

| 晶体结构 | 孪晶面 | 孪生方向 |
|---|---|---|
| 面心立方 | {111} | ⟨11$\bar{2}$⟩ |
| 体心立方 | {112} | ⟨11$\bar{1}$⟩ |
| 密排六方 | {10$\bar{1}$2} | ⟨$\bar{1}$011⟩ |

　　如图 2-16 所示，AB、CD、EF、GH 为相互平行的孪晶面，在切应力作用下，每层孪晶面都相对于相邻的晶面移动一定的距离，以 AB 孪晶面为基面，每层晶面相对移动距离为 AB 晶向原子间距的 1/3。不难看出，以这种方式形变，晶体局部区域（AB 面至 GH 面）中所有原子作了整体移动，发生均匀切变。在均匀切变区中，晶体依然保持原晶体结构，但位向发生了改变。它和未切变区中的晶体以孪晶面（AB、GH）为对称面呈镜面对称，这部分晶体称为孪晶，孪生也因此得名。

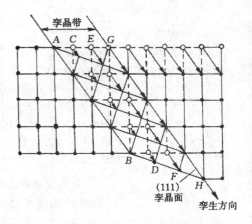

图 2-16　晶体孪生切变过程示意图

　　孪生具有以下特点：

　　(1)孪生使一部分晶体（孪晶）发生了均匀切变，切变部分的位向发生改变，但点阵结构不变。

　　(2)孪生所需的临界分切应力远高于滑移分切应力，接近晶体以整体滑移时的理论值，因为孪生是以孪晶内原子作整体移动的方式进行的。

　　(3)孪生得到的形变量很小，例如镉靠孪生只能获得 7.39% 的形变量，而靠滑移则可达到 300% 的形变量。

　　(4)孪晶形成大致可分成形核、长大两个阶段，孪晶一旦形核后，长大速度极快，与冲击波传播速度相当。

# 第三节　多晶体塑性变形

　　和单晶体相比，多晶体中各个晶粒位向不同，彼此之间又被晶界所隔开，因而多晶体的塑性变形就更加复杂，除了遵循单晶体的塑性变形规律外，还具有自己的一些特点。

## 一、多晶体塑变特点

　　1.各晶体滑移系在空间取向不同。受外力作用时，各滑移系上产生的分切应力不同。所以各晶粒不可能同时变形,只有那些处于软取向的晶粒才会首先产生滑移变形,各晶粒的变形有先有后。

2. 多晶体中每个晶粒都处于其他晶粒的包围之中,优先变形的晶粒的滑移不是孤立的和任意的,必然要与周围邻近晶粒相互协调配合才行,不然就难以进行下去,甚至导致材料的破裂。所以多晶体变形是相邻晶粒的共同行为,而不是一个孤立晶粒的单独行为。为了使相邻晶粒能够协调变形,就要求相邻晶粒必须在几个滑移系上,包括那些取向并非有利的滑移系上同时进行滑移,这样才能保证各晶粒的形状作相应的改变以保证它们之间的连续。显然面心立方金属和体心立方金属由于滑移系多于密排六方金属,它们的塑性也远优于密排六方金属。

3. 各晶粒的塑性变形是不均匀的,由于晶界及晶粒位向不同的影响,各晶粒的变形程度不同,有的晶粒变形量大,有的则较小。即使是同一晶粒,变形也是不均匀的,一般来说,晶粒中心区域变形量大,晶界及其附近区域变形量小,这也正是造成多晶体塑性变形后产生微观残余应力的原因。

4. 晶界对位错的滑移有阻碍作用,即滑移不能从一个晶粒直接延续到另一个晶粒中。由于晶界处原子排列紊乱,晶体中的滑移系在晶界处中断,所以位错滑移不能穿越晶界。在实验中已观察到位错滑移到晶界处受阻而塞积的现象,如图2-17所示。因此和单晶体相比,多晶体抵抗塑性

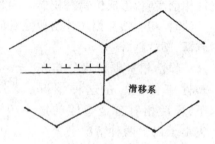

图 2-17　在晶界处的位错塞积群

变形的能力要高得多。根据大量的实验结果得出多晶体的屈服应力($\sigma_s$)与晶粒尺寸(平均直径 $d$)两者间的定量关系式为:

$$\sigma_s = \sigma_o + Kd^{-1/2} \tag{2-1}$$

这就是著名的 Hall-Petch 公式。式中 $\sigma_o$ 为一常数,大体相当于单晶体金属的屈服强度,$K$ 为表征晶界对强度影响程度的常数。

## 二、双相合金塑变

双相合金也是多晶体,和纯金属不同的是,双相合金的晶粒是由两种不同的相所组成,因而在塑性变形时,双相合金还具有自己的一些特点,这是由它的组织结构所决定的。按组织形貌双相合金可分为两类:一类是两相晶粒尺寸相当,两相的变形能力也相近;另一类是由变形性能较好的固溶体为基体,其上分布硬脆第二相组成。双相合金的塑性变形除了与基体相性能密切相关外,还与第二相的性质、形状、大小、数量及分布状况有关,后者在塑性变形时有时甚至起着决定性的作用。

(一)两相性能相近的双相合金

合金中两相含量相差不大,塑性相近,则合金的变形性能为两相的平均值。此时合

金的强度($\sigma$)可用下式表示：

$$\sigma = \varphi_\alpha \sigma_\alpha + \varphi_\beta \sigma_\beta$$

式中 $\sigma_\alpha$ 和 $\sigma_\beta$ 分别为两相的强度极限，$\varphi_\alpha$ 和 $\varphi_\beta$ 分别为两相的体积分数，$\varphi_\alpha + \varphi_\beta = 1$。

（二）两相性能相差很大的双相合金

两相合金中一相硬而脆，难以变形，另一相塑性较好，且为基体相，则合金的塑性变形除了与两相的相对量有关外，在很大程度上取决于脆性相的分布情况。

脆性相呈连续网状分布在塑性基体相的晶界上，将塑性相分割开。在这种情况下合金少量变形后就会沿着脆性相开裂，造成合金的塑性和韧性急剧下降。合金中脆性相越多，网越连续，合金的塑性就越差。

脆性相呈片状或层状分布在塑性基体上或脆性相和塑性相呈片状交替排列。在这种情况下，合金塑性变形时，位错滑移被限制在脆性相之间的塑性相内，位错滑移至脆性相前受阻，形成位错塞积群。当其产生的应力集中足以激发相邻塑性相中的位错源开动时，相邻塑性相才开始塑性变形。这时合金的强度升高，塑性下降不大，脆性相片越薄，塑性越好。

脆性相呈颗粒状分布在塑性基体上。在这种情况下，脆性相对合金塑性的危害小于以上两种情况。合金塑性变形时，位错的滑移会因受到脆性第二相的阻挡而弯曲，随着外加应力的增加，位错线受阻部分的弯曲加剧，以致围绕着第二相颗粒的位错线在粒子的左右两边相遇时，正负刃型（或左、右螺型）位错彼此抵消，留下包围第二相粒子的位错环而继续前进，如图 2-18 所示。第二相粒子的存在增加了位错滑移的阻力，但并不影响位错的滑移，所以合金强度升高，塑性不变。工业生产中常用这种方法对合金进行强化，称为第二相强化或弥散强化。

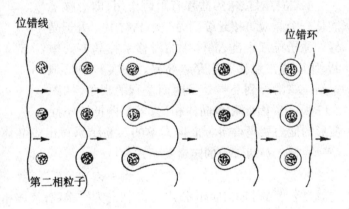

图 2-18　位错绕过第二相粒子示意图

# 第四节　冷塑性变形组织与性能

多晶体金属经冷塑性变形后，组织和性能会发生以下变化。

## 一、冷塑性变形金属组织变化

### (一)晶粒形貌变化

在塑性变形过程中,随着形变量的增加,金属的晶粒将沿着形变方向被拉长,由等轴状变成扁平状或长条状,形变量越大,晶粒拉长程度也越大。当形变量很大时,金属中存在的各种夹杂物和杂质也会沿变形方向被拉长,塑性夹杂物成为细带状,脆性夹杂物粉碎成链状。这时晶粒会呈现出一片如纤维状的条纹,晶界已分辨不清,称为纤维状组织。

### (二)晶内结构变化

在塑性变形过程中,位错要发生增殖,随着形变量的增加,位错密度迅速提高。经测量,严重冷变形后,位错密度可从原先退火态的 $10^6 \sim 10^7/cm^2$ 增至 $10^{11} \sim 10^{12}/cm^2$。大量的位错在晶体内并不是均匀分布的,它们先是比较纷乱地缠结成群,形成"位错缠结",变形量继续增加,这些高密度缠结位错就会形成胞壁,将原先的大晶粒分割成一个个小的胞单元,即亚晶。胞内位错密度极低,各个胞之间存在微小的位向差。变形量越大,胞的数量越多,尺寸越小。

### (三)形变织构

在塑性变形过程中,随着形变量的增加,各晶粒的滑移方向都会逐渐向形变方向转动,当形变量足够大时(70% ~90%),原来处于不同位向的晶粒在空间位向上会呈现出一定程度的一致,这种现象称为择优取向。形变量越大,一致程度就越高。这种由于塑性变形导致各晶粒位向趋向一致的组织称为形变织构。形变方式不同,产生的形变织构也不同。拔丝时形成的织构称为丝织构,特点是各晶粒的某一晶向大致与拔丝方向平行。轧板时形成的织构称为板织构,特点是各晶粒的某一晶面与轧制面平行,某一晶向与轧制方向平行。几种金属的丝织构和板织构见表 2-3。

表 2-3　常见金属的丝织构和板织构

| 晶体结构 | 金属或合金 | 丝织构 | 板织构 |
|---|---|---|---|
| 体心立方 | α-Fe,Mo,W 铁素体钢 | $\langle 110 \rangle$ | $\{100\}\langle 011 \rangle + \{112\}\langle 110 \rangle + \{111\}\langle 112 \rangle$ |
| 面心立方 | Al,Cu,Ni,Au,Cu-Ni<br>Cu + $\langle 50\% Zn$ | $\langle 111 \rangle$<br>$\langle 111 \rangle + \langle 100 \rangle$ | $\{110\}\langle 112 \rangle + \{112\}\langle 111 \rangle$<br>$\{110\}\langle 112 \rangle$ |
| 密排六方 | Mg,Mg 合金<br>Zn | $\langle 21\bar{3}0 \rangle$<br>$\langle 0001 \rangle$与丝轴成 70° | $\{0001\}\langle 10\bar{1}0 \rangle$<br>$\{0001\}$与轧制面成 70° |

一般来说,形变量达到 10% ~20%,择优取向现象便达到可以觉察的程度,当形变量达到 80% ~90%,多晶体的行为和单晶体很相似,呈现出明显的各向异性。但无论

经过多么剧烈的塑性变形也不可能使所有晶粒都转到同一位向上去,最多只是各晶粒的位向趋近于同一位向。

织构现象通常是有害的,用有织构的板材冲压杯状零件时,会因板材变形能力的各向异性而出现边缘不齐,壁厚不均,性能不一致等缺陷,即"制耳"现象。在某些情况下它又是有利的,如用具有(110)[001]织构的硅钢片制作电机、变压器的铁心,可减少磁损和矫顽力,提高设备效率。

### 二、冷塑性变形金属性能变化

随着形变量的增加,金属的强度、硬度升高,塑性、韧性下降,这一现象称为加工硬化或形变强化。如 30 钢,变形量为 20% 时,抗拉强度由原来的 500 MPa 提高到 700 MPa,当形变量为 60% 时,抗拉强度可进一步提高到 900 MPa,强化效果十分显著。工业生产中常利用这一现象对金属,特别是那些不能用热处理方法强化的金属进行强化处理,如铝、铜等以及某些种类的不锈钢。

加工硬化的原因与位错交互作用有关。随着塑性变形的进行,位错密度增加,位错在滑移时产生相互交割,生成了大量的割阶、位错缠结等障碍,使位错滑移阻力增大,塑性变形变得困难,即位错强化。金属强度与位错密度之间的关系可表示为

$$\Delta\sigma_d = K_d \cdot \rho^{1/2}$$

式中 $\Delta\sigma_d$ 为由位错引起的强化量,$K_d$ 为与材料有关的常数,$\rho$ 为位错密度。要使塑性变形能继续下去,就必须增大外力,宏观上就表现为加工硬化。塑性变形后,金属的电阻率升高,电阻温度系数和导磁率下降,导热系数也有所降低。塑性变形提高了金属的内能,使其化学活性提高,腐蚀速度加快。

### 三、残余应力

塑性变形后,外力所作的功大部分都转化为热能散失了,但还有一小部分(约为 10%)以残余应力(或称储存能)的形式保留在金属内部。按照残余应力平衡范围的不同,可将它们分为以下三种:

第一类内应力,又称宏观内应力。其平衡范围为金属整个体积,它是因金属各个部分(如弯曲时表面和心部)宏观形变不均匀引起的。

第二类内应力,又称微观内应力。其平衡范围为几个晶粒或几个亚晶粒,它是因晶粒或亚晶粒形变不均匀引起的。

第三类内应力,又称点阵畸变。其平衡范围是几十至几百纳米,它是因塑性变形中生成了大量的位错和点阵缺陷所引起的。残余应力中的 80%~90% 都是以这种形式存在的。

# 第五节　回复与再结晶

加工硬化给金属的进一步冷加工(深冲、多道拉拔等)带来困难,生产中可采用重新加热退火的方法来消除加工硬化。在退火过程中,今属内部的组织结构与性能将发生一系列的变化,该过程可分为回复、再结晶和晶粒长大三个阶段。

## 一、回　　复

回复是指冷变形金属在较低温度加热时,其显微组织形貌不发生明显改变,只发生点缺陷和位错的迁移而导致亚结构和某些性能发生变化的过程。在回复过程中,金属的晶粒形貌仍保持原有的长条状或纤维状,力学性跑变化很小,电阻率有明显变化。除了第三类内应力外,其余两类内应力大部分消除。生产中常用回复处理来消除冷变形工件中的内应力,称为去应力退火。

从热力学上看,冷变形后的金属自由能升高,处在一种不稳定的亚稳状态,具有向变形前的稳定状态转化的趋势。这种转化是一个热激活过程,在室温下由于转化能垒较高,不能自发进行。把金属加热到一定温度下,金属中的原子就能获得足够的能量克服能垒完成这种转化。因此回复的驱动力来自冷变形后金属中的储存能。

## 二、再　结　晶

再结晶是指将冷变形金属加热到较高温度下(约为 $0.4 \sim 0.5\ T_m$,$T_m$ 是金属的熔点)保温,通过新的可移动大角晶界的形成及随后的移动,从而形成无畸变的细小等轴状新晶粒组织的过程,但并不改变金属的晶体结构。再结晶后金属的显微组织发生显著变化,晶粒形貌由原来的长条状或纤维状转变成等轴状,冷变形导致的各种性能变化完全消失,金属的各项性能指标都将恢复到冷变形前的水平,生产中可利用再结晶处理来消除冷变形加工的影响,这称为再结晶退火。

再结晶的驱动力依然来自冷变形金属中的储存能(晶格畸变能),它是一个形核长大过程。对再结晶的研究表明,再结晶是在一个温度范围内完成的,也就是说,再结晶温度并不是金属的一个物理常数,它不是固定的。工业上常这样定义再结晶温度:经过大变形量(约70%以上)的金属,经1 h退火能够完成再结晶的最低退火温度。再结晶温度不仅随金属材料而改变,同一材料的冷变形程度、原始晶粒度、金属中所含杂质量等因素也影响着再结晶温度。

## 三、晶粒长大

再结晶完成后,得到的是无畸变的细小的等轴晶粒,如果在高温下继续保温或升高温度,这些晶粒将进一步长大,这种现象称为晶粒长大。晶粒长大时是以大晶粒吞食小晶粒的方式进行的,长大驱动力来自界面能的减小。晶粒长大可分为两种类型:一种是晶粒均匀连续长大,这时金属中能够长大的晶粒数目较多,分布也较均匀。在长大过程中,各晶粒长大速度均匀,晶粒平均尺寸的增大也是连续的,这称为晶粒正常长大。另一种是晶粒不均匀不连续地长大,这时金属中大多数的晶粒长大受到抑制,只有少数晶粒具有特别大的长大能力,它们迅速吞食掉周围大量的小晶粒,尺寸超过原始晶粒的几十倍甚至上百倍,直径有时可达数毫米,这称为晶粒异常长大,也叫二次再结晶。由于细晶粒组织的力学性能要优于粗晶粒组织,所以在生产中应尽量避免晶粒过分长大,特别是应当防止二次再结晶的发生。

# 第六节　热加工及动态回复和动态再结晶

热加工通常是指在高于再结晶温度下对金属进行的压力加工(如钢的锻造、轧制等),这时金属一方面会因塑性变形产生加工硬化,同时又会因回复和再结晶而产生软化,两者同时进行,从而使金属在热加工过程中一直保持很高的塑性。这种与形变同时进行的回复和再结晶称为动态回复和动态再结晶,而先进行冷加工变形,再加热进行的回复和再结晶则称为静态回复和静态再结晶。热加工和冷加工的本质区别就在于形变中能否发生动态再结晶。因而从严格的物理意义上讲,所谓热加工是指形变时发生动态再结晶的压力加工,而形变时只发生加工硬化的压力加工称为冷加工,形变时发生动态回复的压力加工称为温加工。大部分金属的再结晶温度都较高,所以热加工通常都需在高温下进行,但不要误以为热加工只能在高温下进行。因为有些金属的再结晶温度低于室温,即使是在室温下进行形变也是热加工,如铅的再结晶温度约 – 33 ℃。而有些金属的再结晶温度很高,只要形变温度不超过再结晶温度,即使是在高温下进行形变也是冷加工,如钨的再结晶温度高达1 200 ℃,在800 ℃下拉制钨丝也会产生加工硬化。

## 一、动态回复

在动态回复过程中,主要涉及到与位错运动有关的组织变化。形变使位错密度上升,储存能增加,导致动态回复发生,加快了位错的消失。最后当位错增殖与消失速度达到动态平衡时,应力值就不再随形变增加而增加,应力应变曲线上出现平台,表示加工硬化停止。此时位错缠结形成胞壁构成亚晶界,将晶粒分割成亚晶粒。由于亚晶界始终在不断地迁移,即旧的亚晶界破坏消失,新的亚晶界又不断地生成,所以无论应变量有多大,亚晶粒的平均尺寸和形状(等轴状)保持不变。但晶粒的形状却随着变形的进行被拉长,逐渐变成长条状或扁平状。

## 二、动态再结晶

动态再结晶温度要高于动态回复温度。和静态再结晶一样,动态再结晶也是通过形成新的可移动的大角晶界及其随后移动的方式来进行的。在动态再结晶过程中由于晶界不断的迁移,晶粒形状始终保持等轴状,不再随形变的进行被拉长。不同的是,动态再结晶完成后得到的不再是无应变的等轴晶粒组织,而是保留有一定应变的等轴晶粒组织。晶粒尺寸只取决于热形变时的流变应力的大小(形变量的大小),与形变温度无关。由于这时组织中位错较多,动态再结晶处理后的金属强度要高于静态再结晶的金属。

## 练 习 题

1. 在立方点阵中画出下列晶面和晶向:(111),(110),(100),(211),[111],[1̄11],[110],[100],[112]。

2. 求面心立方晶体中[112]晶向上的原子间距。

3. 再结晶温度和哪些因素有关?

4. 未进行冷变形的金属加热时,能否发生回复和再结晶,为什么?

5. 试总结金属塑性变形时的规律。

6. 在热加工过程中,金属能否产生加工硬化? 分析其原因。

# 第三章　金属结晶及合金相图

金属与合金自液态冷却转变为固态的过程,就是原子由不规则排列的液体状态逐步过渡到规则排列的晶体状态的过程,这一过程称为结晶过程。

金属材料结晶时形成的组织(铸态组织)不仅影响其铸态性能,而且也影响随后经过一系列加工后材料的性能。因此,研究并控制金属材料的结晶过程,对改善金属材料的组织和性能具有重要的意义。

绝大多数工业用的金属材料都是合金。合金和纯金属都遵循着相同的结晶基本规律,但合金的结晶过程比纯金属复杂得多。合金相图是研究合金结晶的重要工具。在生产和科研实践中,合金相图不仅是分析和研制合金材料的理论基础,而且还是制订合金熔炼、铸造、焊接、锻造及热处理工艺的重要依据。本章主要阐述纯金属结晶的基本理论和合金相图的基本知识。

## 第一节　纯金属的结晶

### 一、结晶曲线

用热分析法可获得如图 3-1 所示的纯金属冷却曲线(亦称结晶曲线)。图中 $a$ 点以左线段代表液态金属的降温过程,$b$ 点以右线段代表固态金属的降温过程,$ab$ 水平线段则代表金属的结晶过程。

由图可见,纯金属的结晶过程是在恒温下进行的。温度高于实际结晶温度($T_n$)时,由于系统不断向外界散热,金属液体的温度随时间的增加而下降;当温度达到 $T_n$ 时,金属开始结晶,结晶过程中要放出结晶潜热,当放出的潜热等于系统向外散失的热量时,体系的温度不再发出变化,结晶过程便在恒温下进行;直到结晶过程结束后,再没有潜热放出,体系的温度继续下降。

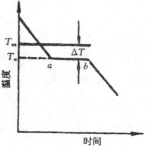

图 3-1　液态纯金属的冷却曲线

如果改变金属液体的冷却速度,实际结晶温度($T_n$)将发生变化,冷却速度增大,$T_n$ 温度降低;冷却速度减小,则 $T_n$ 温度升高。纯金属液体在无限缓慢的冷却条件下(即平衡条件下)结晶的温度,称为理论结晶温度(即熔化温度),用 $T_m$ 表示。在实际生产中,金属结晶时的冷却速度都比较快,因而液态金属的

结晶在 $T_m$ 以下才能发生。金属的实际结晶温度 $T_n$ 低于理论结晶温度 $T_m$ 的现象,称为过冷现象。理论结晶温度与实际结晶温度之差 $\Delta T$ 称为过冷度,即 $\Delta T = T_m - T_n$。可见,过冷是金属结晶的必要条件。过冷度不是定值,它与金属的性质、纯度及液态金属的冷却速度有关。冷却速度愈大,过冷度愈大。

### 二、结晶过程

图 3-2 表示出了纯金属的结晶过程。当液态金属以一定的冷却速度降温至熔点以下某一温度开始结晶时,液体中首先形成一些微小的结晶核心,称为晶核,每个晶核晶轴在空间的位向是随机的。随后,这些晶核按金属本身固有的原子排列方式不断长大。与此同时,新的晶核又在液体中不断形成。于是,液态金属便在晶核的不断形成与不断长大过程中被固态金属所取代而逐渐减少。最终,当位向不同的各晶体彼此完全接触时,液态金属耗尽,结晶过程结束。所以,一般纯金属是由许多大小、外形、位向均不相同的小晶体(称为晶粒)所组成的多晶体,晶粒之间的交界面就是晶界。

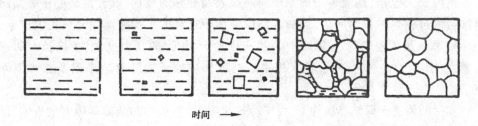

时间 ➝

图 3-2 纯金属结晶过程示意图

(一)晶核的形成

金属结晶时有两种形核方式,即均匀形核和非均匀形核。

1. 均匀形核

在液态金属中,总是存在有大量尺寸不同的短程有序原子集团。在理论结晶温度以上,它们是不稳定的,时聚时散,此起彼伏;但是当温度降到理论结晶温度以下,并且过冷度达到一定值后,液体中那些超过一定大小(大于临界晶核尺寸)的短程有序原子集团开始变得稳定,不再消失,从而成为结晶核心。这种从液体结构内部自发形成晶核的过程叫做均匀形核或自发形核。

温度愈低,即过冷度愈大时,金属由液态向固态转变的动力愈大,能稳定存在的短程有序原子集团的尺寸可以愈小,所以生成的自发晶核愈多。但是过冷度过大或温度过低时,由于形核所需要的原子扩散受阻,单位时间内、单位体积中所生成的晶核数目,即形核率,反而减小。形核率 $N$ 与过冷度 $\Delta T$ 成图 3-3 所示的关系。

2. 非均匀形核

工业生产中使用的金属往往是不纯净的,总有杂质存在。金属熔化后,那些高熔点的杂质呈粒状悬浮在液体中,金属液体结晶时,原子集团依附在这些杂质颗粒表面上形核长大,这种形核过程称为非均匀形核或非自发形核。

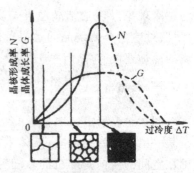

按照形核时能量有利的条件分析,能起非自发形核作用的杂质,必须符合"点阵匹配原则",即当未熔杂质的晶体结构和晶格参数与金属的相似和相当时,很容易在其上形成晶核,促进形核的作用非常显著。但是,有一些难熔杂质,虽然其晶体结构与金属的相差甚远,由于表面的微细凹孔和裂缝中有时能残留未熔金属,也能强烈地促进非自发晶核的形成。

图 3-3　晶核的形成率($N$)和成长率（$G$）与过冷度（$\Delta T$)的关系

自发形核和非自发形核是同时存在的,在实际金属和合金中,非自发形核比自发形核更重要,往往起优先的、主导的作用。

（二）晶核的长大

晶核的长大过程,是液体中的原子向晶核表面迁移的过程,或者说是晶核表面向液体中推移的过程。单位时间内,晶核表面向液体中推移的平均距离叫晶核长大速率,用 $G$ 表示。晶核长大速率与过冷度有关,过冷度愈大,长大的动力愈大,晶核长大的速率也就愈大(图 3-3)。同时,晶核长大速率还与液体中原子的迁移速率以及晶体表面状态有关。

在实际的铸造金属结晶条件下,由于冷却速度、散热条件和杂质等因素的影响,晶核只是在生长初期才有规则的外形;随着晶核的生长、晶体棱角的形成,晶体各方向的长大速度就有差别,棱角处长大速度快于其他部位,因而便得到优先生长,如图 3-4 所示,如树枝一样先长出枝干,再长出分枝,最后把晶间填满。晶体的这种长大方式称为树枝状生长,所得到的晶粒称为树枝晶。结晶结束后的晶体一般可以观察到树枝状外貌,因为晶枝在间隙处是最后填充的部位,此处杂质比较多,或者由于液体量不足而未填满。

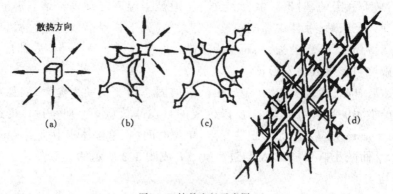

图 3-4　枝晶生长示意图

应指出的是,晶体以树枝状方式生长时,各晶枝上原子的排列取向是相同的,若不受任何干扰,各晶枝可以彼此严密地合拢起来,构成一个完整的晶体。若在晶枝生长过程中,由于液体的流动、杂质的影响或晶枝本身的重力作用,使晶枝发生偏斜,则各晶枝间不能严密地合拢,在晶内产生亚晶、亚晶界、位错等。在晶粒生长过程中,若有些结点没有原子占据,或原子未占据格点位置而占据晶格间隙位置,就在晶内形成空位或间隙原子。

金属的结晶过程是晶核形成和长大过程,但晶核的形成和长大过程不是绝然分开的,而是交错进行的,也就是已形成的晶核在长大的同时,在液体的其他部位又生成新的晶核并长大,只要液体没有全部转变成晶体,形核和长大就不会停止。

### 三、结晶晶粒细化

实际金属结晶之后,获得由大量晶粒组成的多晶体。晶粒大小对金属的力学性能和工艺性能有很大影响。在一般情况下,晶粒愈细小,金属的强度、塑性、韧性及抗疲劳能力愈好,所以,细化晶粒是强化金属材料最重要的途径之一。

晶粒大小可以用单位体积内晶粒的数目来表示,也可以用单位截面上晶粒数目或晶粒的平均直径来表示。结晶过程既然是由晶核的形成和长大两个基本过程组成的,故结晶后晶粒大小必然与形核率 $N$ 和晶核长大速率 $G$ 两个因素有关。晶粒大小与 $N$ 和 $G$ 有如下关系:

$$Z = K(N/G)^{3/4} \tag{3-1}$$

式中,$Z$ 为单位体积中的晶粒数;$K$ 为常数,约为 0.9。

显然,凡能促进形核率,抑制长大速率的因素,都能细化晶粒;反之,将使晶粒粗化。工业生产中,为了细化铸件晶粒以改善其性能,常采用以下方法:

#### (一)增加过冷度

形核率 $N$ 和长大速率 $G$ 与过冷度的关系如图 3-3 所示。从图中可见,在实际生产中液态金属能达到的过冷范围内(图中实线部分),形核率 $N$ 与长大速率 $G$ 均随过冷度增加而增大,但 $N$ 的增长比 $G$ 的增长要快。因此,过冷度 $\Delta T$ 越大,$N$ 与 $G$ 的比值也越大,单位体积内晶粒数目 $Z$ 越多,故晶粒细化。但当过冷度超过一定值后,由于温度降得很低,原子扩散能力明显减弱,使形核率 $N$ 和长大速率 $G$ 反而减小,甚至为零(图中虚线部分),从而可获得非晶态金属。

增大过冷度的主要办法是提高液态金属的冷却速度。例如降低熔液浇注温度、提高铸型吸热能力和导热性能等措施均可增大冷却速度,从而增大过冷度以细化晶粒。近 20 多年来,由于超高速(达 $10^5 \sim 10^{11}$ K/s)急冷技术的发展,已成功地获得了超细化晶粒的金属、亚稳态结构的金属和非晶态结构的金属。这类金属具有一系列优良的力学性能和特殊的物理、化学性能,有着极大的发展前途。

应该指出,用增大冷却速度的方法细化晶粒往往只适用于小件或薄件,对大件就很难实现,且快冷还可能导致铸件开裂而报废,因此,生产中还经常采用其他方法来细化晶粒。

　　(二)进行变质处理(孕育处理)

　　在液态金属中加入一些难熔的固态粉末物质,使其分散悬浮在金属液体中作为非均匀形核核心,或者分布于液-固界面以阻碍晶粒长大,从而细化晶粒,这种细化晶粒的方法称为变质处理。这些加入的固态物质称为变质剂或孕育剂,如铸铁熔液中加入硅铁或硅钙合金,铝-硅合金的溶液中加入钠或钠盐等,都是变质处理的典型实例。

　　(三)振动和搅拌

　　在金属结晶过程中,振动搅拌金属液体,也可以细化铸态组织的晶粒。原因之一,运动的液体散热快,使冷却速度增大,从而可细化晶粒;原因之二,振动和搅拌液体,可使形成的枝晶破碎,碎的晶枝又可作为新晶核而长大,从而提高了形核率,达到了细化晶粒的目的。生产中常用机械振动、电磁振动、压力浇注、离心浇注、电磁搅拌等。

# 第二节　合金的相结构

　　纯金属虽有优良的导电、导热等性能,但冶炼和提纯困难,特别是力学性能较低,种类有限,不能满足工业生产的不同要求;合金的强度、硬度、耐磨性等力学性能比纯金属高许多,而且某些合金还具有特殊的电、磁、耐热、耐蚀等物理、化学性能。因此,合金的应用比纯金属广泛得多。

　　一种金属元素同另一种或几种其他元素,通过熔化或其他方法结合在一起所形成的具有金属特性的物质称为合金。例如,黄铜是由铜和锌两种元素组成的合金;碳钢和铸铁是由铁和碳组成的合金;硬铝是由铝、铜、镁组成的合金。

　　组成合金独立的、最基本的物质叫做组元。组元可以是金属、非金属元素或稳定化合物。根据组成合金组元数目的多少,合金可以分为二元合金、三元合金和多元合金等。

　　给定组元后,可以按不同比例配制出一系列成分不同的合金,这一系列合金就构成一个合金系。合金系也可以分为二元系、三元系和多元系等。

　　在金属或合金中,具有同一化学成分且晶体结构相同并有界面与其他部分分开的均匀组成部分叫做相。液态合金通常都为单相液体。合金在固态下,由一个固相组成时称为单相合金,由两个以上固相组成时称为多相合金。

　　组织是指用肉眼或显微镜所观察到的材料的微观形貌。合金的组织由数量、形态、大小和分布方式不同的各种相组成。合金的性能一般是由合金的成分和组织决定的。

　　根据结构特点,合金中的基本相可分为三大类:固溶体、金属化合物和非晶相。

## 一、固　溶　体

合金在固态下,组元间仍能互相溶解而形成的均匀相,称为固溶体。

固溶体的晶格类型与其中某一组元的晶格类型相同。能保留晶格形式的组元称为溶剂。因此,固溶体的晶格与溶剂的晶格相同,而溶质以原子状态分布在溶剂的晶格中。在固溶体中,一般溶剂含量较多,溶质含量较少。

**(一)固溶体的分类**

按照溶质原子在溶剂晶格中所占位置的不同,固溶体可分为以下两类:

**1. 间隙固溶体**

溶质原子处于溶剂晶格的间隙中所形成的固溶体称为间隙固溶体,如图 3-5(a)所示。能够形成间隙固溶体的溶质原子尺寸都比较小,一般溶质原子与溶剂原子直径的比值 $d_{质}/d_{剂}$ < 0.59 时,才能形成间隙固溶体。因此,形成间隙固溶体的溶质元素,都是一些原子半径小于 0.1 nm 的非金属元素,如 H(0.046 nm),B(0.097 nm),C(0.077 nm),O(0.060 nm),N(0.071 nm)等,而溶剂元素多是过渡族元素。

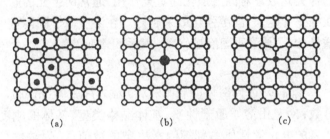

图 3-5　固溶体结构及晶格畸变示意图
(a)间隙固溶体;(b)、(c)置换固溶体。

由于溶剂晶格的间隙有一定限度,随着溶质原子的溶入,溶剂晶格将产生畸变〔图3-5(a)〕。溶入的溶质原子越多,所引起的畸变就越大。当晶格畸变量超过一定数值时,溶剂的晶格就会变得不稳定,于是溶质原子就不能继续溶解,所以间隙固溶体的溶质在溶剂中的溶解度是有一定限度的,这种固溶体称为有限固溶体。

**2. 置换固溶体**

若溶质原子代替一部分溶剂原子,而占据着溶剂晶格中的某些结点位置,这样形成的固溶体称为置换固溶体,如图 3-5(b)、(c)所示。

在置换固溶体中,溶质在溶剂中的溶解度主要取决于两者原子直径的差别、它们在周期表中相互位置和晶格类型。一般来说,溶质原子和溶剂原子直径差别愈小,则溶解度愈大;两者在周期表中位置越靠近,则溶解度也愈大。如果上述条件能很好地满足,而且溶质与溶剂的晶格类型也相同,则这些组元往往能无限互相溶解,即可以任何比例互溶形成置换固溶体,这种固溶体称为无限固溶体,比如铁和铬、铜和镍便能形成无限固溶体。反之,若不能很好地满足上述条件,则溶质在溶剂中的溶解度是有限度的,只能形成有限固溶体,如铜和锌、铜和锡都形成有限固溶体。有限固溶体的溶解度还与温度有密切关系,一般温度愈高,溶解度愈大。

在多数情况下，溶质原子在置换固溶体中的分布是无规律的，这种固溶体称为无序固溶体。但有些元素形成置换固溶体时，溶质原子在溶剂晶格中占据一定的结点位置，在固溶体中的分布有一定的规律性，这种固溶体称为有序固溶体。在一定条件（如成分、温度等）下，一些合金的无序固溶体可转变为有序固溶体，这种转变叫有序化。

当形成置换固溶体时，由于溶质原子与溶剂原子的直径不可能完全相同，因此，也会造成固溶体晶格常数的变化和晶格的畸变，如图 3-5(b)、(c)所示。

(二)固溶体的性能

固溶体中以置换或间隙方式存在的溶质原子改变了基体的点阵常数，使固溶体的晶格发生畸变，塑性变形抗力增大，结果使金属材料的强度、硬度升高，塑性、韧性下降。这种通过形成固溶体使金属材料的强度、硬度升高的现象，称为固溶强化。

溶质原子的种类和数量对固溶强化起重要作用，通常两组元的原子尺寸、晶格常数以及电化学性质等差异越大，固溶强化效果越好。在溶质原子固溶量少时，固溶强化造成的屈服强度增量($\Delta\sigma_s$)与溶质固溶量($C$)的关系可表示为

$$\Delta\sigma_s = KC^n \tag{3-2}$$

式中，$\Delta\sigma_s = \sigma_s - \sigma_0$，$\sigma_s$ 为固溶体的屈服强度，$\sigma_0$ 为纯金属(溶剂)的屈服强度；$C$ 为溶质的原子百分数；$K$ 是由溶质原子性质、基体晶格类型、基体的刚度、溶质和溶剂原子的直径差及二者的电化学性质差别等因素决定的数值；$n$ 为常数，通常 $n = 0.33\sim 2.0$。

固溶强化是提高金属材料力学性能的重要途径之一。实践表明，适当控制固溶体中的溶质含量，可以在显著提高金属材料的强度、硬度的同时，仍能保持相当好的塑性和韧性。因此，对综合力学性能要求较高的结构材料，都是以固溶体为基体的合金。

**二、金属化合物**

当组成合金的两个元素在化学元素周期表上的位置相距较远时，往往容易形成化合物。金属材料中的化合物可以分为金属化合物和非金属化合物两类。凡是由相当程度的金属键结合，并具有明显金属特性的化合物，称为金属化合物，它可以成为金属材料的组成相。例如，碳钢中的渗碳体($Fe_3C$)、黄铜中的 $\beta'$ 相($CuZn$)，都是属于金属化合物。凡是没有金属键结合，且没有金属特性的化合物，称为非金属化合物。例如，碳钢中依靠离子键结合的 $FeS$ 和 $MnS$ 都是非金属化合物。非金属化合物是合金原材料或在熔炼过程中带入的杂质，它们数量虽少，对合金性能的影响一般都较坏，故也称非金属夹杂。下面只介绍金属化合物。

金属化合物的晶格类型与其各组元的晶格类型均不相同，一般可用化学分子式表示。例如钢中渗碳体($Fe_3C$)是由铁原子和碳原子所组成的金属化合物，它具有如图 3-

6 所示的复杂晶格形式。碳原子构成一正交晶格($a \neq b \neq c$，$\alpha = \beta = \gamma = 90°$)，在每个碳原子周围有六个铁原子构成八面体，每个铁原子为两个八面体所共有，在 $Fe_3C$ 中，Fe 与 C 原子的比例为

$$\frac{Fe}{C} = \frac{\frac{1}{2} \times 6}{1} = \frac{3}{1}$$

因而可用 $Fe_3C$ 这一化学式表示。

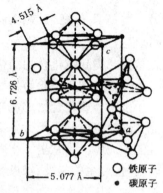

图 3-6　$Fe_3C$ 的晶体结构

(一)金属化合物的分类

金属化合物的种类很多，常见的有以下三种：

1. 正常价化合物

正常价化合物通常是由电化学性质相差很大的元素组成的，它们符合一般化合物的原子价规律，成分固定，并可用化学式表示，例如：$Mg_2Si$，$Mg_2Sn$，$Mg_2Pb$ 等。

2. 电子化合物

电子化合物不遵循原子价规律，而是按照一定的电子浓度比，组成一定晶体结构的化合物。所谓电子浓度是指化合物中价电子数与原子数的比值，即电子浓度 $c_{电}$ = 价电子数/原子数。在电子化合物中，一般一定的电子浓度与一定的晶格形式相对应。如当电子浓度为 3/2 时，形成体心立方晶格的电子化合物，称为 $\beta$ 相；当电子浓度为 21/13 时，形成复杂立方晶格的电子化合物，称为 $\gamma$ 相；当电子浓度为 7/4 时，形成密排六方晶格的电子化合物，称为 $\varepsilon$ 相。

在许多金属材料中，存在着电子化合物相。例如，Cu-Zn 合金中的 CuZn，因 Cu 的价电子数为 1，Zn 的价电子数为 2，化合物的总原子数为 2，故 CuZn 的电子浓度 $c_{电}$ = 3/2，属于 $\beta$ 相。同理，$Cu_5Zn_8$ 属于 $\gamma$ 相，$CuZn_3$ 属于 $\varepsilon$ 相。

应注意，电子化合物虽然可以用化学式表示，但它是一个成分可变的相，也就是在电子化合物的基础上，可以再溶解一定量的组元，形成以该化合物为基的固溶体。例如，在 Cu-Zn 合金中，$\beta$ 相的化学成分中，锌的质量分数($W_{Zn}$)可在 36.8% ~ 56.5% 范围内变动。

3. 间隙化合物

间隙化合物一般是由原子直径较大的过渡族金属元素(Fe，Cr，Mo，W，V 等)和原子直径较小的非金属元素(H，C，N，B 等)所组成。如合金钢中不同类型的碳化物(VC，$Cr_7C_3$，$Cr_{23}C_6$ 等)以及钢经化学热处理后在其表面形成的碳化物和氮化物(如 $Fe_3C$，$Fe_4N$，$Fe_2N$ 等)，都属于间隙化合物。

间隙化合物的晶体结构特征是：直径较大的过渡族元素的金属原子占据了新晶格的结点位置，而直径较小的非金属元素的原子则有规律地嵌入晶格的间隙中，因而称为间隙化合物。

间隙化合物又可分为两类,一类是具有简单晶格形式的间隙化合物,也称为间隙相,如 VC,WC,TiC 等。图 3-7 就是 VC 的晶格示意图。另一类是具有复杂晶格形式的间隙化合物,如 $Fe_3C$,$Cr_{23}C_6$,$Cr_7C_3$,$Fe_4W_2C$ 等。图 3-6 所示的 $Fe_3C$ 的晶格,就是这一类间隙化合物结构的典型例子。

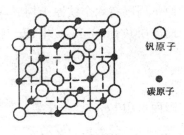

钒原子

碳原子

图 3-7　VC 的晶体结构

(二)金属化合物的性能

由于金属化合物的晶格与其组元晶格完全不同,因此其性能也不同于组元。金属化合物的熔点一般较高,性能硬而脆。当它呈细小颗粒均匀分布在固溶体基体上时,将使合金的强度、硬度和耐磨性明显提高,这一现象称为弥散强化。因此,金属化合物在合金中常作为强化相存在,它是许多合金钢、有色金属和硬质合金的重要组成相。

工业用合金的组织仅由金属化合物一相组成的情况是极少见的,绝大多数合金是由固溶体和少量金属化合物组成的混合物。通过调整固溶体中溶质含量和金属化合物的数量、大小、形态及分布情况,可以使合金的力学性能在较大范围内变动,以满足工程上不同的使用要求。

## 三、非 晶 相

若将某些金属或合金熔液以足够高的冷却速度(大于 $10^5$ K/s)冷却到某一温度(玻璃化温度)以下,就会使熔液来不及形核结晶而直接保持液态的原子排列方式凝固,形成非晶态金属或合金,也称为金属玻璃。固溶体和金属化合物是合金中的结晶相,而金属玻璃则是合金中的非晶相。

金属玻璃的结构可看作是液态结构的冻结,因此,不同的非晶态合金的结构应是很相似的。非晶态结构的基本特征是:(1)原子的排列短程有序、长程无序;(2)非晶态结构在热力学上是不稳定的,它总是有向晶态转化(晶化)的趋势,即原子趋向规则排列,因为在固态时,晶态的自由能最低。对许多非晶态材料,若以通常的速度加热,当达到某一温度时将开始出现晶化,这一温度称为晶化温度。晶化温度是衡量非晶态材料稳定性的一个指标。一般晶化温度越高,非晶态材料的稳定性也越好。

(一)非晶态合金的分类

目前所研究和应用的非晶态合金大致可分为三类。

1.TM-M 型非晶态合金

这类合金是由过渡族金属(TM)和类金属(M)组成的非晶态合金。其中最典型的是 $TM_{80}M_{20}$,这里 TM 可以代表一种或几种过渡族金属(Fe,Co,Ni,V,Cr,Mn 等),M 代表一种或几种类金属(常是 P,B,C 或 Si)。类金属起形成玻璃态即阻止结晶的作用。经验表明,当 TM 和 M 都包括多于一种元素时,比较容易形成非晶态,所需的冷却速度不高。这类非晶态合金都具有较高的晶化温度,一般高于 500 K,并且随着类金属含量的增加,晶化温度也随着提高。

2. RE-TM型非晶态合金

这类合金是由稀土金属(RE)和过渡族金属组成的非晶态合金。它们的成分配比范围较宽,典型的稀土金属含量在 20% ~80%。目前研究最多的是 RE 为 Gd,Tb,Ho,Dy 和 TM 为 Fe,Co,Ni 的合金以及其他一些三元合金。与 TM-M 型合金相比,RE-TM型合金晶化温度更高,可达到约800 K。

3. TM-TM型非晶态合金

这类合金是由后过渡族金属(Fe,Co,Ni)和前过渡族金属(Zr,Nb,……)组成的非晶态合金,例如 $Fe_{88}Zr_{12}$ 和 $Fe_{30}Co_{60}Zr_{10}$ 等等。它们通常可以在较宽的成分范围内形成非晶态,并具有较高的晶化温度(>750 K)。

(二)非晶态合金的性能

非晶态金属或合金的原子排列是无规密堆的,具有短程有序、长程无序的特点。因此,它们的结构在宏观上是各向同性的,不存在晶态中常见的晶界、位错等缺陷造成的局部不均匀,这样就使得非晶态金属或合金的力学性能与晶态的差别很大。非晶态金属或合金既具有很高的强度和硬度,又具有很高的韧性。例如,铁基和钴基非晶态合金的维氏硬度可以达到9 800 MPa以上,抗拉强度可达4 000 MPa以上;在弯曲疲劳试验中,Fe-Ni 基非晶态合金的疲劳强度($N = 10^7$)为 650~900 MPa,而钴基非晶态合金则可达1 200 MPa。同时,非晶态合金还具有优异的软磁特性、耐腐蚀性和超导电性等等。金属玻璃作为高强材料、信息材料、新能源材料和新型功能材料,具有极大的应用发展前景。

# 第三节 二元合金相图及结晶

## 一、相图及其测定

合金在加热或冷却过程中要发生相变。在相变过程中,若停止加热或冷却,并维持充分长时间,则合金系统中各相不再相互转化,即各相的成分和相对重量不再变化,合金系处于平衡状态,这种平衡称为相平衡。相平衡是一种动态平衡。

合金相图是表明在平衡状态下合金系中各合金的组成相(或组织状态)与温度、成分之间关系的图解,又称合金平衡图或合金状态图。利用它不仅可以了解合金系中不同成分合金在不同温度时的组成相(或组织状态)以及相的成分和相的相对量,而且还可了解合金在缓慢加热或冷却过程中的相变规律。

合金发生相变时,必然伴随有物理、化学性能的变化。因此,测定发生性能变化的温度和成分范围,可以确定不同相存在的温度和成分界限,从而建立相图。常用的方法有热分析法、膨胀法、X 射线分析法等。下面以 Cu-Ni 合金系为例,简单介绍用热分析法建立相图的过程。

　　首先配置一系列不同成分的合金,测出其从液态到室温的冷却曲线,求得各相变点;然后,把这些相变点标在温度与成分的坐标图纸上,把各相同意义的点连结成线,即把结晶开始的点连在一起、结晶结束的点连在一起。这些线将相图划分成一些区域,这些区域称为相区;最后,在各相区内填入相应的相名称。如图 3-8 所示。

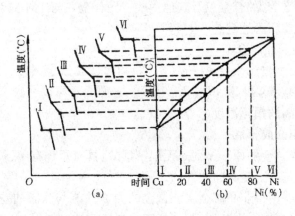

图 3-8　用热分析法测定的 Cu-Ni 合金相图

　　目前,通过实验已测定了许多二元合金相图,其形式大多比较复杂,然而,复杂的相图可以看成是由若干基本的相图所组成。下面将着重分析三种基本的二元合金相图——匀晶相图、共晶相图和包晶相图。

**二、匀晶相图**

　　由液相直接结晶出单相固溶体的过程,称为匀晶转变。完全具有匀晶转变的相图,称为匀晶相图。两组元在液态无限互溶,在固态也无限互溶的合金系,其相图属匀晶相图。例如 Cu-Ni,Fe-Cr,Ag-Au 等合金系相图都属于这类相图。下面就以 Cu-Ni 合金相图为例,对匀晶相图及其合金的结晶过程进行分析。

　　(一)相图分析

　　Cu-Ni 相图〔图 3-9(a)〕为典型的匀晶相图。图中 $A$ 点为纯铜的熔点(1 083 ℃);B 点为纯镍的熔点(1 455 ℃)。$AmB$ 称为液相线,它代表各种成分的 Cu-Ni 合金在冷却过程中开始结晶的温度或在加热过程中熔化终了的温度;$AnB$ 称为固相线,它代表各种成分的 Cu-Ni 合金在冷却过程中结晶终了的温度或在加热过程中开始熔化的温度。液相线与固相线把整个相图分为三个不同的相区。液相线以上合金处于单相液体状态,以 L 表示;固相线以下合金处于固体状态,为 Cu 与 Ni 组成的单相无限固溶体,以 α 表示;液相线与固相线之间是液固两相共存区(即结晶区),以 L + α 表示。

　　(二)匀晶系合金的平衡结晶

　　1. 固溶体合金的平衡结晶过程

　　平衡结晶就是无限缓慢地冷却、原子扩散非常充分、时时达到相平衡条件的一种结晶方式。现以含 40% Ni 的合金为例来分析其平衡结晶过程。如图 3-9 所示，当合金自高温液相缓慢冷却到 $T_1$ 温度时，液相中开始结晶出 $\alpha_1$ 固溶体，其相平衡关系为 $L_1 \overset{T_1}{\Leftrightarrow} \alpha_1$，此时液相与固相的成分分别为 $L_1$ 点和 $\alpha_1$ 点在成分坐标上的投影，可见已结晶出的固溶体的含 Ni 量高于原液相的含 Ni 量。继续冷却到 $T_2$ 温度时，合金的相平衡关系为 $L_2 \overset{T_2}{\Leftrightarrow} \alpha_2$，此时剩余液相和已结晶出的固溶体的成分分别为 $L_2$ 点和 $\alpha_2$ 点在成分轴上的投影，可见，为了保持相平衡，$T_1$ 温度时 $\alpha_1$ 相和 $L_1$ 相的成分必须通过原子充分扩散分别改变为 $\alpha_2$ 相和 $L_2$ 相的成分。一直冷至 $T_4$ 温度，其相平衡关系为 $L_4 \overset{T_4}{\Leftrightarrow} \alpha_4$，最后的相平衡，必然使从液相结晶出来的全部固溶体都具有 $\alpha_4$ 的成分(即原液相的成分)，并使最后一滴液相的成分达到 $L_4$ 的成分。

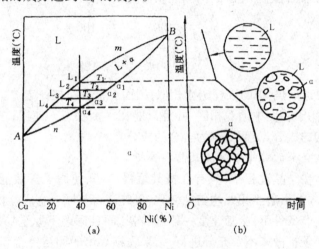

图 3-9 匀晶相图合金的结晶过程

由此可知，固溶体合金的结晶是在一个温度区间内完成的，即为变温结晶过程；在整个结晶过程中，固相的成分沿着固相线变化，而液相的成分沿着液相线变化。

2. 杠杆定律

在固溶体平衡结晶过程中，随着温度的降低，固相的量不断增多，液相的量不断减少，液固两相相对量的变化遵从一定的规律，这个规律就是杠杆定律。

如图 3-10 所示，设合金的总量为 $Q$，其含 Ni 量为 $X_0$%。在温度为 $T_1$ 时，L 相和 $\alpha$ 相的重量分别为 $Q_L$ 和 $Q_\alpha$，它们的含 Ni 量分为 $X_L$% 和 $X_\alpha$%，则有

$$Q = Q_L + Q_\alpha$$
$$Q \cdot X_0\% = Q_L \cdot X_L\% + Q_\alpha \cdot X_\alpha\%$$

上两式联立求解，可解得

$$\frac{Q_L}{Q_\alpha} = \frac{X_\alpha - X_0}{X_0 - X_L} = \frac{bc}{ab} \tag{3-3}$$

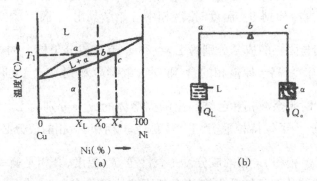

图 3-10　杠杆定律的证明和力学比喻

由上式还可求出合金中液、固两相的相对量：

$$L\% = \frac{Q_L}{Q} \times 100\% = \frac{bc}{ac} \times 100\%$$

$$\alpha\% = \frac{Q_\alpha}{Q} \times 100\% = \frac{ab}{ac} \times 100\% \tag{3-4}$$

由于式(3-2)与力学中的杠杆定律相似，因而亦被称作杠杆定律。运用杠杆定律时应注意，它只适用于相图中的双相区，并且只能在平衡状态下使用；杠杆的两个端点为给定温度时两相的成分点，而支点为合金的成分点。

(三)匀晶系合金的非平衡结晶及晶内偏析

固溶体合金在结晶过程中，只有在极其缓慢冷却、使原子扩散能充分进行的条件下，固相的成分才能沿着固相线均匀地变化，最终获得与原合金成分相同的均匀 α 固溶体。但在实际生产条件下，冷却速度一般都较快，而且固态下原子扩散又很困难，致使固溶体内部的原子扩散来不及充分进行，结果先结晶出的固溶体含高熔点组元(如 Cu-Ni 合金中的 Ni)较多，后结晶出的固溶体含低熔点组元(如 Cu-Ni 合金中的 Cu)较多。这种在一个晶粒内化学成分不均匀的现象称为晶内偏析。由于固溶体一般都以树枝状方式结晶，这就使先结晶的枝干成分与后结晶的枝间成分不同，因此晶内偏析又称为枝晶偏析。图 3-11 是 Cu-Ni 合金枝晶偏析的显微组织，先结晶的枝干中，因 Ni 含量较高，不易侵蚀，故呈白色；而后结晶的枝间因 Cu 含量较高，易侵蚀而呈黑色。

枝晶偏析会降低合金的力学性能和工艺性能。因此，生产上常把有枝晶偏析的合金加热到高温(低于固相线100 ℃左右)，并经长时间保温，使原子进行充分扩散，以达到成分均匀化的目的，这种处理称均匀化退火或扩散退火。

图 3-11　铸态 Cu-Ni 合金枝晶
偏析的组织(200×)

必须指出,在非平衡结晶条件下,固溶体合金不仅具有枝晶偏析现象,而且,其结晶的开始温度和终止温度都要分别低于相图中的液相线和固相线,冷却速度越快,过冷度越大,偏离液相线和固相线的程度越大。

### 三、共晶相图

两组元在液态无限互溶,在固态有限互溶,冷却时发生共晶转变的合金系,其相图为共晶相图。例如 Pb-Sn,Pb-Sb,Al-Si,Ag-Cu 等合金系相图都属于这类相图。下面就以 Pb-Sn 合金相图为例,对共晶相图及其合金的结晶过程进行分析。

(一)相图分析

图 3-12 为 Pb-Sn 合金相图。此合金系有三种相:Pb 与 Sn 形成的液溶体 L 相,Sn 溶于 Pb 中形成的有限固溶体 α 相,Pb 溶于 Sn 中形成的有限固溶体 β 相。因此,相图中有三个单相区,即 L,α,β;各个单相区之间还有三个双相区,即 L+α,L+β,α+β;各个双相区之间有一个三相区,即水平线 cde 为 L+α+β 三相共存区。

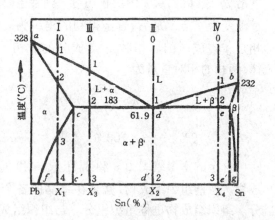

*adb* 为液相线,*acdeb* 为固相线。由于 Pb 与 Sn 在固态下有限互溶,所以在固相线以下还有两条线,即 *cf* 和 *eg*。*cf* 线为 Sn 在 Pb 中的溶解度曲线(或 α 相的固溶线),温度降低,固溶体的溶解度下降,因此,Sn 含量大于 *f* 点的合金从高温冷却到室温

图 3-12　Pb-Sn 合金相图及成分线

时,从 α 相中会析出 β 相以降低 Sn 含量。从固态 α 相中析出的 β 相称为次生 β,常用 $\beta_{\mathrm{II}}$ 表示。*eg* 线为 Pb 在 Sn 中的溶解度曲线(或 β 相的固溶线),Pb 含量大于 *g* 点的合金,冷却过程中同样会析出 $\alpha_{\mathrm{II}}$。

*d* 点为液相线与固相线的交点,表示在 *d* 点所对应的温度($T_d=183\ ℃$)下,成分为 *d* 点的液相($L_d$)将同时结晶出成分为 *c* 点的 α 固溶体($\alpha_d$)和成分为 *e* 点的 β 固溶体($\beta_e$),该转变可用下式表示:

$$L_d \overset{\text{恒温}}{\Longleftrightarrow} \alpha_c + \beta_e$$

这种一定成分的液相,在一定温度下,同时结晶出两种一定成分固相的转变,称为共晶转变。由共晶转变获得的两相混合物称为共晶体或共晶组织,*d* 点称为共晶点,*d* 点所对应的温度与成分分别称为共晶温度与共晶成分,水平线 *cde* 称为共晶反应线。成分在 *ce* 之间的合金平衡结晶时都会发生共晶转变。

相图中对应于共晶点成分的合金称为共晶合金;成分位于共晶点以左,*c* 点以右的

合金称为亚共晶合金；成分位于共晶点以右,$e$ 点以左的合金称为过共晶合金；成分位于 $c$ 点以左或 $e$ 点以右的合金称为端部固溶体合金。

(二)共晶系合金的平衡结晶

1. 端部固溶体合金的结晶

合金Ⅰ属端部固溶体合金,其平衡结晶过程如图 3-13 所示。当该合金冷却到 1 点温度时,从液相中开始结晶出固溶体。随着温度的降低,固溶体的量不断增多,液相不断减少,同时液相成分沿着液相线 $ad$ 变化,而 α 固溶体的成分沿着固相线 $ac$ 变化。当冷至 2 点温度时,液相全部结晶成 α 固溶体,其成分为原合金的成分。从 3 点温度开始,由于 Sn 在 α 中的溶解度沿 $cf$ 线降低,从 α 中要析出 $β_Ⅱ$,到室温时 α 中 Sn 含量逐渐变为 $f$ 点。最后,合金得到的组织为 $α + β_Ⅱ$,其组成相是 $f$ 点成分的 α 相和 $g$ 点成分的 β 相。运用杠杆定律,两相的相对重量为

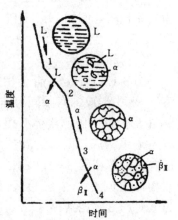

$$\alpha\% = \frac{x_1 g}{fg} \times 100\%$$

$$\beta\% = \frac{f x_1}{fg} \times 100\% \quad (\beta\% = 1 - \alpha\%)$$

图 3-13　合金Ⅰ的冷却曲线
及结晶过程示意图

合金的室温组织由 α 和 $β_Ⅱ$ 组成,α 和 $β_Ⅱ$ 即为组织组成物。所谓组织组成物,就是在结晶的各个阶段中形成的、有清晰轮廓的独立组成部分。组织组成物也称组织组分。与组织组成物相关的一个概念是相组成物,它是指组成显微组织的基本相。组织组成物可以是单相,或是两相混合物。

合金Ⅰ的室温组织组成物为 α 和 $β_Ⅱ$,相组成物为 α 和 β。由于室温组织组成物 α 和 $β_Ⅱ$ 皆是单相,所以 α 和 $β_Ⅱ$ 的相对重量分别与相组成物 α 和 β 相对重量相等。

2. 共晶合金的结晶

共晶合金的结晶过程如图 3-14 所示。合金从液态冷却到共晶温度时,发生共晶转变：$L_d \rightarrow (\alpha_c + \beta_e)$,形成共晶体$(\alpha_c + \beta_e)$。共晶转变完成后,共晶体中 α 相和 β 相的相对量可用杠杆定律计算：

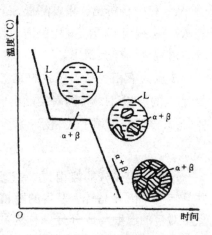

$$\alpha_c \% = \frac{de}{ce} \times 100\%$$

$$\beta_e \% = \frac{cd}{ce} \times 100\%$$

图 3-14　合金Ⅱ的冷却曲线及
结晶过程示意图

继续冷却时,共晶体中的 α 相与 β 相的成分均要沿着各自的固溶线变化,并分别析出 $\beta_{II}$ 和 $\alpha_{II}$。由于共晶体中析出的次生相常常与共晶体中同类相混在一起,在显微镜下难以辨别,所以室温下共晶合金的组织仍为共晶体($\alpha + \beta$),其相组成物为 α 和 β。Pb-Sn 合金的共晶组织见图 3-15,图中黑色为 α 相,白色为 β 相,它们呈层片状交替分布。

### 3.亚共晶合金的结晶

合金Ⅲ属亚共晶合金,其平衡结晶过程如图 3-16 所示。当该合金缓冷到 1 点温度时,开始从液相中结晶出初生 α 固溶体,以 $\alpha_1$ 表示。随着温度的下降,初生 α 的量不断增多,剩余液相的量不断减少。与此同时,初生 α 的成分沿着固相线 ac 向 c 点变化,剩余液相成分沿液相线 ad 由 1 点向 d 点变化。当温度下降到 2 点(共晶温度)时,$\alpha_I$ 的成分为 c 点成分而剩余液相的成分达到 d 点成分(共晶成

图 3-15　Pb-Sn 二元共晶组织

分),这时剩余的液相已具备进行共晶转变的温度与成分条件,因而在 2 点发生共晶转变。共晶转变完成后,剩余液相全部转变为共晶体,而具有 c 点成分的 $\alpha_I$ 在整个共晶转变过程中保持不变。所以此时合金的组织为 $\alpha_I + (\alpha_c + \beta_e)$。当合金继续冷却时,α相和 β 相都要发生溶解度变化。从 α 相(包括初生 α 和共晶体中的 α)中不断析出 $\beta_{II}$,从 β 相(共晶体中的 β)中不断析出 $\alpha_{II}$。由于共晶体中各相析出的次生相与母相混在一起,不能辨认,所以,室温下亚共晶合金的平衡组织为:$\alpha + \beta_{II} + (\alpha + \beta)$,其相组成物仍为 α 和 β。Pb-Sn 合金的亚共晶组织见图 3-17。

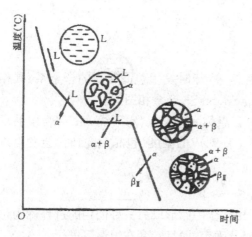

图 3-16　合金Ⅲ的冷却曲线及结晶过程示意图

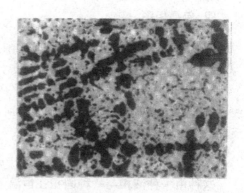

图 3-17　50％Sn-Pb 亚共晶合金的组织

**4. 过共晶合金的结晶**

过共晶合金的平衡结晶过程与亚共晶合金相似,只是初生相为 β 固溶体,而不是 α 固溶体。室温下过共晶合金的组织为 $\beta + \alpha_{\mathrm{II}} + (\alpha + \beta)$,其显微组织如图 3-18 所示,图中 $\beta_{\mathrm{I}}$ 呈白色椭圆形,黑色点状为共晶体中的 α 相,$\beta_{\mathrm{I}}$ 中的 $\alpha_{\mathrm{II}}$ 相数量很少,难以觉察。

综上所述,亚共晶与过共晶合金在结晶过程中,共晶转变前都有先共晶初生相的结晶,因此室温组织中除了共晶体外,都有初生相存在。而且,合金成分越接近共晶点,其共晶体的相对量越多,初生相的相对量越少。在共晶线两端以外的合金都不发生共晶转变,室温下组织除了初生相外,还有次生相存在,其析出量以共晶线两端点成分的合金为最多,离两端点越远,次生相越少。对 Pb-Sn 合金系,随着 Sn 含量的增加,其室温组织依次为:$\alpha, \alpha + \beta_{\mathrm{II}}, \alpha + \beta_{\mathrm{II}} + (\alpha + \beta), (\alpha + \beta), \beta + \alpha_{\mathrm{II}} + (\alpha + \beta), \beta + \alpha_{\mathrm{II}}, \beta$。采用组织来标注相图,如图 3-19 所示。

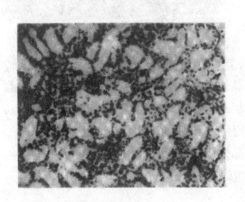

图 3-18　70%Sn-Pb 过共晶合金
的显微组织

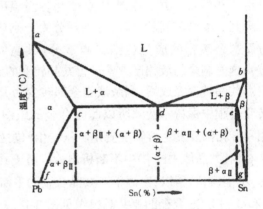

图 3-19　标注组织的共晶相图

## 四、包晶相图

两组元在液态无限互溶,在固态有限互溶,冷却时发生包晶转变的合金系,其相图为包晶相图。典型的包晶相图有 Pt-Ag, Ag-Sn, Sn-Sb 合金相图等。

图 3-20 为 Pt-Ag 合金相图。该相图中 $e$ 点称为包晶点,水平线 $ced$ 称为包晶反应线。成分在 $c$ 和 $d$ 点之间的合金冷却到 $ced$ 所对应的温度(包晶温度)时,会发生以下反应:

$$L_d + \alpha_c \xrightleftharpoons[\phantom{xx}]{\text{恒温}} \beta_e$$

这种由一种液相与一种固相在恒温下相互作用而形成另一种固相的过程称为包晶转变。发生包晶转变时三相共存,它们的成分确定,而且转变在恒温下进行。

$e$ 点成分的合金在平衡结晶过程中,冷至包晶温度时,由 $d$ 点成分的 L 相和 $c$ 点

成分的 α 相发生包晶反应,β 相依附 α 相形核并长大(图 3-21)。反应结束后,L 相与初生 α 相正好全部耗尽,形成 e 点成分的 β 固溶体。成分在 c 和 e 点之间的合金冷至包晶温度时,同样会发生包晶反应,反应结束后,仍剩余有初生 α 相。而成分在 e 和 d 点之间的合金在包晶反应中,初生 α 相全部耗尽而有液相剩余,剩余的液相在随后的冷却过程中通过匀晶转变结晶成 β 固溶体。

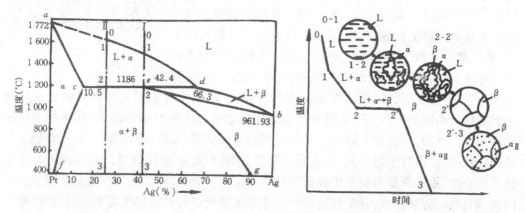

图 3-20　Pt-Ag 合金相图　　　　　　图 3-21　e 点成分合金的结晶过程示意图

在合金结晶过程中,如果冷速较快,包晶反应时原子扩散不能充分进行,则生成的 β 固溶体中会存在较大的成分偏析,原 α 处 Pt 含量较高,而原 L 区 Pt 含量较低,这种现象称为包晶偏析。包晶偏析可通过扩散退火来消除。

### 五、合金铸锭组织

铸锭是金属材料最原始的坯料。由于结晶条件不同,铸锭的组织多种多样。最典型的合金铸锭组织由三个区组成:表面细晶区、中间的柱状晶区和心部的等轴晶区,如图 3-22 所示。

#### 1. 细晶区

细晶区位于铸锭的最外层,由很薄的一层细小等轴晶粒组成。合金熔液浇入锭模后,与较冷的模壁接触,靠近模壁的一层液体受到强烈的激冷,获得很大的过冷度,形成大量的晶核;同时模壁也能起非自发晶核的作用。这些晶核迅速生长至互相接触,形成等轴细晶区。细晶区组织细小致密,成分均匀,因而强度高、硬度高,但由于该层组织很薄,有的只有几个毫米的厚度,对铸锭性能影响不大。

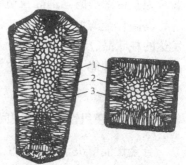

图 3-22　铸锭结构示意图
1—细晶区;2—柱状晶区;
3—等轴晶区。

#### 2. 柱状晶区

　　紧接着细晶区的是一层由相当粗大的柱状晶粒所组成的区域,此区域称为柱状晶区。随着细晶区的形成,锭模温度不断升高,而且,细晶区形成时还释放了大量的结晶潜热,这些都使细晶区前沿液相的冷却速度迅速减小,形核率也随之降低,甚至不可能再形核。但是,液-固界面上的某些小晶粒仍能以树枝状单向延伸生长。由于垂直于模壁的方向散热最快,而各晶粒的结晶主轴方向又不相同,因此,那些结晶主轴与模壁垂直或接近垂直的晶粒生长速度快,那些主枝斜生的晶粒逐渐被"挤掉",最后只剩下为数不多的晶粒垂直于模壁平行地向液相择优生长,这样就形成了柱状晶区(图 3-23)。该晶区

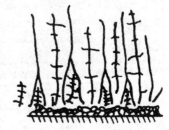

图 3-23　铸锭中柱状晶区的形成

组织致密,但相互平行的粗大柱状晶本身的脆性较大,而且它们之间的接触面及相邻垂直的柱状晶区交界面由于常聚集易熔杂质和非金属夹杂而成为弱面,在热加工时极易沿这些面开裂,所以对于熔点高和杂质多的金属材料,如铁、镍及其合金,不希望有发达的柱状晶区;但对于熔点低、不含易熔杂质、塑性较好的金属材料,如铝、铜等有色金属及其合金,反而希望铸锭获得致密的柱状晶组织。此外,柱状晶的性能具有明显的方向性,沿柱状晶晶轴方向强度较高。对于那些主要受单向载荷的机器零件,例如汽轮机叶片等,柱状晶组织是非常理想的。

　　3.中心等轴晶区

　　随着柱状晶区的发展,剩余熔液的温度降低,且整个熔液的温度逐渐趋于均匀,散热也逐渐失去了方向性。在这样的条件下,熔液中存在的许多非自发晶核,如从型壁上由液流冲刷下来的小晶体、沉积下来的铸锭表面形成的小晶体、从柱状晶上被冲下的分枝碎块以及熔液中存在的一些高熔点杂质等,向各个方向均匀长大,最后形成等轴晶区。等轴晶没有弱面,其晶枝彼此嵌入,结合较牢,性能均匀,无方向性。对钢铁铸锭一般希望获得细小的等轴晶粒组织。

　　提高合金的加热温度和浇注温度,有利于在铸锭截面保持较大的温度梯度,获得较发达的柱状晶;反之,则有利于使铸锭截面温度均匀,促进等轴晶的形成。另外,适当提高铸模的冷却能力,有利于柱状晶区的发展,而进行变质处理、振动和搅拌,均易获得细小的等轴晶粒。

　　**六、合金使用性能与相图间的关系**

　　合金性能取决于合金的化学成分与组织,而合金的化学成分与组织间关系体现在合金相图上,因此,合金性能与合金相图间必然存在着一定的联系。掌握了相图与性能的联系规律,就可以大致判断不同成分合金的性能特点,并可作为选用和配制合金的依据。

　　图 3-24 表示具有匀晶相图、共晶相图合金的力学性能和物理性能随成分变化的一

般规律。固溶体的性能与溶质元素的溶入量有关,溶质的溶入量越多,晶格畸变越大,则合金的强度、硬度越高,电阻越大。当溶质原子含量大约为 50% 时,晶格畸变最大,上述性能达到极大值,所以固溶体性能与成分的关系曲线呈透镜状。两相混合物合金的力学性能与物理性能处在两相性能之间,大致是两相性能的算术平均值,并与合金成分呈直线关系。应当指出,合金的组成相或组织组成物的形态对合金性能也有影响,尤其对组织较敏感的某些性能如强度等,其影响更明显。例如,当共晶合金形成细密共晶体时,其力学性能将偏离直线关系而出现峰值(见图 3-24 中虚线)。

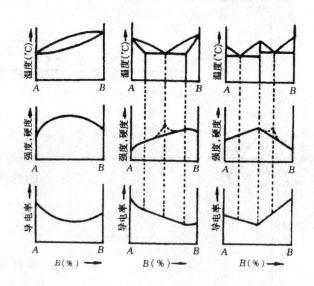

图 3-24　合金的使用性能与相图的关系

# 第四节　铁碳合金相图

钢铁材料是以铁和碳两种元素为基本组元的铁碳合金,是现代工农业生产中使用最广泛的金属材料。钢铁材料的成分不同,其组织和性能也不同,因而它们在实际生产上的应用情况也不一样。铁碳相图是研究钢和铸铁的基础,对于钢铁材料的应用以及热加工和热处理工艺的制订具有重要的指导意义。

## 一、铁碳合金的基本相与相图

铁碳相图的主要部分是 $Fe$-$Fe_3C$ 相图,如图 3-25 所示。相图中的基本相有铁素体、奥氏体及渗碳体,这些相都是以铁为基的固溶体或铁的化合物,所以必须先了解铁的一些特性。

(一)铁的同素异构转变

有一些金属如铁、钴、钛、锡等,在结晶之后继续冷却时,还会发生晶体结构的变化。金属在固态下随温度的改变,由一种晶格转变为另一种晶格的现象,称为金属的同素异构转变,又称重结晶 。由同素异构转变所得到的不同晶格的晶体,称为同素异构体。

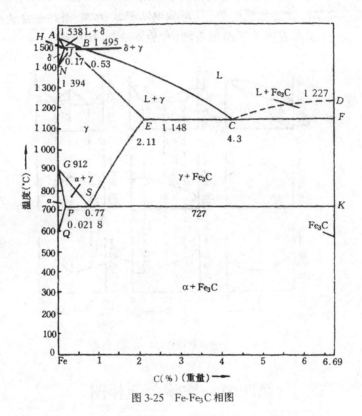

图 3-25　Fe-Fe₃C 相图

铁的一个重要特性是具有同素异构转变(图 3-26)。液态铁在1 538 ℃(纯铁的熔点)以下结晶成具有体心立方晶格的 δ-Fe;当温度下降到1 394 ℃时发生同素异构转变,体心立方晶格的 δ-Fe 转变为面心立方晶格的 γ-Fe ;当温度继续降至912 ℃时,又发生同素异构转变,面心立方晶格的 γ-Fe 转变为体心立方晶格的 α-Fe;当温度再降低时,铁的晶体结构不再发生变化。铁的同素异构转变可表示为

$$\delta\text{-Fe} \overset{1\,394\,℃}{\Longleftrightarrow} \gamma\text{-Fe} \overset{912\,℃}{\Longleftrightarrow} \alpha\text{-Fe}$$

正是由于纯铁能够发生同素异构转变,生产中才有可能对钢和铸铁进行各种热处理,以改变其组织和性能。

金属的同素异构转变与液态金属的结晶相似,也是一个形核和核长大的过程。但同素异构转变是在固态下发生的,其原子扩散要比液态下困难得多,致使同素异构转变

需要较大的过冷度。另外,由于转变时晶格的致密度改变,则将引起晶体体积的变化,并产生较大的内应力。

应该指出,α-Fe 于 770 ℃恒温下会发生磁性转变,即在 770 ℃以上,纯铁具有顺磁性;在 770 ℃以下,纯铁具有铁磁性,770 ℃为磁性转变温度,亦称铁的居里点。在发生磁性转变时,铁的晶格类型并不改变,所以磁性转变不属于相变。

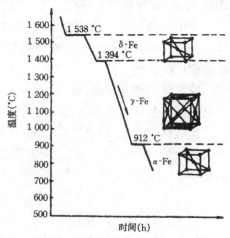

图 3-26　纯铁的冷却曲线及晶体结构变化

**(二)铁碳合金的基本相**

铁碳合金固态下的基本相可分为两大类,即固溶体和金属化合物。由于纯铁在固态下有三种晶体结构(亦称三种同素异构体),所以有三种不同的固溶体。

**1.铁素体**

碳溶于 α-Fe 中所形成的间隙固溶体称为铁素体,以符号 F 或 α 表示。由于 α-Fe 是体心立方晶格,其晶格间隙的直径很小,因而溶碳能力极差,在 727 ℃时溶解度最大($W_C = 0.021\ 8\%$),随着温度下降溶解度逐渐减小,在 600 ℃时溶解度约为 0.005 7%。铁素体的显微组织与工业纯铁相同,如图 3-31 所示。

铁素体的力学性能几乎与纯铁相同,数值大致如下:$\sigma_b = 180 \sim 280$ MPa,$\sigma_{0.2} = 100 \sim 170$ MPa,$\delta = 30\% \sim 50\%$,$\Psi = 70\% \sim 80\%$,HBS $= 50 \sim 80$,$a_k = 160 \sim 200$ J/cm$^2$。

铁素体在 770 ℃以下具有铁磁性,在 770 ℃以上失去铁磁性。

**2.奥氏体**

碳溶于 γ-Fe 中所形成的间隙固溶体称为奥氏体,以符号 A 或 γ 表示。由于 γ-Fe 是面心立方晶格,它的致密度虽然高于体心立方晶格的 α-Fe,但由于其晶格间隙的直径要比 α-Fe 大,故溶碳能力也较大,在 1 148 ℃时溶解度最大($W_C = 2.11\%$),在 727 ℃时溶解度为 0.77%。

奥氏体存在于 727 ℃以上的高温范围内,显微组织从外观上看与纯铁相似。

奥氏体的性能与其溶碳量及晶粒大小有关。奥氏体强度硬度比铁素体高,塑性韧性也好,其硬度约为 HBS170 ~ 220,延伸率约为 $\delta = 40\% \sim 50\%$,易于锻压成型。奥氏体是非铁磁相。

**3.高温铁素体**

碳溶于 δ-Fe 中所形成的间隙固溶体称为高温铁素体,用 δ 表示。δ 相在 1 394 ℃以上存在,在 1 495 ℃时固溶度最大,为 0.09%。

**4.渗碳体**

渗碳体是铁和碳相互作用形成的一种间隙化合物,其晶体结构如图 3-6 所示,分子式是 $Fe_3C$,碳含量为 6.69%。

在钢和铸铁中,渗碳体随形成条件的不同而具有不同的形态,有粗大片状、网状、薄片状、球状、棒状等形态。渗碳体的存在形态、数量及分布对钢铁材料的组织和性能起着决定性的作用。

渗碳体的硬度很高(HV950～1 050),而塑性韧性几乎为零,脆性极大,只有当渗碳体被软基体包围时才表现出一定的塑性。

渗碳体的熔点为 1 227 ℃,不发生同素异构转变,但有磁性转变,它在 230 ℃ 以下具有弱铁磁性,而在 230 ℃ 以上失去铁磁性。同时,$Fe_3C$ 在一定条件下会发生分解,形成石墨:

$$Fe_3C \longrightarrow 3Fe + C(石墨)$$

可见,渗碳体是亚稳相。因此,铁碳相图具有双重性,即一个是 $Fe\text{-}Fe_3C$ 亚稳系相图,另一个是 Fe-C(石墨)稳定系相图。本节只讨论 $Fe\text{-}Fe_3C$ 亚稳系相图。

(三)$Fe\text{-}Fe_3C$ 相图

$Fe\text{-}Fe_3C$ 相图比较复杂,但是,若将其分解为包晶相图、共晶相图和共析相图三个基本部分分别进行分析就简单了。如图 3-27 所示。

1. 铁碳相图中三个主要转变

(1)包晶转变

合金在平衡结晶过程中,在 1 495 ℃ 恒温下,含碳 0.53% 的液相与含碳 0.09% 的高温铁素体发生包晶反应,形成含碳 0.17% 的奥氏体,其反应式为:

$$L_B + \delta_H \overset{1\,495\,℃}{\Longleftrightarrow} A_J$$

包晶转变的产物为奥氏体。$J$ 为包晶点,水平线 $HJB$ 为包晶线。凡是含碳量在 0.09%～0.53% 范围内的铁碳合金在平衡结晶过程中都将进行包晶转变。

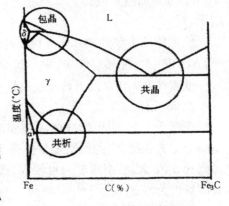

图 3-27　$Fe\text{-}Fe_3C$ 相图的分解图

(2)共晶转变

合金在平衡结晶过程中,在 1 148 ℃ 恒温下,含碳 4.3% 的液相发生共晶反应,转变为含碳 2.11% 的奥氏体和渗碳体的混合物,其反应式为

$$L_C \overset{1\,148\,℃}{\Longleftrightarrow} A_E + Fe_3C$$

共晶转变的产物是奥氏体和渗碳体的两相混合物,称为莱氏体,用符号 $L_d$ 表示。莱氏体中的渗碳体称为共晶渗碳体。$C$ 点为共晶点,水平线 $ECF$ 为共晶线。含碳量

在 2.11%~6.69% 范围内的合金都要进行共晶转变。

应该指出,在冷却过程中,当温度降至727℃时,莱氏体中的奥氏体也要进行共析转变形成珠光体。因此,把共析线以上温度存在的奥氏体与渗碳体的混合物称为高温莱氏体,而把共析线以下温度存在的珠光体和渗碳体的混合物,称为低温莱氏体,用符号 L'$_d$ 表示,其组织形态如图3-28 所示。

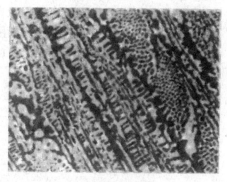

图 3-28　莱氏体组织形貌

(3)共析转变

Fe-Fe$_3$C 相图的下部为共析相图。共析相图与共晶相图相似,不同之处是:共晶相图中的恒温转变——共晶转变是从液相中同时结晶出两个固相,转变产物称作共晶体;而共析相图中的恒温转变——共析转变则是从一个固相中同时析出两个新的固相,转变产物称作共析体。铁碳合金在平衡结晶过程中,在727℃恒温下,含碳0.77%的奥氏体发生共析反应,转变为含碳0.0218%的铁素体和渗碳体的混合物,其反应式为

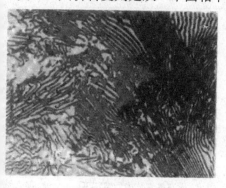

图 3-29　珠光体组织形貌

$$A_S \xleftrightarrow{\text{727℃}} F_P + Fe_3C$$

共析转变产物是铁素体和渗碳体的两相混合物,称为珠光体,用符号 P 表示,其组织形态如图 3-29 所示。珠光体中的渗碳体称为共析渗碳体。S 点为共析点,水平线 PSK 为共析线,亦称 A$_1$ 线。凡是碳含量超过 0.021 8%的铁碳合金在平衡结晶过程中都将进行共析转变。

2. 铁碳相图中三条重要的特性曲线

(1)GS 线

相图中的 GS 线是合金冷却时从奥氏体中开始析出铁素体的临界温度线,亦称 A$_3$ 线,习惯上叫 A$_3$ 温度。

(2)ES 线

相图中的 ES 线是碳在奥氏体中的溶解度曲线。含碳量大于 0.77%的铁碳合金自 1 148℃冷至727℃的过程中,将从奥氏体中析出渗碳体,此渗碳体称为二次渗碳体,用 Fe$_3$C$_{II}$ 表示。所以 ES 线又是 Fe$_3$C$_{II}$ 开始析出线,亦称 A$_{cm}$ 线,习惯上叫 A$_{cm}$ 温度。

(3)PQ 线

相图中的 PQ 线是碳在铁素体中的溶解度曲线。碳含量大于 0.000 8%的铁碳合金自727℃冷至室温的过程中,将从铁素体中析出渗碳体,此渗碳体称为三次渗碳体,

用 $Fe_3C_{\text{III}}$ 表示。所以 $PQ$ 线又是三次渗碳体 $Fe_3C_{\text{III}}$ 开始析出线。

3. 相图中的特性点

铁碳相图中 $ABCD$ 连线为液相线，$AHJECF$ 连线为固相线。相图中包括 5 个单相区、7 个双相区和 3 个三相区。相图中每个特性点的温度、碳含量及意义，详见表 3-1。

表 3-1　Fe-Fe₃C 相图中的特性点

| 特　性　点 | 温　度(℃) | 含碳量(%) | 意　　　义 |
|:---:|:---:|:---:|:---|
| A | 1 538 | 0 | 纯铁的熔点 |
| B | 1 495 | 0.53 | 包晶转变时液相的成分 |
| C | 1 148 | 4.30 | 共晶点 |
| D | 1 227 | 6.69 | 渗碳体的熔点 |
| E | 1 148 | 2.11 | 碳在奥氏体中的最大溶解度 |
| F | 1 148 | 6.69 | 共晶渗碳体的成分点 |
| G | 912 | 0 | α-Fe⇌γ-Fe 同素异构转变点 |
| H | 1 495 | 0.09 | 碳在 δ 体中的最大溶解度 |
| J | 1 495 | 0.17 | 包晶产物的成分点 |
| K | 727 | 6.69 | 共析渗碳体的成分点 |
| N | 1 394 | 0 | γ-Fe⇌δ-Fe 同素异构转变点 |
| P | 727 | 0.021 8 | 碳在铁素体中的最大溶解度 |
| S | 727 | 0.77 | 共析点 |
| Q | 600 | 0.005 7 | 碳在铁素体中的溶解度 |
| | 室温 | 0.000 8 | 室温下碳在铁素体中的溶解度 |

## 二、典型铁碳合金的平衡结晶

根据碳含量的多少，铁碳合金可分为三大类：

(1)工业纯铁($W_C \leqslant 0.021\,8\%$)

(2)钢($0.021\,8\% < W_C \leqslant 2.11\%$) $\left\{\begin{array}{l}\text{亚共析钢}(0.021\,8\% < W_C < 0.77\%) \\ \text{共析钢}(W_C = 0.77\%) \\ \text{过共析钢}(0.77\% < W_C \leqslant 2.11\%)\end{array}\right.$

(3)白口铸铁($2.11\% < W_C < 6.69\%$) $\left\{\begin{array}{l}\text{亚共晶白口铸铁}(2.11\% < W_C < 4.3\%) \\ \text{共晶白口铸铁}(W_C = 4.3\%) \\ \text{过共晶白口铸铁}(4.3\% < W_C < 6.69\%)\end{array}\right.$

下面分别对这七种铁碳合金的平衡结晶过程进行分析。

（一）工业纯铁的平衡结晶

以碳含量为 0.01% 的工业纯铁为例,该合金在相图中的位置、冷却曲线及结晶过程中组织的变化如图 3-30 所示。合金自液态冷至 1-2 点温度区间发生匀晶转变,结晶

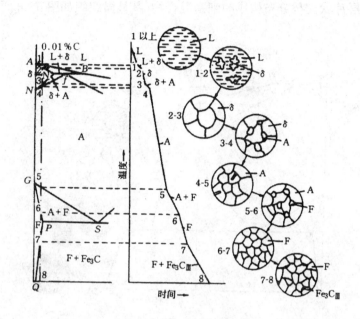

图 3-30　工业纯铁的结晶过程示意图

出 δ 固溶体。2-3 点温度区间的冷却则为 δ 固溶体的自然冷却。当冷却到 3 点时,δ 相开始向奥氏体转变,奥氏体晶核优先在 δ 固溶体的晶界上形成并长大,至 4 点温度,δ 固溶体全部转变为单相奥氏体。4-5 点温度区间的冷却为单相奥氏体的自然冷却。自 5 点开始,从奥氏体中析出铁素体。同样,铁素体在奥氏体晶界处形核并长大,至 6 点温度时,奥氏体全部转变为铁素体。6-7 点温度区间的冷却则为单相铁素体的自然冷却。当冷却至 7 点时,遇到碳在铁素体中的固溶线 $PQ$,开始从铁素体中析出三次渗碳体。因此,工业纯铁室温下的平衡组织为 $F + Fe_3C_{III}$,$Fe_3C_{III}$ 断续分布在 F 晶界上(图 3-31)。工业纯铁中 $Fe_3C_{III}$ 的含量极少。

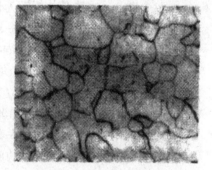

图 3-31　工业纯铁的显微组织(500×)

（二）共析钢的平衡结晶

共析钢在相图中的位置、冷却曲线及结晶过程中组织的变化如图 3-32 所示。在平衡结晶过程中,合金在 1-2 点温度区间进行匀晶转变,从液相中结晶出单相奥氏体,至 2 点温度时结晶完毕。2-3 点间的冷却是单相奥氏体的自然冷却。冷却至 3 点温度时,

要发生共析转变: $A_S \rightarrow (F_P + Fe_3C)$ ,形成珠光体。当温度继续下降时,珠光体中铁素体的成分沿 $PQ$ 线变化并析出三次渗碳体( $Fe_3C_{III}$ )它与共析渗碳体连在一起,在显微镜下难以分辨,且数量少,可予以忽略,故共析钢室温下的平衡组织为珠光体,它是由铁素体和渗碳体呈层片状交替分布构成的细密混合物,其显微组织如图 3-28 所示。

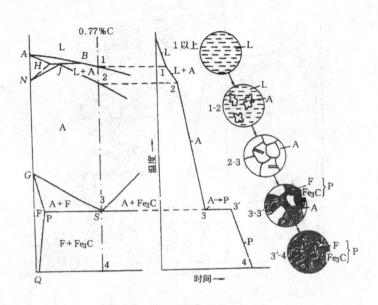

图 3-32　共析钢结晶过程示意图

### (三)亚共析钢的平衡结晶

以含碳 0.4%的亚共析钢为例,该钢在相图中的位置、冷却曲线及结晶过程中组织的变化如图 3-33 所示。合金冷却时,在 1-2 点温度区间按匀晶转变结晶出 δ 固溶体。冷至 2 点温度(1 495 ℃)时,δ 固溶体的含碳量为 0.09% ,液相的含碳量为 0.53% ,于是发生包晶转变: $L_B + \delta_H \rightarrow A_J$ ,形成奥氏体。包晶转变结束后尚有剩余的液相。在 2-3 点之间冷却时,剩余液相又按匀晶转变结晶为奥氏体,冷至 3 点时,液相消失,合金全部由含碳 0.4%的奥氏体组成。3-4 点的冷却是单相奥氏体的自然冷却。冷至 4 点时,开始从奥氏体中析出铁素体(称先共析铁素体)。随着温度的降低,铁素体不断析出,其成分沿 GP 变化,而剩余奥氏体的成分沿 GS 变化。当温度降到727 ℃时,剩余奥氏体的成分到达 S 点,于是发生共析转变: $A_S \rightarrow P(F_P + Fe_3C)$ ,形成珠光体。而先共析铁素体保持不变,所以共析转变结束后,合金的组织为 F+P。继续冷却时,先共析铁素体和珠光体中的铁素体都将析出 $Fe_3C_{III}$ ,但是其数量很少,一般可以忽略不计。因此,室温下亚共析钢的平衡组织为 F+P,其显微组织如图 3-34 所示。

室温下,含碳 0.4%的亚共析钢的组织组成物为 F 和 P,其中铁素体 F 的量等于共析转变前先共析铁素体的相对量,而珠光体 P 的量就是共析转变前奥氏体的相对量,

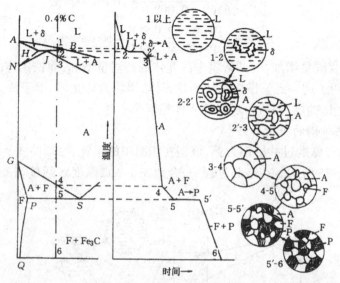

图 3-33　亚共析钢结晶过程示意图

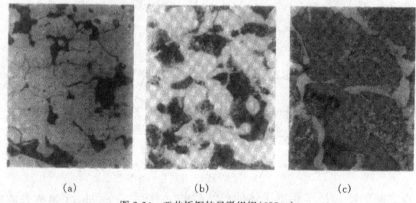

图 3-34　亚共析钢的显微组织(600×)
(a)0.15%C;(b)0.4%C;(c)0.7%C。

应用杠杆定律可得

$$F\% = \frac{0.77 - 0.40}{0.77 - 0.021\,8} \times 100\% = 49.5\%$$

$$P\% = \frac{0.40 - 0.021\,8}{0.77 - 0.021\,8} \times 100\% = 50.5\%$$

从先共析铁素体中析出的 $Fe_3C_{III}$ 相对量为

$$Fe_3C_{III}\% = \frac{0.021\,8 - 0.000\,8}{6.69 - 0.000\,8} \times 49.5\% = 0.16\%$$

此种钢室温下的相组成物为 F 和 $Fe_3C$，它们的相对量为

$$F\% = \frac{6.69 - 0.40}{6.69 - 0.000\,8} \times 100\% = 94\%$$

$$Fe_3C\% = \frac{0.40 - 0.000\,8}{6.69 - 0.000\,8} \times 100\% = 6\%$$

可见,随含碳量增加,亚共析钢中珠光体的相对量增加,而铁素体的相对量却减少。图 3-34 也表明了这一点。图中白块为铁素体,黑块为珠光体,由于放大倍数低,不易清晰观察到珠光体的层片特性,所以珠光体呈灰黑一片。

(四)过共析钢的平衡结晶

以含碳 1.2% 的过共析钢为例,该钢在相图中的位置、冷却曲线及结晶 过程中组织的变化如图 3-35 所示。在结晶过程中,合金在 1-2 点温度区间按匀晶转变结晶出奥氏

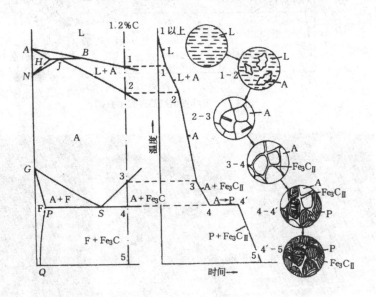

图 3-35　过共析钢结晶过程示意图

体。2-3 点之间的冷却是单相奥氏体的自然冷却。当冷至 3 点时,开始从奥氏体中析出二次渗碳体($Fe_3C_{II}$),$Fe_3C_{II}$ 一般沿着奥氏体晶界呈网状析出。随着 $Fe_3C_{II}$ 的不断析出,奥氏体含碳量沿 ES 线逐渐降低。当冷却到 4 点温度(727 ℃)时,奥氏体含碳量降为 0.77%,于是发生共析转变:$A_S \rightarrow P(F_P + Fe_3C)$,形成珠光体。在727 ℃ 以下冷却时,合金组织无明显变化,因此,室温下过共析钢的平衡组织为 $P + Fe_3C_{II}$。其显微组织如图 3-36 所示。

(五)共晶白口铸铁的平衡结晶

共晶白口铸铁在相图中的位置、冷却曲线及结晶过程中组织的变化如图 3-37 所示。合金自液态冷至 1 点温度(1 148 ℃)时,发生共晶转变:$L_c \rightarrow L_d(A_E + Fe_3C)$,形成莱氏体。在 1-2 点间,莱氏体中的奥氏体(共晶奥氏体)不断析出二次渗碳体($Fe_3C_{II}$)。$Fe_3C_{II}$ 一般沿相界析

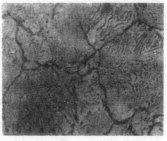

(a)　　　　　　　　　　　(b)

图 3-36　过共析钢(含 1.2%C)的显微组织(600×)

(a)硝酸溶液浸蚀;(b)苦味酸钠溶液浸蚀。

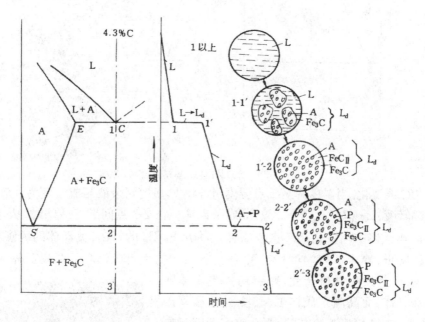

图 3-37　共晶白口铸铁结晶过程示意图

出并与共晶渗碳体连在一起,在显微镜下无法分辨,但此时的莱氏体由 A+Fe$_3$C$_{II}$+Fe$_3$C 组成。由于 Fe$_3$C$_{II}$的析出,至 2 点温度(727℃)时,剩余共晶奥氏体的含碳量降为 0.77%,于是发生共析转变:A$_S$→P,剩余共晶 A 转变为 P,而高温莱氏体 L$_d$转变为低温莱氏体 L$'_d$(P+Fe$_3$C$_{II}$+Fe$_3$C)。在727℃以下冷却时,合金组织无明显变化。所以,共晶白口铸铁室温下的平衡组织为 L$'_d$(P+Fe$_3$C$_{II}$+Fe$_3$C),其显微组织如图 3-28 所示。

共晶白口铸铁的组织组成物全为 L$'_d$,相组成物还是 F 和 Fe$_3$C。

(六)亚共晶白口铸铁的平衡结晶

以含碳 3.0%的亚共晶白口铸铁为例,该铸铁在相图中的位置、冷却曲线及结晶过程中组织的变化如图 3-38 所示。在结晶过程中,合金在 1-2 点温度区间进行匀晶转变,从液相中不断结晶出初生奥氏体,同时,初生奥氏体的成分沿 *JE* 线变化,而液相成

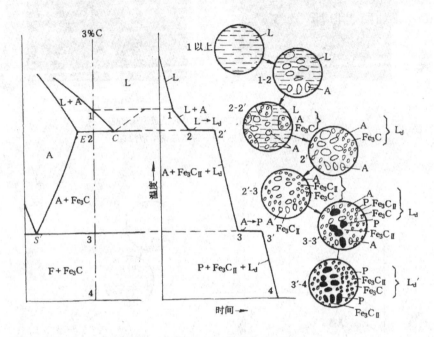

图 3-38　亚共晶白口铸铁结晶过程示意图

分沿 *BC* 线变化。当温度降至 2 点温度(1 148 ℃)时,剩余液相成分变为 4.3%,于是发生共晶转变:$L_c \rightarrow L_d(A_E + Fe_3C)$,形成莱氏体。在 2-3 点间继续冷却时,从初生奥氏体和共晶奥氏体中均要析出二次渗碳体。随着 $Fe_3C_{\text{II}}$ 的析出,奥氏体的含碳量沿着 *ES* 线逐渐降低,冷至 3 点温度(727 ℃)时,剩余的初生奥氏体和共晶奥氏体成分均变为 0.77%,于是发生共析转变,剩余初生奥氏体转变为珠光体,而高温莱氏体 $L_d$ 转变为低温莱氏体 $L'_d$。在727 ℃以下冷却时,合金组织无明显变化。因此,亚共晶白口铸铁室温下的平衡组织为 $P + Fe_3C_{\text{II}} + L'_d$,其显微组织如图 3-39 所示。图中树枝状的大块黑色组织为由初生奥氏体转变的珠光体,白色基体为莱氏体中的渗碳体,分布在其上的黑色点状物为莱氏体中的珠光体。应该指出,由初生奥氏体中析出的 $Fe_3C_{\text{II}}$ 和共晶 $Fe_3C$ 基体连在一起,难以分辨。

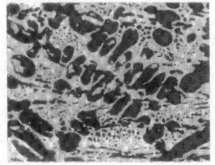

图 3-39　亚共晶白口铸铁(3.0%C)
的组织(400×)

亚共晶白口铸铁室温下的组织组成物为 $P,Fe_3C_{\text{II}}$ 和 $L'_d$,它们的相对量可两次利用

杠杆定律求出；相组成物仍为 F 和 $Fe_3C$。

(七)过共晶白口铸铁的平衡结晶

以含碳 5% 的过共晶白口铸铁为例，该铸铁在相图中的位置、冷却曲线及结晶过程中组织的变化如图 3-40 所示。合金冷却时，在 1-2 点温度区间结晶出一次渗碳体

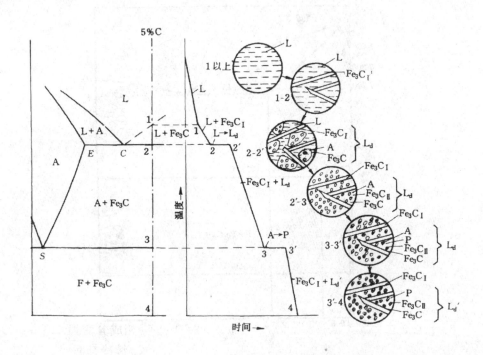

图 3-40　过共晶白口铸铁结晶过程示意图

$Fe_3C_I$，随着 $Fe_3C_I$ 数量的增加，剩余液相的成分沿 DC 线变化。当温度降至 2 点时，剩余液相成分变为 4.3%，于是发生共晶转变：$L_c \rightarrow L_d$，形成莱氏体。继续冷却至室温的过程中，高温莱氏体 $L_d$ 转变为低温莱氏体 $L'_d$ 而 $Fe_3C_I$ 不变化。因此，过共晶白口铸铁室温下的平衡组织为 $L'_d + Fe_3C_I$，其显微组织如图 3-41 所示。图中 $Fe_3C_I$ 呈长条状，基体为 $L'_d$。

### 三、铁碳合金的成分、组织、性能间的关系

(一)含碳量与平衡组织间的关系

根据以上对铁碳合金平衡结晶过程的分析，可将铁碳相图具体标注成组织图，如图 3-42 所示。

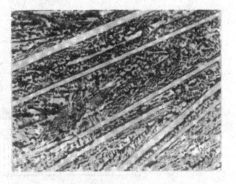

图 3-41　过共晶白口铸铁(含 5.0%C)
的组织(400×)

不同种类的铁碳合金,其室温平衡组织不同,但它们皆由 F 和 $Fe_3C$ 两相组成。应用杠杆定律,可计算出各种铁碳合金室温下的相组成物及组织组成物的相对量,并示于图 3-43 中。

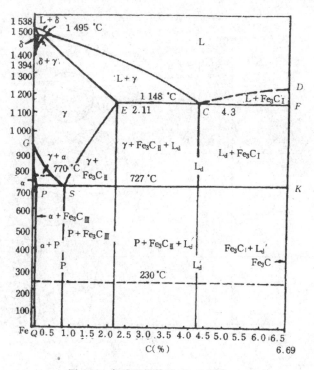

图 3-42　标注组织的 Fe-$Fe_3C$ 相图

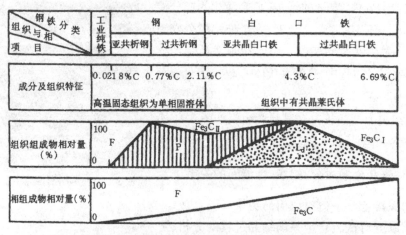

图 3-43　铁碳合金中碳含量与组织组成物和相组成物间的关系

从图中可清楚地看出铁碳合金平衡结晶时的组织变化规律。随含碳量的增加,组织中渗碳体的相对量呈直线增加,同时渗碳体的大小、形态和分布也随之发生变化。渗碳体由层片状分布在铁素体基体内(如珠光体),进而改变呈网状分布在晶界上(如二次渗碳体),最后形成莱氏体时,渗碳体又作为基体出现。这就是说,不同成分的铁碳合金具有不同的组织,从而决定了它们具有不同的性能。

(二)含碳量与力学性能间的关系

在铁碳合金中,$Fe_3C$ 是个强化相。如果合金的基体是铁素体,那么渗碳体的量越多,分散度越大,且分布越均匀,材料的强度就越高。例如,由铁素体和渗碳体呈层片状交替分布构成的珠光体,其强度、硬度较高($\sigma_b = 750 \sim 900$ MPa,HBS $= 180 \sim 280$),塑性韧性较差($\delta = 20\% \sim 25\%$,$a_k = 30 \sim 40$ J/cm$^2$)。但是,若 $Fe_3C$ 相以网状分布在晶界上,材料的塑性、韧性将大大下降。这也正是高碳钢脆性的主要原因。

图 3-44 所示为含碳量对碳钢力学性能的影响。

硬度的高低主要取决于组织中相组成物或组织组成物的硬度和相对数量,而受它们形态的影响相对较小。随碳含量的增加,由于硬度高的渗碳体增多,硬度低的铁素体减少,所以,图中合金的硬度呈直线关系增大。

强度是一个对组织形态很敏感的力学性能指标。对亚共析钢,随碳含量的增加,珠光体含量增加,而铁素体含量减少,故强度硬度提高,而塑性韧性下降。对过共析钢,碳含量小于

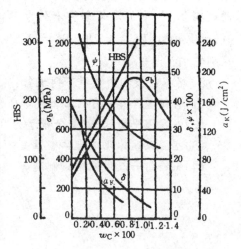

图 3-44　含碳量对碳钢力学性能的影响

0.9%时,二次渗碳体少且呈断续网状存在,强度还能提高;当碳含量超过 0.9%时,二次渗碳体沿晶界呈连续网状存在,使钢的脆性增大,钢的强度反而降低,而塑性韧性也进一步降低。对白口铸铁,由于其基体是硬而脆的渗碳体,所以其强度很低,脆性很大,且塑性韧性极低。

# 练 习 题

1. 什么是过冷度?为什么金属结晶时一定要有过冷度?
2. 过冷度与冷却速度有什么关系?它对金属结晶后的晶粒大小有什么影响?
3. 列举几种实际生产中采用的细化铸造晶粒的方法。
4. 试分析比较纯金属、固溶体、共晶体三者在结晶过程和显微组织上的异同点。
5. 试分析图 3-45:

(1)水平线 *DCE* 及 *FGH* 的性质；

(2)标注各区域的相组成物和组织组成物；

(3)分析合金 Ⅰ、Ⅱ 由液态到室温平衡结晶过程及其组织变化。

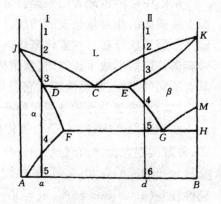

图 3-45 习题 5 图

6.现有两种铁碳合金,其中一种合金的显微组织中珠光体量占 75%,铁素体量占 25%;另一种合金的显微组织中珠光体量占 92%,二次渗碳体量占 8%。这两种合金各属于哪一类合金? 其含碳量各为多少?

7.现有形状、尺寸完全相同的四块平衡状态的铁碳合金,它们是碳含量分别为 $W_C=0.2\%$ , $W_C=0.40\%$ , $W_C=1.2\%$ , $W_C=3.5\%$ 的合金。根据你所学的知识,可有哪些方法来区别它们?

8.根据铁碳相图解释下列现象:

(1)含碳量 1.0% 的钢比含碳量 0.5% 的钢硬度高;

(2)在室温平衡状态下,含碳量为 0.8% 的钢比含碳量为 1.2% 的钢强度高;

(3)室温莱氏体比珠光体塑性差;

(4)钢铆钉一般用低碳钢制造。

# 第四章 钢的热处理

## 第一节 钢加热时奥氏体转变

### 一、金属固态相变热力学条件

金属固态相变是指固态组织与结构的改变,比如纯金属由一种晶体结构转变为另一种晶体结构的同素异构转变,固溶体合金中各组元原子的有序化转变以及一个固相同时分解为两个不同固相的共析转变等。根据合金相图,可以确定不同温度区间存在的稳态相。金属固态相变时,由于新相结构与母相结构不同,其比容差必然引起体积的变化,新相的自由变形受到母相约束的限制,从而使新相与母相之间产生弹性应变,其量值大小与新相形状密切相关。新相形成的总能量变化包括表面能和由于体积变化所引起的应变能。固态相变过程应满足从高自由能状态向低自由能状态自发进行的热力学条件。随着温度的变化,各相自由能变化程度不同。图 4-1 表示 $A$ 相与 $B$ 相自由能随温度变化规律曲线。在两条曲线交点处,$A$ 相与 $B$ 相自由能相等,所对应的温

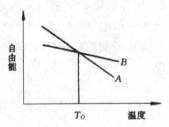

图 4-1 自由能随温度
变化示意图

度为平衡温度($T_o$)。当 $T < T_o$ 时,$B$ 相自由能低,处于稳定状态;当 $T > T_o$ 时,$A$ 相自由能低,处于稳定状态。在平衡温度($T = T_o$)时,$A$ 相与 $B$ 相自由能相等,二者共存。当由低温加热超过平衡温度($T_o$)后,$B$ 相向 $A$ 相转变,使系统自由能降低,可以自发进行;反之,当由高温冷却到平衡温度以下时,$A$ 相转变成 $B$ 相使系统自由能降低,也可自发进行。

### 二、加热保温时钢的奥氏体形成过程

(一)共析钢奥氏体形成

由 Fe-Fe$_3$C 相图可知:低于共析温度时,珠光体是平衡相;高于共析温度时,奥氏体是平衡相;当缓慢加热到临界温度(共析温度)时,母相珠光体与奥氏体共存。加热到临界温度以上时,奥氏体自由能比珠光体低,奥氏体处于稳定状态。从高自由能状态的珠光体向低自由能状态的奥氏体转变,使系统自由能降低,满足热力学条件,可以自发进行。但只有当加热到临界温度以上某一温度时,这种转变才能进行。实际转变温度与临界温度之差称为过热度。因此,加热时奥氏体的实际转变温度高于平衡转变临界点。

加热速度越快,过热度越大,奥氏体转变的实际温度越高,奥氏体转变的驱动力越大,转变速度越快。奥氏体形成的基本过程符合形核与核长大的相变规律。奥氏体形成过程包括核心的形成与长大,渗碳体的溶解和奥氏体的均匀化四个基本阶段。

1. 奥氏体晶核的形成

共析钢加热到共析温度以上时,发生珠光体向奥氏体的转变,可表示为,

$$P(F + Fe_3C) \Rightarrow A$$

其中,具有体心立方结构的铁素体(F)含碳量很低(0.021 8%C),具有复杂立方结构的间隙化合物——渗碳体($Fe_3C$)含碳量很高(6.69%C),而具有面心立方结构的奥氏体含碳量居中(0.77%C)。铁素体和渗碳体在成分上和结构上与奥氏体均有很大差异。奥氏体的形成过程需要有碳原子与铁原子的扩散。在铁素体和渗碳体相界处原子排列混乱,存在结构缺陷,原子处于高能状态,以及成分起伏等均有利于新相的形核。因此,母相珠光体中铁素体与渗碳体的相界面是奥氏体晶核优先形成的地点,通过碳原子扩散,局部区域的碳浓度发生起伏,当碳含量达到形成奥氏体所需的碳量时,可以形成奥氏体的核心〔图 4-2(a)〕。奥氏体形成时,除了碳扩散以外,还应发生 Fe 原子由体心立方或复杂间隙化合物结构向面心立方结构的转变,这种转变要通过铁原子的重组来实现。

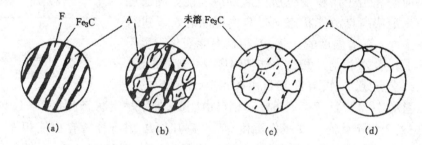

图 4-2　共析钢中奥氏体形成过程示意图

2. 奥氏体晶核的长大

刚刚形成的奥氏体晶核的两侧分别与渗碳体和铁素体相接触,奥氏体晶核内碳的分布极不均匀,出现了碳浓度梯度。这种碳分布的不均匀性可由 Fe-$Fe_3C$ 相图来表示(图 4-3)。与铁素体相接处含碳量低($C_{\gamma\text{-}\alpha}$),而与渗碳体相接处含碳量高($C_{\gamma\text{-}c}$),因此,奥氏体内的碳浓度差可表示为

$$\Delta C = C_{\gamma\text{-}c} - C_{\gamma\text{-}\alpha}$$

奥氏体中碳浓度差促使奥氏体中碳从高浓度向低浓度扩散,从而破坏了相界面碳浓度的平衡关系,

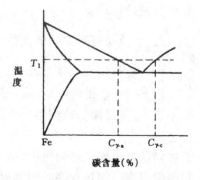

图 4-3　奥氏体转变过程碳浓度示意图

使与铁素体相接触处的奥氏体碳浓度有所增加,而使与渗碳体相接触处的奥氏体碳浓度降低。为了恢复原先碳浓度的平衡,将促使铁素体向奥氏体转变而使碳量再次降低,以及渗碳体进一步溶解使奥氏体中碳量增加。碳浓度平衡的破坏和恢复过程反复不断地进行,致使奥氏体两侧的界面分别向铁素体与渗碳体推移,奥氏体晶粒不断长大〔图4-2(b)〕。可以说,奥氏体晶核长大是通过铁素体与渗碳体的不断溶解,碳原子在奥氏体中的扩散以及奥氏体两侧的界面向铁素体及渗碳体推移来实现的,这个过程是受碳在奥氏体中的扩散所控制的。

3. 渗碳体的溶解

在珠光体向奥氏体转变过程中,当铁素体全部转变为奥氏体而消失时,还有部分渗碳体尚未溶解。此时奥氏体平均碳含量低于平衡状态碳含量,因此,与渗碳体接触的奥氏体的碳必然向其内部扩散,剩余的渗碳体继续向奥氏体中溶解,直至渗碳体完全溶解为止〔图4-2(c)〕。

4. 奥氏体均匀化

当渗碳体全部溶解完了时,奥氏体中的成分不均匀,在随后继续保温过程中,通过碳扩散,使奥氏体中碳的分布逐渐趋于均匀化〔图4-2(d)〕。

(二)非共析钢奥氏体形成

由 Fe-Fe$_3$C 相图可知,在临界温度($Ac_1$)以上一定范围内,亚共析钢或过共析钢处于两相区,其奥氏体转变还涉及到先共析相溶解的问题,使其奥氏体化过程变得比共析钢复杂得多。亚共析钢由铁素体与珠光体组成,过共析钢由渗碳体与珠光体组成。当加热超过共析温度时,奥氏体核心优先在珠光体团交界处或珠光体团与先共析相交界处形成。在珠光体完成了向奥氏体的转变后,还有先共析相存在。只有进一步提高加热温度,才能使先共析相溶解,奥氏体向先共析相推进。加热温度越高,先共析相转变成奥氏体越多。当温度超过上临界点($Ac_3$ 或 $Ac_{cm}$),进入单相奥氏体区后,先共析相才能全部溶解转变成奥氏体。上述珠光体向奥氏体的转变过程是受奥氏体中碳的短程扩散控制的,其奥氏体形成速度较快,而先共析相全部转变奥氏体过程是受奥氏体中碳的长程扩散控制的,奥氏体形成速度很慢。在相同的温度下,亚共析钢或过共析钢处于两相区的奥氏体化比共析钢的奥氏体化慢得多。值得注意的是,加热到上临界点($Ac_{cm}$)以上,过共析钢中的残余渗碳体完全溶解,此时奥氏体晶粒发生粗化。

(三)影响奥氏体形成速度的因素

1. 加热温度的影响

加热温度高低是影响奥氏体形成过程最重要的因素。从奥氏体形核和长大两个方面来考虑温度对奥氏体形成速度的影响。奥氏体晶体形核和长大速度均取决于碳在奥氏体中的扩散速度和浓度梯度以及铁素体向奥氏体的点阵改组的速度。奥氏体化温度升高时,原子扩散加快,有利于铁素体向奥氏体的点阵改组,促进渗碳体溶解,使奥氏体形核率以指数关系迅速增加。同时,温度升高使奥氏体与铁素体、渗碳体的两相界面之间的浓度差增大,提高奥氏体长大速度。

**2. 化学成分的影响**

钢的化学成分对奥氏体化有重要影响,不同合金元素对奥氏体化有不同影响,其中碳的影响最大。在亚共析钢中,随着碳含量增加,碳化物数量增多,增加了铁素体与渗碳体的界面,增加了奥氏体形核部位,形核率增加;也使碳的扩散距离减小,增大奥氏体形成速度。但是在过共析钢中,碳含量增加,碳化物数量增多将使残余碳化物溶解和奥氏体均匀化过程变慢。另外,大多数合金元素扩散速度比碳慢上千倍,并降低碳在奥氏体中的扩散系数,使碳化物溶解速度变慢,降低奥氏体均匀化的速度,推迟奥氏体化进程。锰和磷促进奥氏体晶粒长大,而铝、钛、铌、钒等在晶界上形成的碳氮化合物(NbC、VC、TiC、NbN、VN、TiN 和 AlN 等)将阻碍晶界迁移,晶粒难于长大,当这些碳氮化合物在更高的温度下溶解后,失去对晶界迁移的阻碍作用,晶粒迅速长大。沿晶界分布的未溶碳化物将阻碍晶粒长大。

**3. 原始组织影响**

原始组织越细,奥氏体形成速度越快。

### 三、连续加热时钢的奥氏体形成过程

实际上,在连续加热过程中奥氏体的转变也是通过形核、长大、碳化物的溶解以及奥氏体均匀化等过程来完成的,但这一转变过程是与连续温升同步进行的。钢加热时奥氏体转变与原始组织、加热速度、保持时间有关。图 4-4 表示奥氏体等温形成各阶段时间/温度曲线与连续加热速率曲线相互关系示意图。直线与曲线交点表示连续加热奥氏体转变的温度和时间关系。相变临界温度随着加热速度的提高而升高。加热速度越快,奥氏体形成温度越高,其形核率及长大速率均增大,形核率增加更快,奥氏体形成速度越快,所需时间越短,所得奥氏体晶粒越细。连续加热速度越大,所形成奥氏体成分越不均匀。成分不均匀性对淬火钢性能有重要影响。不同碳含量区域的奥氏体淬火后形成具有不同碳浓度的马氏体。另外,原始组织对奥氏体化有重要影响。原始组织中碳

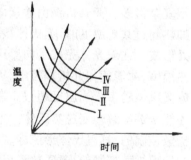

图 4-4　连续加热速率曲线与等温
奥氏体转变曲线关系

Ⅰ—奥氏体形核;Ⅱ—奥氏体长大;
Ⅲ—残余渗碳体溶解;Ⅳ—奥氏体均匀化。

化物弥散均匀分布可以降低快速加热过程中奥氏体成分不均匀性。原始组织为淬火非平衡组织时,其奥氏体形成时,首先要进行非平衡组织向平衡组织的转变,然后才能进行奥氏体转变。因此,非平衡原始组织的奥氏体转变过程比平衡原始组织的奥氏体转变过程复杂得多。

### 四、奥氏体晶粒度

在不同的加热条件下,或加热的不同阶段,奥氏体晶粒呈现不同的尺寸。晶粒度是表示晶粒大小的一种尺度。晶粒度有三种表示法:起始晶粒度、实际晶粒度和本质晶粒度。起始晶粒度是指奥氏体转变刚结束时奥氏体晶粒大小。实际晶粒度是指在实际加热条件下得到的奥氏体晶粒大小。本质晶粒度是指在规定的加热条件下(930 ℃ ± 10 ℃、保温 3 ~ 8 h)所获得的奥氏体晶粒的大小,其实质是表示在规定条件下晶粒长大倾向。

奥氏体晶粒度的测量方法主要有渗碳法、氧化法等。①渗碳法是在930 ℃保温8 h渗碳,获得厚度大于1 mm的渗碳层,并控制渗后冷却速度以使渗碳体沿晶界析出,形成连续网状组织,以显示奥氏体晶粒边界。②氧化法是对经抛光的试样进行无氧化加热、保温使其奥氏体化,然后在较弱的氧化气氛中短时保持,使晶界优先发生轻微氧化以显示奥氏体晶粒大小。通常,奥氏体晶粒度的评定是采取与标准比较评级的方法,即将制备好的金相试样在显微镜下放大 100 倍与标准晶粒度等级金相图进行比较,把最近似的晶粒度号确定为该试样的晶粒度号。

根据冶金部标准规定,奥氏体晶粒分八个等级,如图 4-5 所示。一级最粗,8 级最细,超过 8 级称为超细晶粒。数字越小的,晶粒越粗;数字越大的,晶粒越细。奥氏体晶粒具有不同的长大趋势。在规定的条件下,晶粒明显长大,其晶粒度达 1~4 级的称为本质粗晶粒钢;奥氏体晶粒未显著长大,晶粒度为 5~8 级的称为本质细晶粒钢。

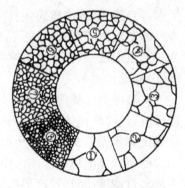

奥氏体晶粒大小取决于奥氏体形核率与核长大速度。形核率高,晶粒细;长大速度大,晶粒粗。奥氏体晶粒长大是靠晶界长大迁移来完成的,奥氏体晶粒长大趋势与炼钢时脱氧方法有关。用铝脱氧的钢,铝和

图 4-5　标准晶粒度等级示意图

钢液中的氮、氧结合形成高熔点的 AlN 和 $Al_2O_3$,钉扎奥氏体晶界,阻碍晶界迁移,晶粒不易长大,保持细小晶粒,为本质细晶粒钢。当加热温度过高,AlN 和 $Al_2O_3$ 溶解,则不能起到阻碍晶粒长大的作用。含 V,Nb,Ti 等强碳化物元素的钢也是本质细晶粒钢,因为 V,Nb,Ti 等的碳化物也可以起到阻碍晶界迁移的作用,而用锰铁或硅铁脱氧的钢,不存在难熔质点,晶粒长大过程是大晶粒吞并小晶粒,使奥氏体晶粒粗化。高温下,晶粒长大,其总晶界面积减少,使体系能量降低,因此,晶粒粗化是自发过程。晶粒粗化使钢的韧性、塑性和强度降低。

奥氏体晶粒大小决定了冷却后转变组织晶粒的大小。奥氏体的实际晶粒大小对冷却后钢的组织和性能有重要影响。因此,了解奥氏体晶粒的长大规律,控制奥氏体晶粒大小,是获得良好综合力学性能的非常重要的手段。

# 第二节　钢的过冷奥氏体转变图

## 一、钢的过冷奥氏体等温转变图

### (一)过冷奥氏体等温转变图的测定

按照 $Fe\text{-}Fe_3C$ 相图,奥氏体冷到临界点以下时,变成为不稳定相。在临界点以下处于不稳定状态的奥氏体称为过冷奥氏体。在临界点以下某一温度保持一段时间后,过冷奥氏体会发生转变,其转变量随着保持时间的延长而增加。可以通过实验方法测出在各种过冷度下,不同保持时间的过冷奥氏体转变量。从而得到各不同温度下过冷奥氏体转变量与保温时间的关系曲线,称为过冷奥氏体的等温转变量动力学曲线,如图 4-6(a)所示。把各温度下的过冷奥氏体转变开始时间和转变终了时间绘制在温度/时间坐标系中,并分别把所有转变开始点、转变终了点各自连线,构成奥氏体转变开始线和转变终了线,称为过冷奥氏体等温转变曲线,即"C"曲线,连同马氏体转变开始温度线一起,称为过冷奥氏体等温转变图,即 TTT 图〔图 4-6(b)〕。

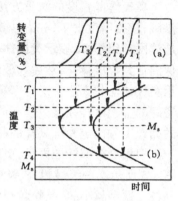

图 4-6　过冷奥氏体等温转变
　　　　动力学曲线

从过冷奥氏体等温转变图可以看出,在任一温度等温保持,过冷奥氏体转变并不能立即进行,而需要等待一定时间后,转变才能开始。过冷奥氏体等温转变前所经历的一段时间称为过冷奥氏体转变孕育期。孕育期的长短表示过冷奥氏体的稳定性的大小。不同的等温温度下,其孕育期长短不同,奥氏体稳定性不同。过冷度小时,过冷奥氏体转变的驱动力较小,过冷奥氏体较稳定,孕育期长。随着过冷度增大,等温温度降低,转变的驱动力增加,孕育期缩短。在某一温度下,孕育期最短,转变速度最快。然后,随温度进一步降低,由于原子扩散能力变弱,其孕育期长,转变速度重新变慢,以至于形成呈现"C"形的特征曲线。

亚共析钢冷却到 $Ar_3$ 以下温度时,在共析转变前先形成铁素体,被称为先共析铁素体;过共析钢冷却到 $Ar_{cm}$ 以下温度时,在共析转变前先形成渗碳体,被称为先共析渗碳体。先共析铁素体或先共析渗碳体的形成机制与共析转变不同。因此,亚共析钢或过共析钢的"C"曲线的基本形式与共析钢相同,其差别在于在"C"

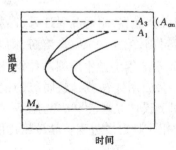

图 4-7　亚共析钢"C"曲线

曲线的左上侧多出一条先共析铁素体或先共析渗碳体析出线,如图 4-7 所示。

(二)影响过冷奥氏体等温转变的因素

1. 碳及合金元素含量的作用

对于亚共析碳钢,随着奥氏体中碳量增加,过冷奥氏体稳定性提高,"C"曲线右移。对于过共析碳钢,随着奥氏体中碳量增加,过冷奥氏体稳定性减小,"C"曲线左移。共析碳钢的过冷奥氏体稳定性最高,"C"曲线的位置处于亚共析碳钢和过共析碳钢"C"曲线的右侧。奥氏体中的碳量增加,使马氏体开始转变点($M_s$)降低,冷却到室温时,保留残余奥氏体量增多。

合金元素对过冷奥氏体等温转变曲线位置及形状影响方面的内容将在下一章中详细叙述。与碳钢相比,合金元素使过冷奥氏体等温转变曲线右移表示了溶入奥氏体中的非碳化物形成元素(Ni,Si,Cu)和弱碳化物形成元素(Mn)起到了增大过冷奥氏体的稳定性,强烈推迟过冷奥氏体分解的作用。

2. 加热温度和保温时间影响

加热温度高低和保温时间长短对奥氏体化和过冷奥氏体转变均有重要影响。首先是对所形成的奥氏体晶粒大小和成分均匀程度的影响。加热温度低或保温不充足,奥氏体化不充分,形成的奥氏体成分不均匀,残留较多的碳化物,促进过冷奥氏体分解,使"C"曲线左移。提高加热温度或延长保温时间使碳化物完全溶解和其他难溶质点溶解,可增加奥氏体中的碳量和合金元素含量,并使奥氏体晶粒粗化,奥氏体成分均匀,减少过冷奥氏体分解的新相形核数目,降低形核率,均可推迟奥氏体的转变。

## 二、钢的过冷奥氏体连续转变图

实际热处理生产中的冷却过程往往是连续进行的,过冷奥氏体的转变是在变温下逐步完成的。为研究过冷奥氏体的连续转变,也需要建立一个与等温转变曲线相类似的奥氏体连续冷却转变曲线。按照等温转变曲线测定方法,测定了不同冷却速度下,奥氏体连续转变开始点(时间与温度)及转变终了点,分别把所有相关点各自连线,构成奥氏体连续转变开始线和转变终了线,称为过冷奥氏体连续转变曲线。图 4-8 为共析钢过冷奥氏体连续转变曲线与等温转变曲线迭加示意图。前者位于后者的右下方。连续冷却速度小时,转变温度高,奥氏体过冷度小,转变经历的温度间隔小,转变进行慢。冷却速度大,转变温度低,奥氏体过冷度大,转变经历的温度间隔大,转变进行得快。

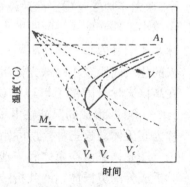

图 4-8　共析钢连续冷却
与等温转变曲线迭加

在连续冷却过程中,使过冷奥氏体全部转变为珠光体的最大冷却速度称为上临界冷却速度($V_c'$);使过冷奥氏体在连续冷却的高温和中温范围不发生分解,而过冷到 $M_s$ 点以下发生马氏体转变的最小冷却速度,称为下临界冷却速度($V_c$),也称为临界淬火速度。在处于上下临界冷却速度之间的连续冷却速度下,过冷奥氏体将部分转变为珠光体,余下部分在 $M_s$ 以下转变为马氏体。由于连续冷却曲线的测定很麻烦,往往用等温转变曲线来分析连续冷却的实际问题。图中 $V_k$ 是由等温转变"C"曲线所确定的临界淬火速度,因此,应注意 $V_k$ 与 $V_c$ 之间的差别,并进行修正。

# 第三节　钢的过冷奥氏体转变组织

由上节得知,当奥氏体冷到临界点以下时,成为不稳定过冷奥氏体,有向稳定相转变的趋势。根据共析碳钢过冷奥氏体转变温度的高低,可分为高、中、低温三个转变区:从共析温度到"C"曲线鼻部以上的温度范围为奥氏体高温转变区,转变为珠光体;在鼻部以下到 $M_s$ 之间为奥氏体中温转变区,转变为贝氏体;在 $M_s$ 以下温度为奥氏体低温转变区,转变为马氏体。在不同的过冷度下,奥氏体转变为不同产物。

## 一、过冷奥氏体高温转变

### (一)片状珠光体

1. 片状珠光体形成

奥氏体化钢慢冷时,在略低于共析转变温度的高温范围,即在较小过冷的情况下,过冷奥氏体分解为片状铁素体和片状渗碳体交替排列的片状组织,称为片状珠光体。片层方向基本相同的珠光体区称为珠光体团。一对铁素体和渗碳体的总厚度,称为珠光体的片间距。在不同冷却速度下,形成的珠光体片层间距不同。冷速越慢,过冷度越小,珠光体片层越粗。冷速越快,过冷奥氏体转变的温度越低,则转变的珠光体片层间距越小。珠光体片层间距的大小取决于它的形成温度。根据片层间距的大小,可以把珠光体细分为三个特征组织:在 $A_1$～650 ℃之间形成的在低倍光学显微镜下可辨认出来的片层间距较粗的珠光体组织,就是通常所说的珠光体。在 600～650 ℃之间形成的在高倍光学显微镜下可以辨认的片层间距较小的细小珠光体组织,称为索氏体。在 550～600 ℃形成的只能在电子显微镜下进行辨认的片层间距极小的极细珠光体组织,称为屈氏体。这三种片层间距不同的珠光体型组织无本质区别。

珠光体是由铁素体和渗碳体两个相组成的,它的形成也是通过形核和长大进行的。共析成分的奥氏体钢的共析转变可以用下式表示:

$$\gamma\text{-Fe}(0.77\%\text{C}) \rightarrow \alpha\text{-Fe}(0.02\%\text{C}) + \text{Fe}_3\text{C}(6.69\%\text{C})$$

珠光体形成过程如图 4-9 所示。由单相奥氏体分解成两个相,就有一个领先形成相的问题。共析钢的珠光体转变的领先相可以是渗碳体,也可以是铁素体。珠光体的转变是由共析成分的面心立方奥氏体转变为高碳的复杂间隙结构渗碳体和低碳的体心立方铁素体。这一转变涉及到碳原子扩散和铁原子结构重组两个过程。奥氏体晶界缺陷多,能量高,原子易扩散,容易满足新相形核的条件。通常,片状珠光体在奥氏体晶界上形核,然后,向一侧的奥氏体晶粒内长大成珠光体团。以渗碳体作为领先相优先在奥氏体晶界上形成片状晶核,如图 4-9(a)所示。

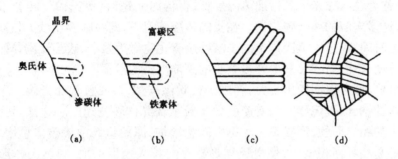

图 4-9 片状珠光体形成过程示意图

在奥氏体晶界上形成的渗碳体片状晶核应变能小,表面积大,容易从其周围奥氏体中吸收碳原子而长大,并使周围区奥氏体中的碳贫化,有利于铁素体的形核。在渗碳体与奥氏体相界面上形成铁素体晶核,则渗碳体侧向生长停止,只向纵深方向生长。铁素体晶核随着渗碳体向纵深方向生长的同时,也向侧面生长,如图 4-9(b)所示。铁素体的长大使其周围出现富碳奥氏体区,又将促进新的渗碳体核形成。渗碳体和铁素体交替形成,并向奥氏体晶内纵深方向长大,则形成一组晶体片层取向基本一致的片状珠光体区域,称为珠光体团。与此同时,在另一个区域内又形成具有另一取向的新晶团〔图4-9(c)〕。珠光体转变过程中始终是奥氏体、铁素体和渗碳体三相共存,当各珠光体团相互接触时生长停止,直到过冷奥氏体全部转变为片状珠光体。在原来一个奥氏体晶粒内形成多个不同取向的片状珠光体区域〔图 4-9(d)〕。

一般认为,珠光体的领先相取决于钢的碳含量,亚共析钢的领先相是铁素体,过共析钢的领先相是渗碳体。对于亚共析钢,先共析铁素体的析出也是一个形核、长大过程。奥氏体冷却时,首先在过冷奥氏体晶界上形成先共析铁素体核心,使与铁素体晶核相邻的奥氏体的碳浓度增加,在奥氏体内形成碳的浓度梯度,引起碳的扩散,使该处奥氏体的碳浓度降低。为了保持相界面碳浓度平衡,即恢复界面奥氏体的碳的高浓度,必须从奥氏体中继续析出低碳的铁素体,从而使铁素体不断长大。

2. 片状珠光体的力学性能

片状珠光体的硬度和强度是由片间距大小及来决定的。片间距越小,铁素体和渗碳体片越薄,两相界面积越大,硬度和强度越高,塑性也越高。等温转变形成的片状珠光体的片层厚度均匀,具有较高强度。连续冷却时形成的片状珠光体的片层厚度不均匀,在较高温度形成的珠光体的片间距较大,强度低。在较低温度形成的珠光体的片间距较小,强度高。片层厚度不均匀的片状珠光体变形不均,引起应力集中,强度下降。

**(二)粒状珠光体**

珠光体有片状和粒状两种形态,片状珠光体更为常见。除了片状珠光体外,在一定的条件下还可能形成另一种形式的珠光体,即渗碳体以颗粒状态存在于铁素体基体中的珠光体,称为粒状珠光体。当加热温度低、保温时间短时,奥氏体化转变不能充分进行,其中有许多未溶的残余碳化物。在小的过冷情况下,即在临界点以下较高的温度保持足够长的时间,以过冷奥氏体中的未溶残余碳化物做为核心,或当渗碳体刚刚完全溶解但奥氏体尚未均匀化时,其中许多微小的高浓度碳的富聚区就可能成为渗碳体核心。晶核一旦形成,就可以向四周长大,变成为粒状渗碳体,形成粒状珠光体。原始组织为片状珠光体的钢,向奥氏体的转变速度大于粒状珠光体转变速度。这是因为片状珠光体具有较大的相界面积,形核率大。钢中碳量增加,原始组织中渗碳体量增多,与铁素体接触的的总相界面积增多,使奥氏体形核率与长大速度增加,则奥氏体形成速度增大。

粒状珠光体的铁素体与渗碳体界面比片状珠光体的少,强度与硬度较低。但粒状珠光体的铁素体连续分布,粒状渗碳体分散在铁素体基底上,增加了塑性,因此,在成分相同时,粒状珠光体的强度、硬度比片状珠光体低,而塑性好。

## 二、过冷奥氏体中温转变

**(一)贝氏体转变**

在"C"曲线下部的中温区域称为贝氏体区。过冷奥氏体中温转变称为贝氏体转变。在 550~250 ℃ 中温范围内,碳原子尚可扩散,但铁原子和合金元素原子基本上不扩散或难以扩散,因此,贝氏体转变属于半扩散性相变。共析钢过冷奥氏体中温转变的产物是由低碳过饱和的 α-Fe 与碳化物所组成的两相混合物,称为贝氏体。贝氏体组织形态随钢的化学成分及形成温度不同而不同。贝氏体按其组织形态分类,主要有上贝氏体和下贝氏体。在贝氏体转变区的较高温度(550~350 ℃)形成的贝氏体是相互平行的低过饱和的片状 α-Fe 和在片间断续分布的条杆状渗碳体所组成的两相混合物,具有典型羽毛状特征,称为上贝氏体,或羽毛状贝氏体〔图 4-10(a)〕。上贝氏体铁素体条之间存在着不同分布形态的渗碳体型的碳化物,决定于碳量高低。上贝氏体铁素体内的亚结构是位错。在贝氏体转变区的较低温度(350 ℃~$M_s$)形成的贝氏体是由低碳的板条状或高碳的针状过饱和 α-Fe 和在铁素体内部弥散分布的极细的短杆状的 ε-$Fe_{2.4}C$ 型碳化物所组成的两相混合物,称为下贝氏体〔图 4-10(b)〕。下贝氏体铁素体内的亚结构也是位错。下贝氏体铁素体的碳量远远高于平均碳量。下贝氏体铁素体内的碳化物与铁素体之间存在着一定的位向关系,沿着与

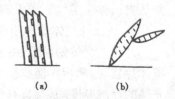

(a)　　　　　(b)

图 4-10　不同贝氏体类型示意图
(a)上贝氏体;(b)下贝氏体。

铁素体长轴成 55° ~ 60° 角的方向均匀排列。初生贝氏体铁素体的碳是过饱和的,随后会发生分解,析出碳化物,使其中的碳量降低,可认为这种 ε-渗碳体型碳化物是从过饱和铁素体析出。贝氏体优先在晶界形核,因此,奥氏体晶粒越粗大,其晶界面积越小,贝氏体转变孕育期越长,转变速度越慢。当奥氏体中的含碳量增加时,贝氏体形成时所需碳的扩散量增大,使贝氏体转变速度下降。

（二）贝氏体强度和韧性

贝氏体的强度和韧性等性能主要受贝氏体组织中铁素体晶粒大小和碳化物的形态、数量和分布的影响。贝氏体铁素体的碳过饱和度较低,因此,铁素体的固溶强化作用较小。转变温度对贝氏体的强度和韧性等性能产生重要影响。贝氏体形成温度越低,贝氏体铁素体越细,晶界强化作用越大,强度越高。同时,贝氏体形成温度越低,贝氏体铁素体中析出的碳化物颗粒越小,颗粒数目越多,对贝氏体强化作用也越大。转变温度较低的下贝氏体具有较高的强度和较好的韧性,优于同强度的马氏体的韧性。上贝氏体形成的温度较高,铁素体晶粒较粗,并且在其间极不均匀分布的碳化物均使上贝氏体的强度降低,韧性很差,因而很少在工程上应用。

### 三、过冷奥氏体低温转变

（一）马氏体转变

过冷奥氏体在低温下发生的转变称为马氏体转变。奥氏体以大于临界淬火速度快冷,越过"C"曲线的鼻子,防止高温分解,而在低温区发生马氏体转变。研究表明,奥氏体必须过冷到一定温度以下才能开始马氏体转变,这一个确定的温度被称为马氏体转变开始点($M_s$)。当过冷奥氏体冷却到 $M_s$ 以下时,马氏体转变立即开始,转变速度极快,然后转变中止。在该温度下,马氏体转变量是固定的,与等温保持时间无关。只有降温,才能使马氏体转变继续进行。因此,可以说马氏体转变是在不断降温的条件下进行的。在不断冷却过程中,当温度降到某一温度时,马氏体转变过程终止,这一温度称为马氏体转变终了温度($M_f$)。钢的马氏

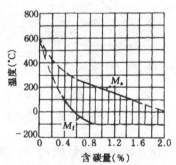

图 4-11　碳量对 $M_s$ 和 $M_f$ 影响

体转变开始温度($M_s$)和转变终了温度($M_f$)主要决定于奥氏体的化学成分。图 4-11 表示奥氏体中的含碳量对 $M_s$ 和 $M_f$ 的影响。奥氏体中含碳量增加,$M_s$ 和 $M_f$ 下降。除了 Al 和 Co 以外,几乎所有合金元素都使 $M_s$ 点降低,尤其是 C,Mn 和 Cr 作用显著。

如果钢的 $M_s$ 高于室温,而其 $M_f$ 低于室温时,则在室温下,钢的马氏体转变进行的不完全,尚有部分过冷奥氏体被保留下来。这种被保留下来的奥氏体称为残余奥氏

体(A′)。残余奥氏体量与钢中含碳量的关系如图 4-12 所示。随着含碳量增加，马氏体的硬度和强度增加，当含碳量大于 0.6% 时，淬火后残余奥氏体的量增加，硬度降低。

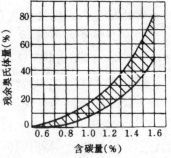

图 4-12　钢的碳量对残余
奥氏体量的影响

钢的马氏体是碳在 α-Fe 中的过饱和间隙固溶体，具有体心正方结构，其特点是晶格常数比 $c/a>1$。$c/a$ 称为正方度。马氏体的正方度与其含碳量有关。随着马氏体中含碳量的增高，$c$ 值增大，$a$ 值减小，正方度($c/a$)增大。在低温转变过程中，碳原子和铁原子不发生扩散。马氏体转变是通过奥氏体切变，使面心立方晶格结构转变为体心正方来完成的，原子不发生扩散，而只发生协调方式的移动，保持与原来近邻原子间的相对关系不变。马氏体转变属于非扩散型转变，马氏体具有与奥氏体相同的成分。

(二)马氏体的类型

钢中常见的马氏体形态有板条状马氏体和片状马氏体。

外形呈板条状的马氏体称为板条状马氏体。其中一些取向相近，相互平行排列的板条状马氏体组成一个马氏体束。一个奥氏体晶粒内可形成多个不同取向的板条束〔4-13(a)〕。板条状马氏体内部存在大量位错，又称为位错马氏体。

外形呈片状(凸透镜状或针状)的马氏体称为片状马氏体〔4-13(b)〕。最先形成的马氏体片迅速贯穿整个奥氏体晶粒，把奥氏体晶粒分割为两部分。随后形成的马

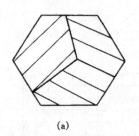
(a)

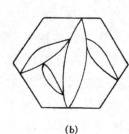
(b)

图 4-13　马氏体形貌示意图
(a)板条状马氏体；(b)片状马氏体。

氏体片撞击先期形成的马氏体片，使其内部产生孪晶，并使其生长受阻。片状马氏体内存在孪晶，故也称为孪晶马氏体。

马氏体形态与奥氏体中含碳量有关。板条状马氏体属低碳马氏体，出现在含碳量少于 0.3% 的低碳钢中；片状马氏体属于高碳马氏体，出现在含碳量大于 1.0% 的高碳钢中；含碳量处于 0.3%~1.0% 的钢则出现板条状马氏体与片状马氏体混合组织；合金元素对马氏体形态的作用较为复杂。一般，缩小 γ 相区的元素促使产生板条状马氏体，扩大 γ 相区的元素有助于产生片状马氏体。

(三)奥氏体的稳定化

过冷奥氏体向马氏体的转变呈现迟滞现象称为奥氏体稳定化。奥氏体稳定化主要

有热稳定化和机械稳定化等。在马氏体转变温度范围内,缓冷或中断淬火冷却过程而引起的奥氏体稳定化,称为热稳定化。已发生热稳定化的奥氏体,在随后继续冷却时,只有当温度下降一定程度后(滞后温度),才能恢复马氏体的转变。碳、氮原子与位错交互作用形成柯垂尔气团,阻碍马氏体形成,是引起奥氏体热稳定化的机理。在一定温度以上对奥氏体进行足够大的塑变而引起奥氏体稳定化的现象称为机械稳定化。塑变使奥氏体中缺陷增多,阻止马氏体转变,是机械稳定化的原因。奥氏体稳定化程度与在 $M_s$ 以下保持温度和停留时间密切相关,在某一温度,保持时间越长,奥氏体稳定化越显著;在一定的保持时间,停留温度越低,奥氏体稳定化越显著。奥氏体稳定化的结果是使 $M_s$ 点下降,冷到室温时的残余奥氏体量增多,使最终形成的马氏体量减少。

(四)马氏体的力学性能

高硬度和高强度是钢中马氏体性能特点。马氏体硬度主要取决于马氏体中的含碳量,而合金元素的影响较小。低于 0.4%C 时,含碳量越低,马氏体韧性越高;高于 0.4%C 时,马氏体韧性低,硬脆,这时随着含碳量增加,马氏体的韧脆性变化不大。淬火钢的硬度随着钢的含碳量增加而提高,当含碳量很高时,由于淬火后残余奥氏体量增多,硬度降低。

引起马氏体强化的主要原因是固溶强化、时效强化和相变强化等。位于体心立方的八面体间隙位置的碳原子在马氏体强化过程中起最重要作用。含碳量低(小于 0.4%)时,马氏体固溶强化效果显著,且随着含碳量增加,其强度、硬度提高;但含碳量增高到一定值(大于 0.4%)时,固溶强化效果不明显。过饱和碳原子从马氏体中析出引起时效强化和马氏体转变时在板条马氏体中引入高密度位错和在片状马氏体中引入细小孪晶等缺陷。马氏体亚结构引起的强化称为相变强化。

板条马氏体中的碳含量较低,点阵畸变小,马氏体相变引入的高密度位错,可动性大,可以缓和局部应力集中,呈现较高的强度和较好韧性。片状马氏体含碳量较高,马氏体片形成速度极快,相互碰撞造成显微裂纹。含碳量高,马氏体更易产生显微裂纹。片状马氏体具有大量的孪晶,呈现高硬度和较大脆性。对于高碳钢,提高加热温度,使溶入奥氏体的碳量增多,奥氏体晶粒粗化,马氏体片较粗,裂纹敏感性增大,更易产生显微裂纹。降低高碳钢奥氏体化温度是防止和减少马氏体显微裂纹的重要措施。

# 第四节　钢的常规热处理工艺

在不同的加热与冷却条件下,控制钢在固态下发生相变,以改变其组织结构,从而获得所需性能的工艺方法被称为钢的热处理。铁的同素异构转变是进行钢热处理的基础。

## 一、钢加热与冷却临界温度

铁碳相图是一个可以用于制定适当的热处理操作程序的图形,根据接近平衡状态时,在某个相区内钢所发生的变化以及相变引起的结果,就能为钢的热处理提供科学依据。从铁碳相图可知,三个重要的相转变温度,即临界温度($A_1$,$A_3$,$A_{cm}$)是处于平衡状态下所测得的温度。由于相转变受扩散控制,它对加热或冷却速度很敏感,实际加热条件下的临界温度高于平衡状态下的临界温度;相反,实际冷却条件下的临界温度低于平衡态临界温度,也即实际相转变温度偏离平衡状态下的临界温度。加热或冷却速度越大,实际转变温度偏离平衡状态下的温度的范围越大。实际加热和冷却时的临界温度分别用 $Ac_1$,$Ac_3$,$Ac_{cm}$ 和 $Ar_1$,$Ar_3$,$Ar_{cm}$ 表示。例如平衡状态下的共析转变温度($A_1$)为727℃,而在通常的加热或冷却条件下,实际的相转变温度 $Ac_1 = 735$℃ 和 $Ar_1$ = 715℃。同时,实际转变温度偏离理论温度的范围还与钢中含碳量有关(表 4-1)。

表 4-1　Fe-Fe$_3$C 相图中加热或冷却时的实际临界温度

| 含碳量(%) | 实际临界温度(℃) | | | | | |
|---|---|---|---|---|---|---|
| | $A_3$ | $Ac_3$ | $Ar_3$ | $A_{cm}$ | $Ac_{cm}$ | $Ar_{cm}$ |
| 0.1 | 862 | 865 | 860 | | | |
| 0.2 | 833 | 835 | 830 | | | |
| 0.3 | 810 | 820 | 800 | | | |
| 0.4 | 785 | 790 | 775 | | | |
| 0.5 | 760 | 77 | 755 | | | |
| 0.6 | 750 | 760 | 738 | | | |
| 0.7 | 740 | 750 | 727 | | | |
| 0.8 | | | | 730 | 735 | 715 |
| 1.0 | | | | 810 | 815 | 800 |
| 1.2 | | | | 890 | 900 | 880 |

由于在热处理加热过程中,钢的奥氏体化要在一定的过热条件下才能发生。缓慢加热时,奥氏体化温度低,过热度小;加热速度快时,奥氏体化温度高,过热度大。因此,制订热处理工艺时,要根据加热速度来确定加热保温的温度,通常加热与保持的温度水平比 Fe-Fe$_3$C 相图中表示的理论临界点高出 30~50℃,即在一定的过热度下进行奥氏体化。加热到单相奥氏体区,并经过充分保温使奥氏体的成分均匀,并达到和钢相同的成分是钢件热处理的前提。

## 二、钢的常规热处理工艺

钢的常规热处理工艺有退火、正火、淬火和回火。

(一)退　　火

退火是将处于非平衡态的金属加热到较高温度,并经保温后缓慢冷却或控制冷却,以得到接近于平衡态组织的热处理工艺方法。共析钢退火的平衡组织为珠光体。钢的退火工艺种类很多,其中一种是加热温度在共析温度($Ac_1$)以上的退火,而另一种是加热温度在共析温度($Ac_1$)以下的退火。前者存在相变重结晶,例如完全退火、不完全退火、扩散退火等,其退火的质量取决于加热保温过程中奥氏体均匀化程度,以及随后缓慢冷却或控制冷却时奥氏体转变后所得到的铁素体和珠光体或渗碳体与珠光体的形态、相对量和分布等因素;后者不发生相变重结晶,包括去应力退火、再结晶退火、脱氢退火等,其退火的质量取决于加热温度与保温时间。退火的目的是降低硬度,消除或减少内应力,消除冷作硬化,改善或消除铸件、锻件和焊件的成分或组织不均匀性,细化晶粒,并为最

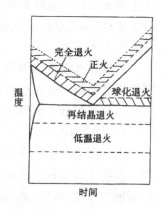

图 4-14　碳钢退火与正火加热温度示意图

终热处理准备合适的组织等。退火加热温度区选择如图 4-14 所示。

1. 完全退火

亚共析钢加热到 $Ac_3$ 以上 $30\sim50$ ℃进行保温,随炉冷到600℃后进行空冷的工艺称为完全退火,如图 4-15 所示。完全退火的目的是通过重结晶消除缺陷,细化晶粒。对于过冷等奥氏体比较稳定的高合金钢,完全退火过程中缓慢冷却所需的时间特别长,为缩短占炉的退火时间,从奥氏体化温度快速冷却到共析温度($A_1$)以下的珠光体转变区进行等温保持,使过

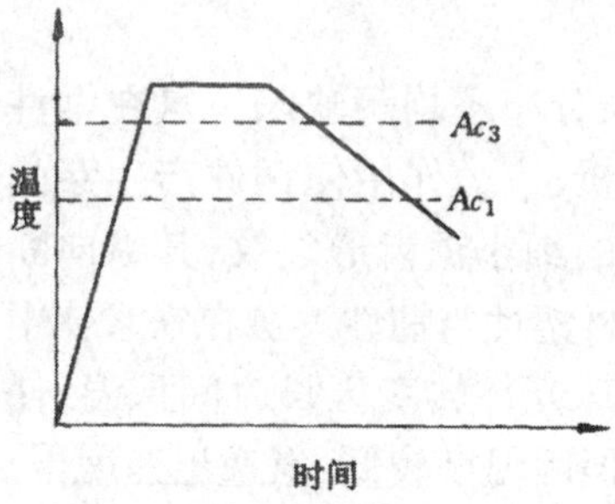

图 4-15　完全退火工艺示意图

冷奥氏体等温转变,然后进行空冷,这一退火工艺称为等温退火。等温退火所需的时间比连续冷却缩短了很多。

2. 不完全退火

将共析钢和过共析钢加热到 $Ac_1$ 以上 $20\sim30$ ℃进行保温,而后随炉冷至650℃出炉空冷的退火工艺称为不完全退火,如图 4-16 所示。在保温过程中,片状渗碳体发生部分溶解,未溶渗碳体片将断开,呈细小链状、点状分布在奥氏体上。在随后冷却过程中,这些细小渗碳体质点可以作为非自发核心,发生均匀球化,形成球状渗碳体。同时,由于限制了保温温度,奥氏体成分具有一定

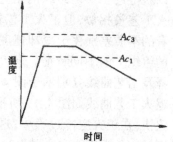

图 4-16　不完全退火工艺示意图

的不均匀性,其中高碳区可以作为自发核心,促进球状渗碳体的形成。在铁素体基体上分布着球状渗碳体的混合组织,称为球状珠光体。故此种退火工艺又被称为球化退火。球化退火的目的是降低硬度,改善切削性能,为淬火做组织准备。当钢中存在严重网状渗碳体时,应先进行正火处理后,再进行球化退火。

3. 扩散退火

扩散退火是将金属铸锭或锻坯在远高于 $Ac_3$(或 $A_{cm}$)温度或略低于固相线的温度下加热并经长时间保温后炉冷或缓冷,以改善或消除化学成分偏析,达到成分与组织均匀的目的。扩散退火也称均匀化退火。

4. 去应力退火

去应力退火是将钢在共析温度($A_1$)以下加热,进行保温后随炉冷却的热处理工艺。在去应力退火过程中,不发生相变,不能改变晶粒尺寸,其目的是消除铸、锻、焊及切削加工过程所产生的内应力,使其达到稳定状态。

5. 再结晶退火

冷变形钢加热到再结晶温度以上进行保温,使变形晶粒经再结晶而形成无畸变的等轴的细小晶粒,从而消除冷变形加工硬化现象,以使强度显著降低,塑性提高。

6. 脱氢退火

大型铸、锻钢件中常出现成分偏析以及气体与夹杂分布不均等缺陷。氢在钢件内部的含量高于表面氢含量。由于氢的存在以及氢的偏析,应力作用使钢件产生穿晶裂纹,称为白点。在横向低倍观察时,白点为毫米级长度的细小锯齿形裂纹;其纵向断口为银白色椭圆或圆形斑点。白点的存在严重降低了钢材塑性与韧性。氢在铁素体中的溶解度比奥氏体的溶解度小。脱氢退火温度一般选在珠光体转变区长时间保温,使氢逸出;也可以从高温直接冷到贝氏体区进行保温除氢,但因温度较低,氢逸出速度慢。

(二)正　　火

正火工艺是将亚共析钢或过共析钢加热到 $Ac_3$ 或 $A_{cm}$ 以上奥氏体区进行保温,然后在空气中冷却,以获得近于平衡组织的工艺。正火工艺与完全退火工艺较相似,但正火工艺较为简单,易操作。二者的本质差别在于冷却速度不同以及由此而得到的组织上的不同特征。退火与正火加热温度区选择及工艺曲线分别示于图 4-14。亚共析钢正火与退火工艺曲线如图 4-17 所示。正火冷却速度比退火快,在正火空冷过程中,过冷奥氏体进行珠光体型转变的温度比完全退火时低,即转变是在较大过冷度的条件下进行的,因此所形成的珠光体型组织

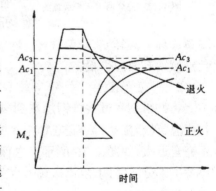

图 4-17　亚共析钢正火及完全退火工艺曲线示意图

的片间距较小,即细片状珠光体,称为索氏体,其硬度和强度比退火珠光体高。

正火的作用是改善型材机械性能,提高低碳钢硬度,改善切削性能,细化铸态组织,消除网状渗碳体,有时还可以代替淬火作为最终热处理工序。

**(三)淬　　火**

淬火是把钢加热到临界温度($Ac_1$或$Ac_3$)以上并保温适当的时间,使之奥氏体化,然后以大于临界冷却速度进行急速冷却,阻止奥氏体在高、中温时的转变,使之在$M_s$点温度以下进行马氏体转变的热处理工艺。图4-18为碳钢淬火加热温度选择示意图。碳钢件采用不预热而直接加热到温的方式,高合金钢或形状复杂的零件采用一次或多次预热后缓慢加热方式。淬火是使钢获得高强度和高硬度的最基本和最主要的工艺。钢的淬火工艺有很多种类型,按加热温度的不同可分为完全淬火、不完全淬火等。

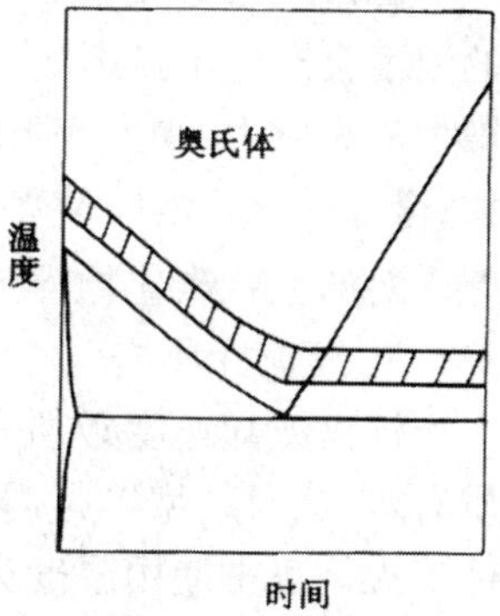

图 4-18　碳钢淬火加热
温度选择示意图

**1. 亚共析钢完全淬火**

将亚共析钢加热到$Ac_3$以上30～50℃保温,使先共析铁素体与珠光体完全溶解,充分奥氏体化,保证淬火后得到马氏体组织的热处理工艺称为完全淬火,如图4-19(a)所示。具体的淬火加热温度的确定要依钢中所含的合金元素、碳化物类型等因素来决定。碳素钢采用水淬火,而合金钢的淬透性比碳钢大,采用油淬火,可以获得马氏体组织,且防止钢件的严重变形或开裂。

如果加热温度较低,在$Ac_3$～$Ac_1$之间,则先共析铁素体未完全溶解,淬火后得到马氏体与铁素体双相组织,出现软点,这通常是不希望的。但为满足对高韧性的要求,还特意制定了亚共析钢在$Ac_3$～$Ac_1$温度之间加热淬火的工艺,称为亚温淬火,或临界区淬火。钢中含碳量越低,亚温淬火的效果越佳。

**2. 共析钢和过共析钢不完全淬火**

经球化退火的共析钢和过共析钢加热到$Ac_1$～$Ac_m$之间,通常在$Ac_1$以上30～50℃温度范围内保温进行奥氏体化,并保留部分未溶的粒状碳化物,淬火后得到马氏体与粒状碳化物混合组织,这种热处理工艺称为不完全淬火,如图4-19(b)所示。由于加热温度较低,奥氏体晶粒细小,奥氏体化不

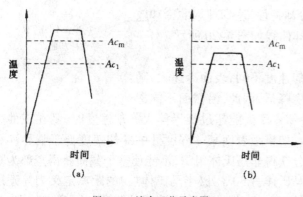

图 4-19　淬火工艺示意图
(a)完全淬火;(b)不完全淬火。

充分,只溶入了部分碳和合金元素,使不完全淬火组织中残余奥氏体量相对少,且保留一定量粒状碳化物,均能提高钢的硬度和耐磨性等优良的力学性能。同时,由于加热温度较低,钢件氧化、脱碳、变形和开裂倾向小。

值得注意的是,共析钢和过共析钢淬火加热一定不能超过 $Ac_3$ 温度,因为这样高的温度会产生不良影响。比如,加热温度高会使钢发生严重氧化、脱碳,降低表面质量;增大淬火应力,增大变形与开裂倾向;使奥氏体晶粒粗化,淬火马氏体粗大,钢脆性增加;全部碳化物溶解使奥氏体碳浓度增大,使 $M_s$ 点降低,淬火后残余奥氏体量增多;缺乏未溶的粒状碳化物淬火组织,使钢的耐磨性降低。

### 3. 淬火介质

淬火冷却速度必须大于临界冷却速度,才能保证得到马氏体组织。常用的冷却介质有水、油及新型淬火剂等。水是最通用的淬火介质,适用于截面尺寸不大的碳素钢工件淬火。正常使用温度为 20~40 ℃。其缺点是在马氏体转变区水冷速度快,工件内产生大的温度梯度,引起热应力,冷速越大,热应力越大。同时,在 $M_s$ 点以下,奥氏体转变为马氏体,产生组织应力。热应力迭加组织应力构成淬火内应力。另外,水冷速度对温度敏感,水温升高,其冷却能力急剧下降。水中加入 5% ~10% 的盐或碱,可提高水的冷却能力,而且其冷却能力受温度影响小。

矿物油也是常用淬火介质之一。但因矿物油冷却速度比水缓慢得多,尤其是低温转变区的冷却能力更小,故只适合于合金钢淬火,而不能用于碳素钢淬火。在矿物油中加入光亮剂及抗氧化剂制成光亮淬火剂,可实现光亮淬火。矿物油的缺点是经长期淬火后油易老化。

理想的淬火冷却介质应满足在高温区快冷,而在低温区慢冷的要求。为了克服水在低温区冷速过快和油在高温区冷却慢的缺点,而发展了新型淬火剂。新型淬火剂以水或油为基,加入各种添加剂以改变水或油的冷却特性,达到理想的冷却效果。水、油与新型淬火剂的淬火冷却曲线如图 4-20 所示。

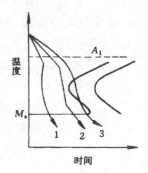

图 4-20　不同淬火
剂冷却曲线
1—水;2—理想介质;
3—油。

### 4. 钢的淬透性和淬硬性

工件淬火冷却时,截面各点冷却速度不同,表面冷速大,随着距表面深度增加,其内部冷却速度降低,因此,沿截面不同深度处的组织可能不同。当中心的冷却速度尚能超过临界淬火冷却速度时,则在工件整个截面上淬成马氏体,即所谓淬透。如果距表面某一深度处的冷却速度低于临界淬火冷却速度,则从该处向内的中心部分获得非马氏体组织,不能使整个截面获得全部为马氏体。一般规定,由钢表面至内部马氏体占 50% 处(半马氏体层)的距离定义为淬硬层深度。把钢在淬火后得到的淬硬层深度大小的性能称为淬透性。淬硬层深度越大,其淬透性越好。不同钢材具有不同的淬透性。

　　临界淬透直径是一个直观的衡量淬透性的尺度,是指圆钢棒在某种给定冷却介质中淬火后,能使其心部淬透(马氏体量占50%)的最大尺寸。根据含50%马氏体的显微组织所对应的硬度值来区分心部淬硬或未淬硬,即可以估计临界淬透直径。对于某一给定的冷却介质,不同成分钢棒的临界淬透直径也可能不同,临界淬透直径大者,其淬透性也大。临界淬透直径不仅取决于钢的成分,而且也与淬火介质的冷却能力有关。同一圆钢棒在不同淬火介质中的临界淬透直径不同。相同成分、不同直径的钢棒奥氏体化后,在不同介质中冷却,获得不同深度的淬硬层〔图4-21(a)和(b)〕。

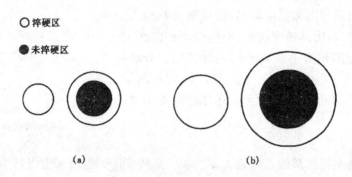

○淬硬区

●未淬硬区

(a)　　　　　　　　(b)

图4-21　不同直径的钢棒在不同介质中淬透范围示意图

(a)油冷;(b)水冷。

　　淬硬性是指淬火后马氏体所能达到的最高硬度,主要决定于马氏体中的含碳量。随着钢中含碳量的增加,淬硬性增大。

　　淬透性对钢的力学性能影响很大。例如,淬透性不同的两根轴经调质处理后,硬度相同,但组织不同,韧性不同。淬透性好的轴的整个截面淬透,其组织为回火索氏体,其中碳化物呈粒状分布,呈现较高的韧性;而淬透性低的轴未被淬透,其心部组织为片状索氏体,韧性较低。

　　淬透性好的钢适合于制造受力状态复杂,或受拉力和压力,要求整个截面具有均匀力学性能的零件,如连杆、锤杆、锻模等。淬透性低的钢适合于制造只承受弯曲载荷,最大应力在其表层,心部受力小的零件,如机床主轴、发动机转子等,焊接件为防止焊缝出现马氏体组织而开裂时,也选淬透性低的钢。因此,在材料选用时,考虑钢的淬透性是十分重要的。

　　5. 特殊淬火冷却方式

　　通常,淬火采用单一液体(如水或油)冷却方式,称为单液淬火(图4-22中的1)。除此之外,特殊淬火冷却方式有双液淬火,分级淬火,等温淬火等。

　　(1)水/油双液淬火

　　水/油双液淬火是将加热奥氏体化的工件首先进入水中,使其在高温区域快速冷却,并在接近$M_s$点时,立即转入油中继续冷却,而发生马氏体转变的淬火方式(图4-

22 中的 2)。水/油双液淬火适合于形状复杂的碳钢件淬火,以保证在 $M_s$ 点以上快冷,过冷奥氏体不发生组织转变,而在 $M_s$ 点以下慢冷,防止过冷奥氏体向马氏体转变时产生裂纹。

(2)分级淬火

分级淬火是将加热的工件放入温度稍高于 $M_s$ 点的盐浴炉中,并保持到尚未出现贝氏体转变之前,取出空冷,发生马氏体转变的工艺(图 4-22 中的 3)。盐浴保持可使工件表面与内部温度均匀,消除部分热应力。在低温区空冷时,马氏体转变缓慢,引起较小的组织应力,对减少工件变形和防止开裂起到关键作用。分级淬火适合于截面尺寸小的形状复杂的淬透性较好的钢件。注意防止淬透性低的钢在分级保持时过冷奥氏体的分解。

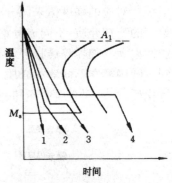

图 4-22　特殊淬火冷却方式
1—单液淬火;2—双液淬火;
3—分级淬火;4—等温淬火。

(3)等温淬火

等温淬火是将加热的工件放入温度在中温转变区的盐浴炉中进行等温保持足够长时间,使过冷奥氏体发生下贝氏体转变的工艺(图 4-22 中的 4)等温淬火适合于形状复杂,要求有较高硬度与强韧性的工模具。注意防止过冷奥氏体在高温区的转变。

(4)冷处理

将淬火钢件继续冷到零度以下,使残余奥氏体(A′)转变为马氏体的工艺称为冷处理。其作用是提高硬度,增加尺寸稳定性,弥补尺寸不足。冷处理适合于量具及精密件等。

(四)回　　火

1.回火概念

回火是将淬火钢加热到 $Ac_1$ 以下温度,进行保持 $1\sim2$ h 后冷却的工艺。回火是淬火后必不可少的后续工序,往往是热处理的最后一道工序。回火的目的是使组织趋于稳定,降低淬火钢的脆性,提高韧性与塑性,消除或减少淬火内应力,稳定钢件的形状与尺寸,防止淬火件的变形与开裂,高温回火还可以改善切削加工性能。

2.淬火钢回火转变基本过程

从组织上来看,淬火钢组织很不稳定。马氏体是碳在 α-Fe 的过饱和固溶体,它和残余奥氏体均处于亚稳状态,有自发向稳定组织转变的趋势。从性能来看,淬火钢件强度与硬度很高,塑性与韧性低,甚至呈现较大的脆性。只有提高淬火件的韧性和塑性,才有使用价值。另外,淬火使钢产生很大的淬火内应力,应及时予以消除,以防淬火工件变形或开裂。可见淬火钢回火的必要性和可能性。

淬火钢加热加速了淬火非稳定组织向稳定的组织转变过程,这种转变也将引起内应力和力学性能的变化。在不同温度下加热,即处于不同的回火变化阶段,淬火组织发生不同的转变。下面以共析钢为例说明不同温度回火过程。

（1）马氏体开始分解

在 100～200 ℃ 之间，马氏体开始分解，其中固溶的部分碳原子脱溶析出 $\varepsilon$-$Fe_{2.4}C$，由于温度较低，碳析出过程进行得不完全，马氏体中的碳仍然有一定的过饱和度。

（2）残余奥氏体的分解

在 200～300 ℃ 范围内，马氏体继续分解，同时发生残余奥氏体的分解，转变为下贝氏体，其硬度下降不明显。

（3）碳化物的转变

在 300～400 ℃ 范围内，$\varepsilon$-$Fe_{2.4}C$ 碳化物向渗碳体（$Fe_3C$）的转变，内应力大大降低。同时，碳还继续从 $\alpha$-Fe 固溶体析出。

（4）渗碳体集聚粗化和 $\alpha$-Fe 回复与再结晶

超过400 ℃回火，渗碳体（$Fe_3C$）发生聚集粗化，$\alpha$-Fe 固溶体中的碳已降到平衡浓度，发生了 $\alpha$-Fe 固溶体回复与再结晶，固溶强化作用完全消失，硬度与强度降低，韧性与塑性大大提高。

3. 回火工艺的分类

按照回火温度的高低，回火工艺可分为以下三大类：

（1）低温回火

回火温度在 150～200 ℃。低温回火组织为低过饱和度的 $\alpha$-Fe(C) 和极细 $\varepsilon$-$Fe_{2.4}C$ 混合组织，称为回火马氏体。回火马氏体仍然保持着原淬火时马氏体的形态。高碳钢回火马氏体为片状，低碳钢回火马氏体为板条状形态。低温回火是为了在保持高硬度的前提下，降低淬火马氏体的脆性，并降低淬火应力，因而主要用于工具、滚动轴承、渗碳件、表面淬火件等要求高硬度工件的回火。

（2）中温回火

回火温度在 350～500 ℃。中温回火组织为针状 $\alpha$-Fe(C) 和极细粒状渗碳体的混合组织，称为回火屈氏体。中温回火主要是为获得高的弹性极限及较高韧性，故主要用于弹簧以及热作模具的回火。

（3）高温回火

高温回火温度在 500～600 ℃。淬火加高温回火称为调质处理。高温回火组织为多边形化的 $\alpha$-Fe(C) 和细粒状渗碳体的混合组织，称为回火索氏体。高温回火主要是为获得足够强度、硬度和良好的塑性、韧性的综合力学性能，主要用于重要结构件，如轴、齿、曲轴等的回火。但对于高温回火脆性敏感性大的铬钢、铬锰钢、硅锰钢、铬镍钢等高温回火后应进行油冷，防止高温回火脆性的发生。含 V、Nb、Ti 的钢回火时，弥散合金碳化物的析出使硬度升高，发生所谓的二次硬化。

一般来讲，随着回火温度的提高，钢的强度与硬度降低，而塑性与韧性增加。

# 第五节　钢的表面处理工艺

## 一、表面淬火

### (一)感应加热表面淬火

感应加热表面淬火是以电磁感应原理和集肤效应为基础,实施对工件表面快速加热,在变温过程中完成奥氏体化,然后不经保温而迅速冷却淬火的工艺。感应加热表面淬火装置如图 4-23 所示。

感应加热原理是,感应圈通过交变电流时,在其周围产生交变磁场,使置于感应圈内的钢铁工件内产生与线圈电流同频率的感应电流。由于集肤效应,工件表层的电流密度最大,心部电流密度几乎为零。因为工件本身具有电阻,当工件中感应电流足够大时,电能转变为热能,使工件表层迅速加热,而工件心部温度保持不变。通过感应加热可以实现钢的表面淬火、局部表面淬火、穿透淬火和淬火件的回火等的加热。

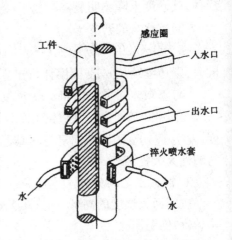

图 4-23　感应加热表面淬火装置示意图

感应电流透入工件表层深度主要取决于电流频率的高低。电流频率越高,电流透入深度越浅,加热层越薄。因此,可以通过不同频率的选择,获得不同的感应加热层深度,可获得不同的淬硬层深度。采用低频交变电流加热淬火,可以获得较深的淬火硬化层,以至于可以实现穿透淬火硬化。

根据交变电流频率高低,感应加热可分为高频感应加热、中频感应加热和工频感应加热。

高频感应加热的常用频率在 200～300 kHz 之间,淬火层深度为 0.5～2 mm;中频感应加热的常用频率在 2 500～8 000 Hz 之间。中频感应加热的电流频率降低,电流透入加深,淬火层深度为 2～8 mm,可用于处理淬硬层深的零件,如曲轴、凸轮轴、铁路钢轨等;工频感应加热的频率为 50 Hz,频率更低,电流透入更深,加热淬火层深度增加至 10～20 mm,适合于大直径钢材的深层加热淬火,也可用于锻件毛坯穿透加热以及金属熔炼。

用于感应加热淬火的钢应具有足够含量的碳和合金元素,以保证表面高硬度。通常选用中碳钢和中碳合金钢及铸铁件进行感应加热表面淬火。由于感应加热速度极快,使奥氏体化温度升高,转变的温度范围扩大,转变所需的时间缩短。在快速加热时,扩散过程来不及充分进行,奥氏体不易均匀化。短时奥氏体化,晶粒来不及长大,保持较小的尺寸,因此感应加热淬火后得到极细的隐晶马氏体组织,其硬度高于普通淬火的硬度。同时,感应加热淬火使工件表层产生了残余压应力,减缓了表层疲劳裂纹产生与扩展过程。感应加热淬火后,须进行低温回火。

原始组织对感应加热淬火后钢的质量有重要影响。原始索氏体组织的奥氏体化过程进行较快,是理想的组织,而片状珠光体组织奥氏体化较慢。与细晶粒相比,具有粗大碳化物组织的钢要在更高的奥氏体化温度下才能使碳化物溶解,然而,过高的温度将导致奥氏体的粗化。感应加热前的预热处理是通过调质和正火获得理想的原始组织。

感应加热淬火的常见缺陷是因淬硬层分布不均而引起变形以及因过热、过烧、激冷、喷水不当或未及时回火而造成显微裂纹。含碳量高的钢材更易因过热产生裂纹。设计结构不合理也会造成电流分布不均,引起应力集中,更易引起裂纹。

(二)激光加热表面淬火

激光淬火是将激光束照射到工件表面上,工件表面吸收激光束能量而迅速升温,进行奥氏体化,其表层与内部形成极大的温度梯度,当激光束移开后,热量从工件表面向内部发散而急速冷却,实现表面自冷淬火的工艺。

激光是一种高能量密度的新颖光源,具有一系列极为突出的特性。如激光处理是将高能量密度施加到材料表面,改变表面物理结构和化学成分等,有效地改善表面性能。其特点是:能量集中,加热仅限于表面或小于1 mm厚的薄层,热影响区小,热应力小;可对表面进行选择性的处理,能量利用率高,尤其适合于大尺寸工件的局部表面加热淬火;可对复杂形状或者深沟、槽孔的侧面等进行表面淬火,尤其在用于细长或薄壁件时优越性更突出,对零件整体影响小。

激光硬化层的性质和状态与普通淬火有显著区别。激光加热速度快,过热度大,奥氏体形成温度高,成核率高,处理时间短,奥氏体晶粒超细化,激光淬火组织为超细板条马氏体、超细碳化物和加工硬化的高位错密度残余奥氏体。激光硬化表层深度可达0.1~1.0 mm,表层与基体之间的结合状态良好,为冶金结合,防止表层脱落。硬化层具有超高硬度及耐磨性,淬火变形小,且无公害。经激光淬火后,表面存在高的残余压应力,有益于提高疲劳强度。

机械零件,如轧机轧辊、汽缸套、曲轴、铸铁活塞、轴承以及工模具等,实施激光淬火,提高耐磨性,获得更好效果。

除用于淬火外,激光还可以用于表层重熔合金化、焊接、切割等,具有广阔的应用前景。激光重熔合金化是指在普通钢铁构件的关键部位表面涂覆所需成分的金属,利用更大功率密度的激光束对其表面进行照射,使该部位获得极薄的熔化层,改变表层成分,进行合金化,迅速冷凝后,获得极细合金化层结构,从而满足耐磨、抗蚀等特殊要求。

采用快速加热的钢件原始组织应具有细而均匀的碳化物,其弥散度较大,奥氏体形成速度快,可得到成分均匀、细小的奥氏体晶粒,淬火后得到细而均匀的马氏体。

## 二、表面化学热处理

化学热处理是通过改变表面成分和组织结构,以改善表面性质的表面改性工艺。提高表面性能是延长工件使用寿命的重要措施。化学热处理的基本过程包括化学介质分解出活性原子,活性原子被工件表面吸收,使表层和内部之间形成浓度差,在一定温度下,原子向着内部低浓度方向扩散以形成合金化表层等过程。化学热处理工艺很多,根据渗入元素不同,可分为渗碳、氮化、碳氮共渗、软氮化、渗硫、渗硼、渗硅、渗金属等不同工艺。

### (一)气体渗碳

#### 1. 气体渗碳工艺

渗碳是应用最广的化学热处理工艺之一,是将低碳钢置于适当的富碳气氛中,并在奥氏体相区的一定温度保温,以提高表面含碳量的一种热处理,其目的是获得表面高硬度及高耐磨性。按照渗碳剂的不同,渗碳工艺分为气体渗碳、液体渗碳和固体渗碳三类。气体渗碳质量容易控制,生产效率高,应用范围广。

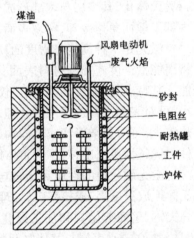

图 4-24　井式气体渗碳炉结构示意图

气体渗碳是将工件置于密封的含渗碳气氛的加热炉中,经加热、保温使碳渗入其表面的化学热处理工艺。小批量工件渗碳使用如图 4-24 所示的井式炉,大批量工件渗碳使用连续炉。

气体渗碳的增碳介质有煤油、苯、甲醇、丙酮等液态介质和天然气、液化石油气、煤气等气体介质,均可直接进入渗碳炉中用于渗碳。气体渗碳时,由以下反应使炉内增碳介质分解,形成活性原子。

$$CH_4 \rightarrow [C] + 2H_2$$
$$2CO \rightarrow [C] + CO_2$$
$$CO + H_2 \rightarrow [C] + H_2O$$

气体渗碳也是靠分解、吸收和扩散等基本过程来实现的。凡是影响分解、吸收和扩散等基本过程的因素,都会影响整个渗碳过程。温度是关键的因素,通常,气体渗碳的加热温度为 $Ac_3 + (50 \sim 80\,℃)$,即 $900 \sim 950\,℃$。渗层的碳浓度相当于铁碳平衡图所示该温度下的平衡浓度。渗碳后表层最高碳量应控制在 $0.8\% \sim 1.0\%$ 水平。表面碳量过高会引起表层脆化及剥离。

#### 2. 影响渗碳层深度的因素

渗碳层的深度取决于渗碳保温时间、加热温度及炉内气氛等因素。提高渗碳温度可以增加表面吸收碳的能力,同时增大钢表面碳原子向内部扩散的速度,因此,渗碳温度高时渗碳速度大,扩散层深。但温度过高会使表面碳浓度降低,引起晶粒粗化,性能变脆。

当炉内气氛活性强时,钢表面不断吸收活性碳原子,使表面碳浓度增加及渗层加厚。

在确定的温度和炉气条件下,扩散层深度取决于渗碳时间,它们的关系可以表示如下:

$$\delta = k(\tau)^{1/2}$$

式中,$\delta$ 为渗层深度(mm),$\tau$ 为渗碳时间(h),$k$ 为与渗碳温度有关的系数。渗碳温度875 ℃时 $k=0.45$;渗碳温度900 ℃时 $k=0.54$;渗碳温度925 ℃时 $k=0.63$。

钢的原始含碳量增高,会降低渗碳层的碳浓度梯度,使渗碳速度下降,渗层变薄。因此,渗碳件的原始碳含量不宜过高,通常为 0.1%~0.25%。强碳化物形成元素,如 Cr,Mo,W 等显著降低了碳在奥氏体中的扩散速度。碳化物形成元素能提高钢对碳的吸收能力,形成碳化物,表面碳浓度高,渗层中碳浓度梯度陡;非碳化物形成元素降低吸碳能力,减少渗层表面碳浓度和梯度。

3. 渗碳层组织

常用渗碳钢有 15、20、25 钢,20Cr,20MnVB,20CrMnTi。图 4-25 表示低碳钢渗碳件横截面由表及里不同碳含量区:过共析成分区、共析成分区、亚共析成分区、逐渐过渡到原始碳量区。

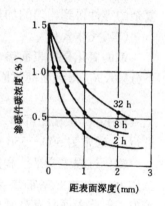

图 4-25 渗碳后截面碳浓度分布

钢件渗碳后经缓冷到室温得到的组织:表层为珠光体与网状渗碳体的过共析组织;在过渡区,靠近表层为共析珠光体,其内部为珠光体和铁素体混合的亚共析组织,越接近共析表层,铁素体越小;越靠近内层,铁素体越多,心部为铁素体和少量珠光体组织。将渗层的共析碳量区与原始碳量区之间的区域定义为渗层过渡区。通常,把从表面到过渡区的一半处规定为渗碳层的有效厚度。

4. 渗碳后热处理

(1)淬火

工件渗碳后经淬火和低温回火处理后,表面具有高硬度,心部有足够强韧性。渗碳后淬火方法主要有直接淬火、一次淬火。

①直接淬火

直接淬火法是指渗碳后,经顶冷到略高丁心部 $Ar_3$ 的温度,然后进入水(或油)中淬火。淬火马氏体较粗,残余奥氏体量较多,变形大。直接淬火法往往适合于对性能要求不高的零件。

②一次淬火

一次淬火法是指渗碳后,随炉冷却或空冷到室温,然后再加热到淬火温度进行淬火的热处理工艺。对表面性能要求高的钢件渗碳后重新加热到略高于共析温度;对心部性能为主的钢件渗碳后重新加热到略高于心部的 $Ac_3$ 点,进行重结晶,以使心部晶粒细化,消除表面网状渗碳体;一次淬火可以减少工件变形。

(2)低温回火

渗碳后经淬火加低温回火,表层为细小片状回火马氏体及少量渗碳体,硬度可达HRC58~62。心部组织取决于渗碳件原始成分。普通碳钢如 15、20 钢,心部组织为铁素体加珠光体,硬度约 HRC10~15;低碳合金钢如 20CrMnTi,心部组织为回火低碳马氏体与铁素体,硬度大于 HRC35,并呈现较高的强度和足够高的韧性和塑性。

渗碳层的含碳量对钢件的性能有重要影响。渗碳层碳含量增加,耐磨性和疲劳强度提高,但渗碳层碳量过高时,淬火低温回火后渗碳层出现块状或网状渗碳体,并得到含碳量高的回火马氏体,会使渗碳层变脆,残余奥氏体量增加使表面硬度、耐磨性和疲劳极限降低;渗碳层碳量过低时,淬火低温回火后得到含碳量较低的回火马氏体,硬度低,耐磨性差。

渗碳可以保证形状复杂零件获得厚度均匀的淬硬层,而感应加热淬火无法使形状复杂的零件得到均匀的加热层和厚度均匀的淬硬层。

(二)气体氮化

钢的氮化是指表面渗入氮原子的热处理工艺。气体氮化是通过加热使氨气发生如下分解反应,得到活性氮原子,被钢表面吸收并向内扩散,在表面形成氮化层的过程:

$$2NH_3 \rightarrow 3H_2 + 2[N]$$

由 Fe-N 系相图可知,共析转变温度为590℃。氮化是在低于共析温度(590℃)下进行的,通常为 500~550℃。氮化后,随炉冷至200℃后出炉。

氮化过程主要是铁和氮的作用。氮化层中硬度很高的细小氮化物弥散分布在 α-Fe 基体上,氮化物晶格常数与 α-Fe 基体有较大差别,使基体产生大的弹性畸变,提高塑变抗力。氮化表面具有高硬度、耐磨性和抗蚀性,氮化层表面残余压应力比渗碳更高,提高疲劳极限,但氮化层较脆。氮化层为致密的、化学稳定性高的 ε 相,对水、湿空气、过热蒸汽以及弱碱液具有较好的抗蚀性。

调质处理获得的回火索氏体是氮化前最佳的原始组织,其强度与韧性得到合理配合,以保证优良的综合机械性能。由于氮化处理的温度不超过调质处理钢件的回火温度,因此,不会影响调质处理赋予钢件的优良综合力学性能。

38CrMoAlA 是典型的氮化钢,Al,Cr,Mo 元素与氮亲和力强,其氮化后形成的合金氮化物稳定性高,提高了红硬性。

氮化温度较低,氮化后可直接获得高硬度,无须进行淬火,因此,工件变形小。一般氮化层较浅,氮化层厚度可根据不同工件的要求来选定。通常套环、小齿轮、模具等选定 0.25~0.40 mm厚的氮化层;镗杆、主轴等选定 0.45~0.60 mm 厚的氮化层。

（三）气体碳氮共渗

碳氮原子同时向钢表面渗入的工艺称为碳氮共渗。常用的碳氮共渗有低温气体碳氮共渗和中温气体碳氮共渗两种。

1.低温气体碳氮共渗

低温气体碳氮共渗是在不超过570℃的较低温度下进行的，以渗氮为主的碳氮共渗工艺，也称为气体软氮化。低温气体碳氮共渗常用的共渗剂是尿素。

低温气体碳氮共渗是以提高钢的耐磨性、抗咬合性和抗擦伤为目的。与一般的气体氮化相比，处理时间短，渗层薄，仅为 0.01~0.02 mm。低温气体碳氮共渗的突出特点是共渗层具有一定的韧性，脆性小，不易发生剥落现象。该工艺处理温度低，工件变形小，实用范围广，不受钢种的限制，对模具、量具和耐磨件表面改性有良好的效果，可提高使用寿命。

2.中温气体碳氮共渗

中温气体碳氮共渗是在比气体渗碳低的温度下（通常为 820~860℃）进行的以渗碳为主的碳氮共渗工艺。中温气体碳氮共渗所用的设备与气体渗碳基本相同，但中温碳氮共渗的气氛控制较难。进行中温气体碳氮共渗时，向炉中滴入煤油，同时通入氨气。煤油和氨气除了单独起到渗碳和氮化作用外，它们还通过如下相应的气相反应提供活性碳氮原子进行以碳为主的碳氮共渗：

$$NH_3 + CO \rightarrow HCN + H_2O$$
$$NH_3 + CH_4 \rightarrow HCN + 3H_2$$
$$2HCN \rightarrow H_2 + 2[C] + 2[N]$$

一般共渗层厚度在 0.3~1.0 mm。温度高低对渗层的碳、氮含量和厚度的影响很大。温度越高，渗层的碳量越多而氮量越少，渗层越厚。碳的渗入深度大于氮的渗入深度。

碳氮共渗常用于低、中碳钢和低碳低合金钢，如 20CrMnTi，25CrMnMo。碳氮共渗后，淬火加低温回火的渗层组织为细片状回火马氏体加适量的粒状碳氮化合物及少量残余奥氏体。含碳氮的马氏体具有较大的比容，从而使零件表面具有较大的压应力而有效地提高疲劳强度；共渗层中碳氮化物可以提高耐磨性。中温气体碳氮共渗层含碳量控制的标准比气体渗碳的低。当渗层含碳量相同时，碳氮共渗层的耐磨性能、抗疲劳性能及抗蚀性能均高于渗碳层。

与一般的气体渗碳相比，碳氮共渗的温度低，奥氏体晶粒不致明显长大，共渗后可以进行直接淬火，变形小。碳氮共渗工艺的实用价值较大，汽车齿轮的气体渗碳工艺已逐步被中温气体碳氮共渗所取代。

（四）离子注入技术

离子注入法作为金属表面强化的新工艺已得到越来越广泛的应用，并已取得了可喜的成绩，尤其是用于改善工模具的耐磨性和抗蚀性以及提高硬度时的效果更突出。

离子注入技术成为最活跃的科研前沿阵地之一。

　　离子注入技术是指把某种原子电离成离子，并使其在强电场作用下加速射到放在真空靶室中的工件表面，注入表面，形成离子注入层，达到改变表层结构和成分，以获得所需性能的离子束技术。能量越高，离子注入越深。最简单的离子注入机由使原子电离成离子的离子源、放置待处理工件的靶室和抽真空系统等部件组成。

　　离子注入可以使任何所需的元素注入金属表面，注入的元素不受合金系统相平衡和固溶度等的限制，注入的浓度可以很大。例如，离子注入可使钢表面的氮浓度比常规室温下提高上万倍。在不同的离子注入工艺条件下，可使表面形成平衡合金、高度过饱和固溶体、亚稳态相及化合物，或形成陶瓷复合层以及非晶态表层。

　　高速运动的离子注入工件表面，形成了空位、间隙原子和置换原子三种点缺陷，引起点阵损伤。离子注入引起晶格损伤称为辐照损伤。足够大能量的注入离子与晶格原子相互碰撞，使原子离开原来的位置，或进入间隙位置，成为间隙原子，或占据晶格结点，则在原来位置处形成一个空位。空位的存在为大尺寸外来原子进入基体金属提供了条件。注入离子可以处于间隙位置或空位处。离子注入改变金属表层组分和结构的同时，使其晶格发生畸变，并形成高密度的位错网络，注入原子与位错交互作用，钉扎位错，增加位错运动的阻力，使金属表层强化；弥散的高硬度析出物提高表面硬度和耐磨性；离子注入使表面产生大的压应力，提高疲劳强度。离子注入通常是在室温下进行的，不会引起工件变形。

　　如果事先在工件表面镀上一层欲注入元素的膜，然后用高能惰性气体离子轰击，使薄膜与基体界面发生渗透，形成合金化层，这种注入方式可以得到更佳的注入效果。

# 第六节　形变热处理

　　形变热处理是将形变与相变结合在一起的热处理。利用形变强化和相变强化的综合作用提高强度，改善塑性韧性。按照形变与相变过程的先后顺序，可以把形变热处理分为：先形变后相变的形变热处理、形变与相变同时进行的形变热处理以及先相变后形变的形变热处理等三种不同工艺。本节只介绍先形变与后相变的形变热处理工艺。

## 一、低温形变淬火

　　低温形变淬火〔图 4-26(a)〕是将高合金钢加热到 $Ac_3$ 以上进行奥氏体化，然后，快冷到珠光体和贝氏体形成温度范围之间的过冷奥氏体亚稳区，进行一定量的形变，在发生相转变之前迅速冷却淬火得到细小马氏体组织的工艺。经过低温形变淬火加低温回火热处理后，钢材强度大幅度地提高，但它的韧性与塑性指标不下降，这是一个突出的优点。同时,回火抗力增大,形变淬火强化效果可以保持到较高的温度。其强化机理为:由形变奥氏体析出细小碳化物的沉淀硬化作用;形变奥氏体的高密度位错被马氏体继承,提高强度;马氏体组织细化,改善韧性;马氏体回火组织中细小均匀碳化物对韧性有重要影响。实施低温形变淬火要求过冷奥氏体具有足够的稳定性,因此,低温形变淬火只适合于高合金钢,而不适合于普通钢材。

### 二、高温形变淬火

高温形变淬火〔图 4-26(b)〕是将钢加热到 $Ac_3$ 以上,并在此温度下进行形变,然后淬火加低温回火的工艺。在工业上,在锻、轧之后立即淬火的工艺称为锻造(或轧制)余热淬火。高温形变热处理能有效地改善钢的综合力学性能,在提高强度的同时,大大地改善其韧性与塑性,减少脆性。在相同的强度下,其韧性与塑性比普通的淬火回火钢高得多。高温形变淬火使马氏体晶粒细化,晶粒外形变化。与普通淬火相比,马氏体的位错密度高,且有明显的亚晶组织,孪晶马氏体比例减少,位错马氏体比例增加。高温形变淬火强化作用不如低温形变淬火。

高温形变淬火的形变温度高,变形抗力较小,因而一般压力加工设备即可满足变形工艺要求。高温形变淬火的形变量对钢的力学性能有重要作用。形变量小,奥氏体组织变化不大,对性能影响小;形变量大,畸变能大,再结晶很快,钢的塑性好,但强度并非最高。高温形变淬火节约能源,但只适合于断面较小的材料。

### 三、高温形变正火

高温形变正火〔图 4-26(c)〕是将钢加热到 $Ac_3$ 以上,并在此温度下进行形变,然后在空气中冷却或控制冷却的形变热处理工艺,工业上称为控制轧制。通过控制钢材的全部轧制过程和控制轧后冷却速度,得到铁素体+珠光体或贝氏体组织。控制加热温度防止奥氏体晶粒异常粗大;控制奥氏体再结晶区的轧制温度、变形量。其主要目的是通过热形变与再结晶来细化铁素体晶粒。其特点是同时提高强度与韧性,降低冷脆性和脆性转化温度。

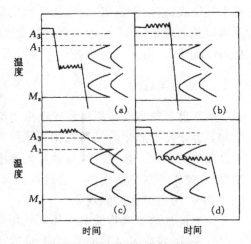

图 4-26　形变热处理类型示意图
(a)低温形变淬火;(b)高温形变淬火;
(c)高温形变正火;(d)等温形变热处理。

### 四、等温形变热处理

将钢加热到 $Ac_3$ 以上,快冷到珠光体形成温度区,等温进行大量形变的同时发生珠光体转变,然后冷却,这种热处理称为等温形变热处理〔图 4-26(d)〕。

# 第七节　常见热处理缺陷

常见热处理缺陷有氧化、脱碳、过热、过烧、变形、开裂以及硬度不足等。

## 一、氧化与脱碳

加热使铁与水蒸气、氧和二氧化碳等氧化介质发生氧化反应：

$$3Fe + 2O_2 \longleftrightarrow Fe_3O_4$$
$$2Fe + O_2 \longleftrightarrow 2FeO$$
$$4Fe + 3O_2 \longleftrightarrow 2Fe_2O_3$$

在钢件表面形成的金属氧化皮由表面向内分别为：$Fe_2O_3$，$Fe_3O_4$ 和 FeO。高温下，金属氧化皮以 FeO 为主。由于 FeO 结构疏松，与基体结合不劳，易脱落，对钢件无保护作用。钢件中的金属元素在加热过程中与氧化性气氛作用，形成金属氧化皮的现象称为表面氧化。

氧化性气体中的氧原子沿着晶界向钢件内扩散，并在晶界处形成氧化物的现象称为内氧化。Si，Mn，Ti 与氧的亲和力比与铁的亲和力大，故含 Si，Mn，Ti 的合金钢易发生内氧化。

当加热温度高于800 ℃时，碳与氧的亲和力大于铁与氧的亲和力，从而钢件表层的碳与加热介质中的脱碳气体发生反应而烧损，这种现象称为脱碳。脱碳使表层的碳含量低于钢材平均含量。当共析钢表层呈现全部铁素体组织时，则表示钢件表面的碳基本上被烧损，称为全脱碳；脱碳的实质也是氧化过程。氧化和脱碳是热处理加热过程中不可避免的现象，所不同的是氧化与脱碳程度上的差异。表面脱碳是一种有害缺陷，使材料性能降低。

## 二、过热与过烧

加热温度较高或奥氏体转变结束后继续长时保温，奥氏体晶粒长大，以至于粗化，但晶界并未发生弱化的晶粒粗化现象称为过热。晶粒尺寸是决定金属材料力学性能的十分重要的因素。晶粒尺寸与加热条件密切相关。过热导致过冷奥氏体转变产物的组织粗化，使钢的强韧性变坏。通过重新加热到临界温度以上，进行再次奥氏体化，得以细化晶粒，可以消除过热现象。

过高的加热温度将使奥氏体晶粒特别粗大，导致晶界弱化，这种现象称为过烧。晶粒尺寸长大，减少了晶界的总面积，同时，促进奥氏体晶界化学成分变化，减少晶界结合能，引起晶界脆化。过烧钢件除了晶粒特别粗大外，由于晶界上低熔点共晶物熔化或处于半熔融状态，使钢脆化而不能使用。过烧的钢件是无法通过加热重结晶处理得以消除的。

过热与过烧现象的出现除了与高温加热有关,还与其他因素有关。过热、过烧与硫在奥氏体晶界偏析和硫化物析出有关。不同温度下,硫在铁中溶解度变化列于表 4-2 中。

表 4-2　不同温度下硫在铁中溶解度变化表

| 温度(℃) | 940 | 1 000 | 1 200 | 1 350 | 1 400 |
|---|---|---|---|---|---|
| 硫溶解度(%) | 0.008 | 0.013 | 0.031 | 0.058 | 0.16 |

在高温加热条件下,硫化物溶入奥氏体,使奥氏体中溶解较多的硫,在晶界偏析。随着温度的降低,硫在奥氏体中的溶解度减小。在随后冷却中,使高温溶解的硫以 MnS 的形式重新在奥氏体晶界析出。大量微细圆球状或魏氏 MnS 在奥氏体晶界沉淀是过热的显著特征。共晶型树枝状 MnS 在晶界沉淀,并出现晶界熔化,则发生过烧。因此,当晶界上只有微细球状 MnS,而无共晶硫化物时,表明只是过热而不是过烧。加入 Al,Ti 和稀土元素可改善 MnS 溶解特性与沉淀行为,提高过热与过烧温度。

成分对钢的过热、过烧也有重要影响。随着钢中含碳量增加,晶界熔化温度降低,在淬火加热中易产生过烧。增加 V,W,Mo 的加入量使过烧温度提高。高温加热时,碳与合金元素在奥氏体晶界偏析严重,降低晶界区固相线温度,更易导致钢加热过热和过烧。下述公式表示高速钢晶界熔化温度($T_s$)(℉):

$$T_s(℉) = 2\,310 - 200 \times C + 40 \times V + 8 \times W + 5 \times Mo$$

式中 V,W,Mo 分别代表相应元素的含量。

### 三、变形与开裂

当从奥氏体化温度急冷,在冷却到 $M_s$ 点之前,尚未发生相变时,工件内部只发生由于热胀冷缩不均而引起的热应力。当冷却到 $M_s$ 点以下,除了热应力外,尚有因奥氏体转变为马氏体而引起的组织应力。热处理过程中,热应力和组织应力统称为内应力。当内应力超过钢的屈服强度时,钢件产生永久变形;当内应力超过钢的抗拉强度时,钢件发生断裂。

### 四、硬度不足

由于奥氏体化温度低或保温时间不够,奥氏体中碳浓度低或成分不均;或有未溶的铁素体等,则淬火后会出现硬度不足。

## 练　习　题

1. 试说明金属固态相变应满足的热力学条件。

2. F + Fe₃C→A 转变过程是如何进行的? 与等温奥氏体化转变相比,连续加热时转变有何不同？

3．研究奥氏体晶粒大小有何意义？奥氏体化后冷却速度对奥氏体晶粒大小有何影响？为什么？

4．将含碳量分别为 0.2% 和 0.6% 的碳钢加热到 860℃，保温相同时间，使奥氏体均匀化，问哪种钢奥氏体晶粒易粗大？为什么？

5．试述碳钢的珠光体型、贝氏体型、马氏体型相变的基本特征，相变产物组织与性能特点。

6．45 钢轴水淬后表面硬度不足，如何解释？

7．高碳钢经加热到 1 100℃保温，奥氏体化后油淬得到大量残余奥氏体，改为用水淬是否可使残余奥氏体量减少？

8．分级淬火与等温淬火的主要区别是什么？举例说明它们的应用。

9．说明淬火钢回火的必要性与可能性。

10．形变热处理有哪些方法？其强化的本质是什么？

11．试比较齿轮表面强化的不同工艺方法特点及应用场合。

12．试举例说明目前国内外热处理新工艺的应用实例。

# 第五章  钢铁材料及其应用

## 第一节  钢的分类与编号

钢的品种很多,为便于管理和使用,通常按着一定的方法将其分类。

### 一、钢的分类

钢的常见分类方法有以下几种:

**(一)按冶金质量分类**

按钢中含硫、磷量的多少可将其分为普通钢、优质钢和高级优质钢。普通钢:S≤0.055%、P≤0.045%;优质钢:S≤0.04%、P≤0.04%;高级优质钢:S≤0.035%、P≤0.03%。

**(二)按化学成分分类**

按钢的化学成分可将其分为碳素钢、低合金高强度钢和合金钢。

碳素钢根据其含碳量的不同可分为低碳钢(低于0.25%C)、中碳钢(0.25%~0.6%C)、高碳钢(高于0.6%C)。低合金高强度钢是在碳素结构钢的基础上,加入总量不超过3%的合金元素获得的低合金钢。合金钢根据其中含合金元素总量的不同又可分为:低合金钢(低于5%)、中合金钢(5%~10%)和高合金钢(高于10%)。

**(三)按用途分类**

按钢用途的不同可将其分为结构钢、工具钢和特殊性能钢。

结构钢根据用途的不同又可分为两类:一类是建筑、工程及构件用钢,其中绝大部分被加工成板材和型材,在热轧和正火状态下经过焊接用于车辆、船舶、桥梁、锅炉、钢轨等,这类钢包括碳素结构钢和低合金高强度钢;另一类是机械制造用钢,用作各种机械零件,这类钢包括常见的优质碳素结构钢、渗碳钢、调质钢、弹簧钢和滚动轴承钢等。

工具钢可分为碳素工具钢和合金工具钢。按具体用途的不同还可细分为刃具钢、模具钢和量具钢等。

特殊性能钢分为不锈钢、耐热钢、耐磨钢和电工合金等。

**(四)按冶炼方法分类**

钢按其冶炼方法可分为平炉钢、转炉钢和电炉钢。平炉钢包括碳素钢和低合金高强度钢,根据炉衬材料的不同分为碱性和酸性平炉钢;转炉钢也包括碳素钢和低合金高强度钢,分为侧吹转炉钢、底吹转炉钢和氧气顶吹转炉钢;电炉钢主要是合金钢,分为感应电炉、电弧炉、电渣炉和真空感应电炉钢等,其中生产量最多的是电弧炉钢。

　　根据钢脱氧方法和脱氧程度的不同碳钢又可分为沸腾钢、镇静钢和半镇静钢。合金钢均为镇静钢。

　　上述分类方法在实际生产中都较为常见,而且经常重叠使用。

### 二、钢的编号

　　我国现行钢的编号根据国标 GB 221-79 采用汉语拼音字母、阿拉伯数字和化学元素符号并用的方法来表示。

　　(一)碳素结构钢

　　碳素结构钢是工程结构用量最大的钢种,按国标 GB 700-88,它分为 5 类 20 个品种。碳素结构钢的牌号是以钢的屈服点数值(试样直径或厚度小于16 mm)划分的,每个强度等级根据其硫、磷杂质含量分为 A,B,C,D 四个质量等级,A 级最低,D 级最高。每个强度等级和质量等级又按脱氧方法的不同分为沸腾钢、镇静钢、半镇静钢,并分别标以 F,Z,b。例如 Q235AF,其中 Q 代表屈服点的"屈",235 表示该牌号普通碳素钢的屈服强度不低于235 N/mm²,A 表示质量等级,F 代表沸腾钢。

　　(二)优质碳素钢

　　优质碳素钢包括结构钢和工具钢两种。

　　优质碳素结构钢的牌号是用两位数字表示,它代表钢平均含碳量的万分之几。例如 15、20F 分别表示平均含碳量为 0.15% 的优质碳素结构钢和 0.2% 的沸腾钢。

　　碳素工具钢的牌号是用汉语拼音"T"代表"碳"加数字表示,数字代表钢平均含碳量的千分之几,如 T8,T10,T12 分别表示平均含碳量为 0.8%、1.0% 和 1.2% 的碳素工具钢。

　　(三)合 金 钢

　　合金结构钢的牌号是用两位数字加化学元素符号再加数字的方法表示。最前面的两位数字代表钢平均含碳量的万分之几,元素符号代表所含的合金元素,元素符号后面的数字表示该元素的平均重量百分比含量。若合金元素的平均重量百分比含量低于1.5%则不予标出,大于 1.5%则标为 2,大于 2.5%则标为 3 等,若牌号最后的元素为V,Ti,Nb 等,则为细化晶粒元素,含量较少,一般不超过 1%。如 60Si2Mn 表示该合金结构钢各元素的平均含量为:0.6%C、2%Si 和 1%Mn;20CrMnTi 表示该钢含:0.2%C、1%Cr、1%Mn 和少量 Ti。

　　合金工具钢用一位数字加化学元素符号再加数字的方法表示。最前面的一位数字代表钢平均含碳量的千分之几,若平均含碳量大于1%则不予标出,合金元素的表示方法与合金结构钢相同。例如 9SiCr 表示该合金工具钢各元素的平均含量为:0.9%C、1%Si 和1%Cr;CrWMn 表示该钢含:大于 1%C、1%Cr、1%W、1%Mn。

各种钢的碳及各合金元素的含量都允许有一定的偏差,在允许范围内均属合格。

# 第二节 钢的合金化

在碳钢的基础上为了提高钢的性能,人为地加入一些其他的合金元素称钢的合金化,经合金化的钢称合金钢。

## 一、碳钢合金化的必要性

由于碳钢存在淬透性差、回火抗力差、基本组成相软和不能满足一些特殊性能要求(耐高温、耐腐蚀等)等缺点,在很多情况下不能满足现代工业的生产需求,必须合金化。钢合金化通常加入的合金元素有:非碳化物形成元素 Al,Ni,Cu,Co,Si;碳化物形成元素(按其与碳形成碳化物的稳定性排序,由左向右稳定性增强)Mn,Cr,Mo,W,V,Nb,Zr,Ti 等。合金元素在钢中的作用非常复杂,目前对它们的研究尚不充分。

## 二、合金元素在钢中的存在形式

常温下合金元素在钢中可能的存在形式有三种:溶于铁素体;溶于渗碳体形成合金渗碳体;形成独立的特殊化合物。

非碳化物形成元素 Ni,Si,Al,Cu,Co 都溶于铁素体,除 Ni 可同时提高铁素体的强韧性以外,其他元素只能提高铁素体的强度和硬度,但却降低了塑性和韧性。各元素对铁素体机械性能的影响见图 5-1。

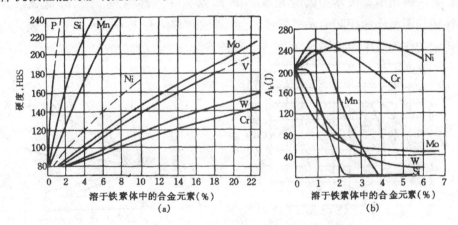

图 5-1 合金元素对铁素体性能的影响(退火状态)。
(a)合金元素对铁素体硬度的影响;(b)合金元素对铁素体韧性影响。

碳化物形成元素 Mn,Cr,Mo,W 少量溶于铁素体,主要溶于渗碳体,形成 $(FeCr)_3C$,$(FeMn)_3C$ 等合金渗碳体,增加了渗碳体的稳定性,在加热时难于分解溶入奥氏体,但它们倾向于聚积长大。它们也可形成 $Mn_3C$, $Cr_7C_3$, WC, MoC 等特殊碳化物。这些碳化物稳定性更好,加热时更难于溶入奥氏体,并且不易聚积长大。强碳化物形成元素 V, Nb, Zr, Ti 与碳形成 VC, NbC, ZrC 和 TiC 等间隙相,它们的硬度高、熔点高、结构最稳定,颗粒弥散度高,最不易于长大,经常被用来细化晶粒。

### 三、钢中合金元素的作用

#### (一)合金元素对铁碳相图的影响

由于合金钢是在碳钢的基础上添加合金元素而引起组织和性能上的一系列变化,因此,以铁碳相图为基础,分析合金元素对它的影响,对研究合金钢有着至关重要的意义。

1. 合金元素对奥氏体相区的影响

Ni, Mn, Co, Cu, C, N 可扩大铁碳相图的奥氏体相区,其中 Ni, Mn, Co 可以和 $\gamma$-Fe 无限互溶,当它们的浓度达到临界值时,会使 $\gamma$-Fe 的存在温度降至室温,即在室温下获得

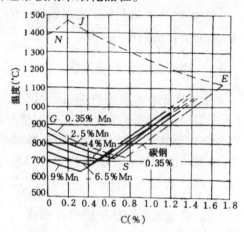

图 5-2　合金元素 Mn 扩大铁碳相图奥氏体相区

单相奥氏体。Cu, C, N 扩大奥氏体相区的作用不如 Ni, Mn, Co,其中 Mn 的作用如图 5-2 所示。Cr, W, Mo, V, Ti, Al, Si 可缩小铁碳相图的奥氏体相区,Cr 的作用见图 5-3。

2. 合金元素对铁碳相图临界点的影响

扩大铁碳相图奥氏体相区的元素都使 $E$ 点和 $S$ 点移向左下方,降低 $A_1$, $A_3$ 线。缩小铁碳相图奥氏体相区的元素都使 $E$ 点和 $S$ 点移向左上方,使 $A_1$, $A_3$ 线升高。各合金元素的作用效果参见图 5-2、图 5-3 和图 5-4。

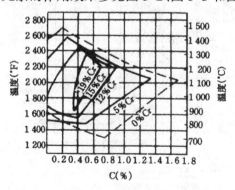

图 5-3　合金元素 Cr 缩小铁碳相图奥氏体相区

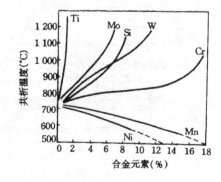

图 5-4　合金元素对共析温度的影响

#### (二)合金元素对钢加热转变的影响

合金钢加热时的奥氏体化过程与碳钢相同,也是奥氏体的形核和核长大、残余渗碳

体的溶解和奥氏体成分的均匀化这三个阶段,但合金元素要对这三个阶段产生影响。

### 1. 推迟奥氏体的转变

合金元素增加碳化物的稳定性并阻碍碳在 γ 相中扩散的速度,从而影响奥氏体的转变速度。合金钢中存在着合金铁素体、合金渗碳体和特殊碳化物等基本组成相,合金渗碳体和特殊碳化物结构稳定性好、熔点高,不易分解溶入奥氏体。合金元素不仅自己在奥氏体中扩散困难,还阻碍碳在奥氏体中的扩散,使合金钢加热时奥氏体成分的均匀化比较困难。因此,合金钢比碳钢的奥氏体化温度高、时间长。

### 2. 抑制奥氏体晶粒长大

强碳化物形成元素 V,Nb,Zr,Ti 与碳生成的 VC,NbC,ZrC 和 TiC 等高熔点、颗粒细小弥散的间隙相,有较强的阻止奥氏体晶粒长大的作用,Mo,W,Cr 有中等阻止作用,可以细化奥氏体晶粒。

### (三)合金元素对钢冷却转变的影响

合金元素对过冷奥氏体分解的影响表现在改变"C"曲线的位置和形状两个方面。

除 Co 以外的所有合金元素都使"C"曲线右移,提高钢的淬透性,这也是钢合金化的重要目的之一。其中作用最大的是 Mo,Mn,Cr,Ni,但 Mn 有促进奥氏体晶粒长大的作用,要控制使用。多元少量地使用合金化元素,提高淬透性的效果更好。

### 1. 非碳化物形成元素对钢冷却转变的影响

非碳化物形成元素 Al,Ni,Cu,Si 只使"C"曲线右移,不改变其形状。Co 使"C"曲线左移,如图 5-5(a)所示。

### 2. 碳化物形成元素对钢冷却转变的影响

碳化物形成元素 Mn,Cr,Mo,W,V,Nb,Zr,Ti 不仅使"C"曲线右移,还使其分离成上下两个"C"曲线,上面的是珠光体转变区,下面的是贝氏体转变区,并且它们对珠光体和贝氏体转变过程推迟程度不同,如图 5-5(b)所示。

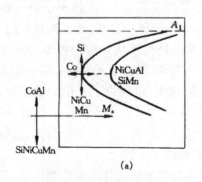
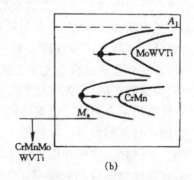

图 5-5　合金元素改变"C"曲线的位置和形状

(a)非碳化物形成元素对"C"曲线的影响;(b)碳化物形成元素对"C"曲线的影响。

### 3. 合金元素对钢冷却转变临界温度的影响

除 Co,Al 以外的所有合金元素都使 $M_s$ 线下移,其中碳的作用最为强烈,Co,Al 使 $M_s$ 线上移。与碳钢相比,合金钢的 $M_s$ 点较低,淬火转变不完全倾向大,残余奥氏体量较多。合金元素也影响珠光体和贝氏体等温转变温度范围。例如 Al 和 Si 使珠光体等温转变温度上升,贝氏体转变温度下降。一些合金元素对贝氏体等温转变开始温度 $B_s$ 的影响为

$$B_s(℃) = 830 - 270(\%C) - 90(\%Mn) - 37(\%Ni) - 70(\%Cr) - 83(\%Mo) \quad (5-1)$$

其中碳的降低作用最大,合金元素的降低作用依次为 Mn,Mo,Cr。

### (四)合金元素对钢回火转变的影响

钢的回火过程包括马氏体分解、碳化物的析出、转变和聚集长大以及残余奥氏体转变等过程,合金元素对这几个过程都发生作用。

### 1. 提高钢的回火稳定性

钢的回火过程就是马氏体的分解以及碳化物的析出、转变和聚集长大的过程。淬火钢随着马氏体中过饱和碳的析出,其强度、硬度会明显下降。回火稳定性又称回火抗力,是指钢在回火过程中随着回火温度的升高抵抗强度、硬度降低的能力。非碳化物形成元素 Si,Al 和碳化物形成元素 Cr,Mo,W 有明显推迟和减缓马氏体的分解速度,提高钢的回火稳定性的作用。

在马氏体分解初期,由于 Si,Al 可溶于碳化物的过渡产物 ε-Fe$_{2.4}$C,但却完全不能溶于 Fe$_3$C,因此,回火过程中必须先将 ε-Fe$_{2.4}$C 中的 Si,Al 完全排除才能实现 ε-Fe$_{2.4}$C 向 Fe$_3$C 的转变,从而推迟了该转变,提高了马氏体的分解温度。

淬火后固溶在马氏体中的碳化物形成元素(按其与碳的亲和力的大小依次为 V,W,Mo,Cr)在回火过程中要重新分布。当回火温度高于350℃时,合金元素要向 Fe$_3$C 中富集形成合金渗碳体。当该类碳化物形成元素含量较高时,还将析出特殊碳化物。它析出的方式有两种,一种是合金元素充分向合金渗碳体中富集,当其浓度超过合金渗碳体的溶解度时就转变成特殊碳化物;另一种方式是直接从 α 相中析出特殊碳化物。上面这一切转变都要通过合金元素和碳的扩散来完成,而合金元素在 α 相中扩散困难,同时它也阻碍碳的扩散,因此,延缓了这一转变的发生,也推迟了 α 相中过饱和碳的析出,使钢在较高的回火温度下仍保持较高的强度和硬度。合金渗碳体与渗碳体相比不易于长大,能在较高的温度下保持细小。特殊碳化物结构稳定、硬度非常高,且细小、弥散,会产生二次硬化。这些作用都显著地提高了钢的回火抗力。

另外,非碳化物形成元素(除 Ni 以外)和加热时溶于奥氏体的碳化物形成元素都可提高 α 相的再结晶温度,增强钢的回火抗力。

### 2. 二次硬化现象

含 V、Ti,W,Mo 较高的合金钢当回火温度升高到500℃以上时,伴随着特殊碳化

物的析出,冷却后会出现钢的强度、硬度上升的现象,称之为二次硬化,Mo 的上述作用如图 5-6 所示。这种现象的出现主要有两方面的原因:首先,500 ℃ 以上回火会析出大量的合金渗碳体和细小、弥散、硬度很高的特殊碳化物,这是产生二次硬化的主要原因;其次,随着大量碳化物的析出,α 相中碳的过饱和度大大下降,对残余奥氏体压应力减小或消失,残余奥氏体发生再结晶,消除了加工硬化,在随后的冷却过程中转变成下贝氏体或回火马氏体,提高了钢的硬度。

3. 回火脆性

淬火的合金钢在特定的温度范围内回火会发生韧性降低的现象,称之为回火脆性,Ni-Cr 合金钢回火温度和冲击韧性的关系如图 5-7 所示。第一类回火脆性通常发生在 350 ℃ 左右,称低温回火脆性。这类回火脆性产生后无法消除,所以又称不可逆回火脆性,通常不在这一温度区间内回火;第二类回火脆性通常发生在较高的 500~650 ℃ 之间,故又称高温回火脆性。这类回火脆性产生后可以通过重新加热的方法消除,是可逆回火脆性。产生第二类回火脆性的原因可能是有害杂质在回火中向晶界偏聚的结果。目前,广泛采用的抑制高温回火脆性的方法有两个:一是回火后将工件放在油中快速冷却,防止杂质向晶界偏聚;二是在钢中加入合金元素 Mo 和 W,亦可有效抑制高温回火脆性。

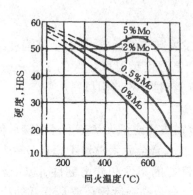

图 5-6　Mo 对含 0.35% C 钢回火
硬度的影响

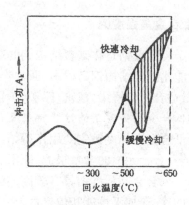

图 5-7　Ni-Cr 合金钢回火温度与
冲击韧性的关系

**四、钢中常存杂质及其影响**

钢中的常存杂质有 Si,Mn,P,S,这些元素对钢的基本组成相铁素体和渗碳体的性能有很大影响。Si 和 Mn 可固溶于铁素体,形成置换固溶体,有固溶强化铁素体的作用,少量的 Si 和 Mn 对钢的性能有益。P 固溶于铁素体,使钢在室温下脆性剧增,且焊接性能大大下降,我们称这种现象为"冷脆",因此,钢中对 P 的含量有严格的限制。S 不溶于铁素体,它与铁化合生成 FeS,FeS 与铁素体生成熔点为 989 ℃ 的 (FeS-F) 共晶体分布在晶界上,当钢在1 000～1 200 ℃进行锻造或热轧时,该共晶体熔化,导致工件开裂,我们称这种现象为"热脆",钢中严格限制 S 的含量。Mn 可与 S 化合生成 MnS,其熔点为1 620 ℃,高温下 MnS 具有一定的塑性,可避免钢的"热脆",从而减轻 S 的有害作用。

# 第三节　工程结构用钢

工程结构用钢包括碳素结构钢和低合金高强度钢。

## 一、碳素结构钢

碳素结构钢因其价格低廉、性能好得到广泛应用,它的产量约占钢总产量的70％～80％,其牌号、成分、力学性能见表 5-1。Q195、Q215 钢具有优良的塑性和焊接性能,通常被加工成型材用作桥梁、钢结构,也用作螺钉、螺栓、拉杆和冷冲压件等。Q235 各等级钢有一定的强度和良好的塑性、韧性,可用作铁路道钉、垫圈、圆销、衬套、拉杆等。Q255、Q275 钢强度高,可用作轧辊、主轴、刹车带、铁路钢轨高强度接头螺栓、螺母等。碳素结构钢大部分在热轧状态下供货,很多情况下不经热处理使用。

## 二、低合金高强度钢

低合金高强度钢是在碳素结构钢的基础上发展起来的低碳、低合金高强度结构钢。其力学性能比碳素结构钢高很多,通常1 t低合金高强度钢可取代大约 1.2～2 t的碳素结构钢,最适合用作桥梁、建筑、船舶、车辆、管道、容器等的结构材料。

（一）低合金高强度钢的性能特征及化学成分

由于低合金高强度钢主要用作钢结构,通常在热轧或正火状态下经焊接后使用,因此,它的碳和合金元素的含量很低,碳不超过 0.2％、合金元素总量不超过 3％。这样做是为了保证低合金高强度钢具有较高的强度和良好的塑性和冲击韧性,同时也保证它具有良好的冷、热加工性能和焊接性能。此外,低合金高强度钢还要具有低的冷脆转变温度和良好的耐蚀性。

低合金高强度钢中常加入的合金元素为:Mn,Si,Cu,V,Ti,Nb 等。Mn,Si,Cu 用来固溶强化铁素体,Cu 可以改善其耐蚀性。V,Ti,Nb 在 1 280 ℃热轧时溶入奥氏体,在850 ℃终轧后缓慢析出细小的特殊碳化物,被用来细化晶粒和沉淀强化。

（二）常用的低合金高强度钢

常用低合金高强度钢的成分、牌号、主要力学性能和用途见表 5-2。

表 5-1 常用碳素结构钢的牌号、成分与力学性能

| 牌号 | 等级 | C(%) | Si(%)≤ | Mn(%) | P(%)≤ | S(%)≤ | $\sigma_s$(MPa) | $\sigma_b$(MPa) | $\delta_5$(%) | $A_k$(J) | 脱氧方法 |
|---|---|---|---|---|---|---|---|---|---|---|---|
| Q195 | — | 0.06~0.12 | 0.30 | 0.25~0.50 | 0.045 | 0.050 | 195 | 315~390 | 33 | — | F、b、Z |
| Q215 | A | 0.09~0.15 | 0.30 | 0.25~0.55 | 0.045 | 0.050 | 215 | 335~410 | 31 | — | F、b、Z |
|  | B | 0.09~0.15 | 0.30 | 0.25~0.55 | 0.045 | 0.045 | 215 | 335~410 | 31 | 20°C≥27 | — |
| Q235 | A | 0.14~0.22 | 0.30 | 0.30~0.65 | 0.045 | 0.050 | 235 | 375~460 | 26 | — | F、b、Z |
|  | B | 0.12~0.20 | 0.30 | 0.30~0.70 | 0.045 | 0.045 | 235 | 375~460 | 26 | 20°C≥27 | Z |
|  | C | ≤0.18 | 0.30 | 0.35~0.80 | 0.040 | 0.040 | 235 | 375~460 | 26 | 0°C≥27 | Z |
|  | D | ≤0.17 | 0.30 | 0.35~0.80 | 0.035 | 0.035 | 235 | 375~460 | 26 | -20°C≥27 | TZ* |
| Q255 | A | 0.18~0.28 | 0.30 | 0.40~0.70 | 0.045 | 0.050 | 255 | 410~510 | 24 | — | Z |
|  | B | 0.18~0.28 | 0.30 | 0.40~0.70 | 0.045 | 0.045 | 255 | 410~510 | 24 | 20°C≥27 | — |
| Q275 | — | 0.28~0.38 | 0.35 | 0.50~0.80 | 0.045 | 0.050 | 275 | 490~610 | 20 | 20°C≥27 | Z |

* TZ:特殊镇静钢。

表 5-2 常用低合金高强度钢的成分、牌号、力学性能和主要用途

| 牌号 | C(%) | Si(%) | Mn(%) | 其他(%) | $\sigma_s$(MPa) | $\sigma_b$(MPa) | $\delta$(%) | 主要用途 |
|---|---|---|---|---|---|---|---|---|
| 09Mn2 | ≤0.12 | 0.20~0.55 | 1.40~1.80 | — | >205 | 440~550 | 22 | 油罐、车辆、桥梁等 |
| 14MnNb | 0.12~0.18 | 0.20~0.55 | 0.81~1.20 | Nb:0.015~0.05 | >355 | 490~640 | 21 | 油罐、钢炉、桥梁等 |
| 16Mn | 0.12~0.20 | 0.20~0.55 | 0.81~1.20 | — | >345 | 510~660 | 22 | 压力容器、船舶 |
| 16MnRE | 0.12~0.20 | 0.20~0.55 | 0.81~1.20 | RE:0.02~0.20 | >345 | 510~660 | 22 | 桥梁、车辆、建筑等 |
| 15MnTi | 0.12~0.18 | 0.20~0.55 | 0.81~1.20 | Ti:0.12~0.20 | >390 | 530~680 | 20 | 船舶、容器、电站设备 |
| 15MnV | 0.12~0.18 | 0.20~0.55 | 0.81~1.20 | V:0.04~0.12 | >375 | 510~660 | 18 | 船舶、车辆、桥梁等 |
| 14MnV | 0.12~0.18 | 0.20~0.55 | 0.81~1.20 | V:0.09~0.16 | >440 | 550~700 | 19 | 压力容器、船舶、桥梁 |

# 第四节　机械制造用钢

## 一、优质碳素结构钢

优质碳素结构钢比碳素结构钢的 S、P 杂质含量少,化学成分控制更严格,力学性能也较好,主要用于制造机械零件,通常经热处理之后使用。常用优质碳素结构钢的化学成分、力学性能见表 5-3。08F 钢强度低塑性好,通常轧制成钢板和钢带供应,用于冷冲压。10、20 钢塑性和焊接性能好,多用于焊接和冷冲压件,也用于制造小型渗碳齿轮。35、40、45、50 钢可用作低淬透性的调质钢,其中 35、40 可用作轴承紧固螺栓、承压板等。45 钢应用最为广泛,通常用于制造小型齿轮、连杆、轴类等,经调质处理后可获得良好的综合力学性能。45、50 钢还被用作机车、车辆车轴和辗钢车轮。60、65 钢强度高,常用于制造各类弹性元件,热处理后使用。

## 二、渗碳钢

常用的渗碳钢有两种:低碳钢和合金渗碳钢。

### (一)对渗碳钢性能的要求及其化学成分

### 1. 性能要求

渗碳钢用于要求心部具有较高的屈服强度 $\sigma_s$ 和冲击韧性 $a_k$,渗碳后表层硬度大于 HRC60 的零件。渗碳钢要求渗速快,渗碳层和心部之间碳的过渡要平缓。

### 2. 化学成分

渗碳钢的含碳量很低,一般在 0.1%~0.25% 之间,这是为了保证渗碳零件心部具有足够的韧性。由于低碳钢的淬透性较差,渗碳淬火后表层虽然可获得高碳马氏体,但心部组织并未发生大的变化,强度也并未得到改善,对于心部性能要求高的零件,低碳钢不能满足要求。合金渗碳钢在低碳钢的基础上加入合金元素,大大提高了淬透性,优化了性能。合金渗碳钢的主加元素为 Mn,Cr,Ni,B,主要是为了提高淬透性,辅加元素为 Ti,V,Mo,目的是细化晶粒,以免零件在长时间的高温渗碳中发生晶粒长大。强碳化物形成元素如 V,Mo 等不宜多加,它会阻碍碳原子向工件内部扩散,使渗层变薄、过渡层变陡。渗碳钢合金元素含量不可太多,通常小于 7.5%,以防不利于碳原子的扩散。

### (二)渗碳钢的热处理

渗碳钢只有在渗碳、淬火之后才能使其表面具有高硬度和良好的耐磨性。渗碳后工件表层的含碳量一般在 0.85%~1.05% 之间,经淬火加低温回火后,硬度可达 HRC60~62。渗碳钢通常采用的热处理工艺为直接淬火法,即(930±10)℃渗碳,预冷至略高于 $Ar_3$(通常为 850~880 ℃)后直接淬火,这是为了防止心部析出游离铁素体、并减小淬火变形,同时也为了使渗层析出部分二次渗碳体减少淬火后的残余奥氏体量,保证表层具有高硬度和高耐磨性。渗碳淬火后再进行 150~230 ℃/1~2 h 的低温回火。也可采用一次淬火法,即将零件渗碳后空冷,再重新加热进行淬火。对于心部要求较高强度和高韧性的零件,淬火加热温度应稍高于 $Ac_3$ ,淬火后表面渗层组织为高碳马氏体加残余奥氏体,心部淬透时为低碳马氏体。对于表面要求高耐磨性的零件,淬火加热温度在 $Ac_1 \sim Ac_3$ 之间,淬火后表层组织为马氏体加颗粒状碳化物和少量的残余奥氏体,心部淬透时为低碳马氏体加游离铁素体,一次淬火后也要进行低温回火。渗碳钢经渗碳、淬火后,其心部的组织、性能与钢的淬透性和工件的大小有关,工件全部淬透时,心部组织为低碳马氏体,硬度可达 HRC40～48,但多数情况下工件不能全部淬透,这时心部组织为屈氏体加少量马氏体和铁素体,硬度在 HRC25～40 之间。渗碳钢也可进行碳、氮共渗处理,以获得更高的表面硬度和抗疲劳性。

(三)常用的渗碳钢

常用渗碳钢的牌号、成分、热处理工艺、力学性能及主要用途见表 5-4。

应用实例:用 20CrMnTi 渗碳钢制造汽车变速齿轮。

技术条件:渗层深度 1.2～1.6 mm;渗层碳浓度 0.8%～1.05%;齿面硬度 HRC55～60;心部硬度 HRC30～45。齿轮的生产加工路线为:

锻造→正火→机械加工→表面渗碳→预冷后直接淬火＋低温回火→喷丸→精加工。

热处理工艺如图 5-8 所示。

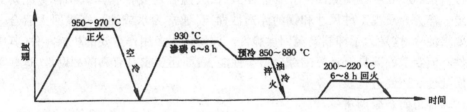

图 5-8　20CrMnTi 汽车变速齿轮表面渗碳和直接淬火加低温回火工艺

正火的目的是为了改善切削加工性能,正火后的组织为珠光体(P)＋铁素体(F)。渗碳后先预冷至 850～880 ℃(略高于钢的 $Ar_3$ ),防止心部析出铁素体,保温后油淬。预冷的目的是为了让渗碳层析出少量渗碳体,减少渗层淬火组织中的残余奥氏体量、降低脆性、增加耐磨性并减小淬火变形。齿轮渗碳后其表面至心部的碳浓度分布见图 5-9。淬火、回火后齿轮表面组织为回火马氏体＋渗碳体＋残余奥氏体,心部为铁素体＋珠光体＋低碳回火马氏体。喷丸的目的是洁净表面,提高疲劳强度。

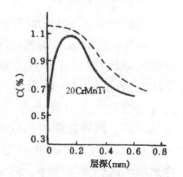

图 5-9　20CrMnTi 钢渗碳、直接淬火后
其表面至心部的碳浓度分布

三、调质钢

调质钢是指经调质热处理后使用的钢。调质钢大多

为中碳钢,这是为了保证调质后的回火索氏体组织($S'$)具有良好的综合力学性能。调质钢也分为两类:碳素钢和合金调质钢。由于碳素钢的淬透性差,只适合小尺寸低载荷的零件。心部性能要求高的大尺寸、高载荷的零件就要采用合金调质钢。

(一)对调质钢性能要求及其化学成分

1. 性能要求

调质钢调质后应具有良好的综合力学性能。因此,调质钢对淬透性的要求很高,对于整个截面承受均匀拉压应力的零件,心部性能要求很高,心部组织马氏体含量要达到90%以上。对于承受弯曲和扭转的零件,心部受力较小,心部组织马氏体含量也要达到80%。调质钢要进行高温回火,还要避免高温回火脆性。

2. 化学成分

调质钢的碳含量通常在 $0.3\% \sim 0.5\%$ 之间。合金调质钢的主加元素为 Si,Mn,Cr,Ni,主要是为了提高其淬透性;辅加元素为 W,Mo,目的是提高回火抗力和抑制高温回火脆性。我国的资源富 Si,Mn,缺 Ni,Cr,因而发展出了以 Si,Mn 代替 Ni,Cr 牌号的调质钢。

(二)调质钢的热处理

调质钢热处理的一般工艺为:碳钢加热至 $Ac_3 + (30 \sim 50\ ℃)$、合金钢850 ℃左右淬火,再进行 $500 \sim 650\ ℃$ 高温回火。具体淬火、回火温度还要依据其碳和合金元素的含量而定。淬火介质视工件尺寸和钢的淬透性而定,通常为水或油。高温回火后合金钢一定要求油冷,这是为了抑制高温回火脆性。调质钢大多用作重要的机械零件,其中有些零件不但要求心部具有良好的综合力学性能,表面还要求具有高的耐磨性,这些零件在调质处理后还要进行表面淬火。

(三)常用的合金调质钢

常用合金调质钢的牌号、成分、热处理、力学性能及主要用途见表 5-5。

应用实例:用 42CrMo 制造"东风"型内燃机车从动牵引齿轮。

生产加工路线为:

锻造→退火→机械加工→调质处理→表面淬火 + 低温回火(最终热处理)→精加工。

调质处理的目的是使齿轮的心部获得回火索氏体($S'$),具有良好的综合力学性能,表面淬火 + 低温回火的目的是使齿轮的表面获得高硬度、高耐磨性回火马氏体。调质处理的热处理工艺如图5-10 所示,为了减小淬火应力采用油冷,淬火后的组织为马氏体。高温回火也采用油冷,目的是抑制合金钢的高温回火

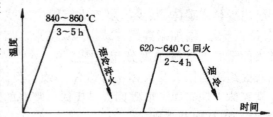

图 5-10　东风型内燃机车从动牵引齿轮
42CrMo 的调质处理工艺

表 5-3　优质碳素结构钢的化学成分、力学性能

| 牌号 | C(%) | Si(%) | Mn(%) | $\sigma_s$(MPa)≥ | $\sigma_b$(MPa)≥ | $\delta_5$(%)≥ | $a_k$(J/cm²)≥ | 热轧(HBS)≤ | 退火(HBS)≤ | 用途 |
|---|---|---|---|---|---|---|---|---|---|---|
| 08F | 0.05~0.11 | — | 0.25~0.50 | 175 | 295 | 35 | — | 131 | — | |
| 10 | 0.07~0.14 | 0.17~0.37 | 0.35~0.65 | 205 | 335 | 31 | — | 137 | — | |
| 20 | 0.17~0.24 | 0.17~0.37 | 0.35~0.65 | 245 | 410 | 25 | — | 156 | — | |
| 35 | 0.32~0.40 | 0.17~0.37 | 0.50~0.80 | 315 | 530 | 20 | 55 | 197 | — | |
| 40 | 0.37~0.45 | 0.17~0.37 | 0.50~0.80 | 335 | 570 | 19 | 47 | 217 | 187 | |
| 45 | 0.42~0.50 | 0.17~0.37 | 0.50~0.80 | 355 | 600 | 16 | 39 | 229 | 197 | |
| 50 | 0.47~0.55 | 0.17~0.37 | 0.50~0.80 | 375 | 630 | 14 | 31 | 241 | 207 | |
| 60 | 0.57~0.65 | 0.17~0.37 | 0.50~0.80 | 400 | 675 | 12 | — | 255 | 229 | |
| 65 | 0.62~0.70 | 0.17~0.37 | 0.50~0.80 | 420 | 695 | 10 | — | 255 | 229 | |

表 5-4　常用渗碳钢的牌号、成分、热处理工艺、力学性能及主要用途

| 牌号 | C(%) | Si(%) | Mn(%) | Cr(%) | 其他 | 尺寸(mm) | 渗碳(℃) | 淬火(℃) | 回火(℃) | $\sigma_s$(MPa) | $\sigma_b$(MPa) | $\delta$(%) | $a_k$(J/cm²) | 用途 |
|---|---|---|---|---|---|---|---|---|---|---|---|---|---|---|
| 15 | 0.12~0.19 | 0.17~0.37 | 0.35~0.65 | — | — | 25 | 930 | 890空冷 | 200 | 294 | 490 | 15 | — | 活塞销等 |
| 20Cr | 0.17~0.24 | 0.17~0.37 | 0.50~0.80 | 0.70~1.00 | — | 15 | 930 | 800水油 | 200 | 540 | 835 | 10 | 60 | 小齿轮、小轴、活塞销等 |
| 20Mn2 | 0.17~0.24 | 0.17~0.37 | 1.40~1.80 | — | — | 15 | 930 | 780油淬 | 200 | 590 | 785 | 10 | 60 | 小齿轮、小轴、活塞销等 |
| 20MnV | 0.17~0.24 | 0.17~0.37 | 1.30~1.60 | — | V:0.07~0.12 | 15 | 930 | 780油淬 | 200 | 590 | 785 | 10 | 70 | 小齿轮、小轴、活塞销等 |
| 20CrV | 0.17~0.24 | 0.17~0.37 | 0.50~0.80 | 1.35~1.65 | V:0.10~0.20 | 15 | 930 | 800水油 | 200 | 590 | 835 | 10 | 70 | 齿轮、小轴、活塞销等 |
| 20CrMn | 0.17~0.24 | 0.17~0.37 | 0.90~1.20 | 0.90~1.20 | — | 15 | 930 | 850油淬 | 200 | 735 | 930 | 10 | 60 | 齿轮、轴、蜗杆、活塞销 |
| 20CrMnTi | 0.17~0.24 | 0.17~0.37 | 0.80~1.10 | 1.00~1.30 | Ti:0.06~0.12 | 15 | 930 | 870油淬 | 200 | 835 | 1 080 | 10 | 70 | 汽车、拖拉机变速箱齿轮 |
| 20Mn2TiB | 0.17~0.24 | 0.17~0.37 | 1.30~1.60 | — | Ti:0.06~0.12 B:0.001~0.004 | 15 | 930 | 870油淬 | 200 | 930 | 1 100 | 10 | 70 | 代替20CrMnTi使用 |
| 20CrMnM | 0.17~0.24 | 0.17~0.37 | 0.90~1.20 | 1.10~1.40 | Mo:0.20~0.30 | 15 | 930 | 850油淬 | 200 | 980 | 1 175 | 10 | 70 | 拖拉机主动齿轮、活塞销 |

续上表

| 牌号 | C(%) | Si(%) | Mn(%) | Cr(%) | 其他(%) | 尺寸(mm) | 渗碳(℃) | 淬火(℃) | 回火(℃) | σs(MPa) | σb(MPa) | δ(%) | αk(J/cm²) | 用途 |
|---|---|---|---|---|---|---|---|---|---|---|---|---|---|---|
| 20SiMnV | 0.17~0.24 | 0.50~0.80 | 1.30~1.60 | — | V:0.07~0.12 B:0.001~0.004 | 15 | 930 | 800 油淬 | 200 | 980 | 1 175 | 10 | 70 | 代替20CrMnTi使用 |
| 18Cr2Ni4WA | 0.13~0.19 | 0.17~0.37 | 0.30~0.60 | 1.35~1.65 | Ni:4.00~4.50 W:0.80~1.20 | 15 | 930 | 850 空冷 | 200 | 1 080 | 1 175 | 10 | 100 | 大型渗碳齿轮和轴 |
| 20Cr2Ni4A | 0.17~0.24 | 0.17~0.37 | 0.30~0.60 | 1.25~1.75 | Ni:3.25~3.75 | 15 | 930 | 780 油淬 | 200 | 835 | 1 175 | 10 | 80 | 大型渗碳齿轮和轴 |

### 表5-5　常用的合金调质钢的牌号、成分、热处理工艺、力学性能及主要用途

| 牌号 | C(%) | Si(%) | Mn(%) | Cr(%) | 其他(%) | 尺寸(mm) | 淬火(℃) | 回火(℃) | σs(MPa) | σb(MPa) | δ(%) | αk(J/cm²) | 硬度(HBS) | 用途 |
|---|---|---|---|---|---|---|---|---|---|---|---|---|---|---|
| 45 | 0.42~0.50 | 0.17~0.37 | 0.45~0.70 | ≤0.2 | — | <100 | 830 水淬 | 600 空冷 | 350 | 650 | 17 | 45 | 235 | 齿轮、轴、轮箍、轧辊、柱塞等 |
| 40MnB | 0.37~0.45 | 0.17~0.37 | 1.10~1.40 | — | B:0.001~0.004 | 25 | 850 油淬 | 500 水油 | 785 | 980 | 10 | 60 | 207 | 半轴、花键轴、转向节等 |
| 40MnVB | 0.37~0.45 | 0.17~0.37 | 1.10~1.40 | — | V:0.05~0.10 B:0.001~0.004 | 25 | 850 油淬 | 520 水油 | 785 | 980 | 10 | 60 | 207 | 代40Cr做半轴、花键轴、转向节、机床主轴 |
| 40Cr | 0.37~0.45 | 0.17~0.37 | 0.5~0.80 | 0.80~1.00 | — | 25 | 850 油淬 | 520 水油 | 785 | 980 | 9 | 70 | 207 | 齿轮、轴、连杆、螺栓等 |
| 40CrV | 0.37~0.45 | 0.17~0.37 | 0.50~0.80 | 0.80~1.00 | V:0.10~0.20 | 25 | 880 油淬 | 650 水油 | 750 | 900 | 10 | 90 | — | 齿轮轴低于400℃工作的高温螺栓等 |
| 30CrMnSi | 0.27~0.34 | 0.90~1.20 | 0.80~1.10 | 0.80~1.00 | — | 25 | 880 油淬 | 520 水油 | 885 | 1 080 | 10 | 50 | 229 | 鼓风机叶片、飞机零件等 |
| 42CrMo | 0.38~0.45 | 0.17~0.37 | 0.90~1.20 | 0.90~1.20 | Mo:0.15~0.25 | 25 | 850 油淬 | 560 水油 | 930 | 1 080 | 12 | 80 | 217 | 高强度连杆、齿轮、摇臂 |
| 40CrMnMo | 0.37~0.45 | 0.17~0.37 | 0.90~1.20 | 0.90~1.20 | Mo:0.15~0.25 | 25 | 850 油淬 | 600 水油 | 785 | 980 | 10 | 80 | 217 | 高强度齿轮、主轴等 |
| 40CrNi | 0.37~0.45 | 0.17~0.37 | 0.50~0.80 | 0.60~0.90 | Mo:0.20~0.30 | 25 | 820 油淬 | 500 水油 | 800 | 1 000 | 10 | 80 | — | 高强度齿轮、连杆等 |
| 40CrNiMoA | 0.37~0.45 | 0.50~0.80 | 0.50~0.80 | 0.60~0.90 | Ni:1.25~1.65 Mo:0.15~0.25 | 25 | 850 油淬 | 600 水油 | 835 | 980 | 12 | 100 | 269 | 高强度耐磨齿轮、汽轮机转子和轴等 |
| 38CrMoAl | 0.35~0.42 | 0.20~0.45 | 0.30~0.60 | 1.25~1.75 | Mo:0.15~0.25 Al:0.70~1.10 | 30 | 940 油淬 | 640 水油 | 835 | 980 | 14 | 90 | 229 | 高精度磨杆、齿轮、主轴、摇臂 |

脆性,回火后的组织为回火索氏体。

### 四、弹 簧 钢

弹簧钢主要用来制做各种弹簧,它们在工作中以弹性变形的形式储存能量来缓和震动和冲击,承受的是交变载荷。

(一)对弹簧钢的性能要求及其化学成分

1. 性能要求

弹簧钢要具有高的疲劳强度 $\sigma_{-1}$、屈服强度 $\sigma_s$、弹性极限 $\sigma_e$ 及足够的塑性和韧性。避免在大的交变载荷作用下产生永久塑性变形,提高弹簧钢的淬透性和屈服强度 $\sigma_s$,是合金钢成分设计的主要目的。

2. 化学成分

常用的弹簧钢也分碳素弹簧钢和合金弹簧钢两种。碳素弹簧钢主要是碳含量在 0.6%～0.9%的优质碳素钢,由于其淬透性差,只适合于直径或厚度小于10 mm的弹簧,大尺寸的弹簧也要采用合金弹簧钢。合金弹簧钢的碳含量一般在 0.5%～0.75%,主加合金元素为 Si 和 Mn,目的是固溶强化铁素体,提高屈服强度 $\sigma_s$ 和淬透性,附加元素 Cr,V,Mo,是为了提高回火抗力和细化晶粒。

(二)弹簧钢的热处理

由于弹簧钢对疲劳强度 $\sigma_{-1}$ 的要求很高,热处理时最忌表面脱碳,它会大大降低疲劳强度。因此,弹簧钢的热处理加热温度不可过高,保温时间也要严格控制。热成形弹簧钢一般加热到950℃以上卷簧或轧制成形,为减少加热次数、防止脱碳,通常成形后直接淬火。冷成形弹簧钢分为以冷变形和退火两种状态供货的弹簧钢丝或钢带。冷变形的弹簧钢丝或钢带,经冷卷簧或轧制成型后只需进行去应力退火,以保持其形变强化效果。如"铅浴"冷拔钢丝,冷卷簧后只进行去应力退火,不需再进行其他的热处理。退火弹簧钢冷卷簧或轧制成形后,需要加热淬火。两种淬火的弹簧钢都需要在 420～500℃进行中温回火,具体的回火温度要依其对屈服强度($\sigma_s$)和冲击韧性($a_k$)指标的要求而定,处理后的组织为回火屈氏体,该组织有很高的屈服强度和弹性极限。钢中的夹杂物、弹簧的表面加工质量对其疲劳强度和使用寿命有重要影响。在很多情况下弹簧钢热处理后还要进行表面喷丸处理,用以提高疲劳强度。

(三)常用的弹簧钢

常用弹簧钢的牌号、成分、热处理工艺、力学性能及主要用途见表 5-6。

### 五、滚动轴承钢

在柴油机、汽车、拖拉机、机床以及其他一些高速旋转的机械中,滚动轴承是它们实现

表 5-6　常用弹簧钢的牌号、成分、热处理工艺、力学性能及主要用途

| 牌号 | C(%) | Si(%) | Mn(%) | 其他(%) | 淬火(℃) | 回火(℃) | $\sigma_s$(MPa) | $\sigma_b$(MPa) | $\delta$(%) | 用途 |
|---|---|---|---|---|---|---|---|---|---|---|
| 65 | 0.62~0.90 | 0.17~0.37 | 0.50~0.80 | — | 840 | 480 | 800 | 1 000 | 9 | 截面<15 mm小弹簧 |
| 75 | 0.72~0.80 | 0.17~0.37 | 0.50~0.80 | — | 820 | 480 | 900 | 1 100 | 7 | 同上 |
| 65Mn | 0.62~0.70 | 0.17~0.37 | 0.90~1.20 | — | 840 | 480 | 850 | 1 050 | 8 | 截面<20 mm的弹簧 |
| 60Si2Mn | 0.56~0.64 | 1.50~2.00 | 0.60~0.90 | — | 870 | 460 | 1 200 | 1 300 | 5 | 各类板簧、螺旋簧、铁路弹簧条、弹性垫圈 |
| 60Si2CrVA | 0.56~0.64 | 1.40~1.80 | — | V:0.10~0.20 Cr:0.90~1.20 | 850 | 400 | 1 700 | 1 900 | 5 | 大型板簧、螺旋簧 |
| 50CrVA | 0.46~0.54 | 0.17~0.37 | 0.50~0.80 | V:0.10~0.20 Cr:0.80~1.10 | 850 | 520 | 1 100 | 1 300 | 10 | 截面<30 mm的弹簧、<350℃工作的弹簧 |
| 55Si2MnWA | 0.61~0.69 | 1.50~2.00 | 0.70~1.00 | W:0.80~1.20 | 850 | 420 | 1 700 | 1 900 | 5 | 高强度大截面弹簧 |
| 55SiMnMoVNb | 0.52~0.60 | 0.40~0.70 | 1.00~1.30 | V:0.08~0.15 Mo:0.30~0.40 Nb:0.01~0.03 | 800~900 | 520~560 | 1 300 | 1 400 | 7 | 重载、越野车弹簧 |

表 5-7　常用滚动轴承钢的牌号、成分、热处理及用途

| 牌号 | C(%) | Si(%) | Mn(%) | Cr(%) | V(%) | 其他 | 淬火(℃) | 回火(℃) | 硬度(HRC) | 用途 |
|---|---|---|---|---|---|---|---|---|---|---|
| GCr9 | 1.00~1.10 | 0.15~0.35 | 0.20~0.40 | 0.90~1.20 | — | — | 810~830 | 150~170 | 62~66 | 直径<20 mm的滚珠 |
| GCr15 | 0.95~1.05 | 0.15~0.35 | 0.20~0.40 | 1.30~1.65 | — | — | 825~835 | 150~170 | 62~66 | 壁厚<20 mm套环、直径<50 mm滚珠 |
| GCr15SiMn | 0.95~1.05 | 0.40~0.65 | 0.90~1.20 | 1.30~1.65 | — | — | 820~840 | 150~170 | ≥62 | 厚>30 mm套环、直径<100 mm滚珠 |
| GSiMnV | 0.95~1.05 | 0.55~0.80 | 1.30~1.80 | — | 0.20~0.30 | — | 780~810 | 150~170 | ≥62 | 代替GCr15 |
| GSiMnVRE | 0.95~1.05 | 0.55~0.80 | 1.10~1.30 | — | 0.20~0.30 | RE: 0.10~0.15 | 780~810 | 150~170 | ≥62 | 代替GCr15和GCr15SiMn |
| GSiMnMoV | 0.95~1.05 | 0.40~0.65 | 0.75~1.05 | — | 0.20~0.30 | Mo: 0.20~0.40 | 770~810 | 165~175 | ≥62 | 代替GCr15SiMn |

旋转的关键部件。滚动轴承钢是用于制造滚动轴承中的滚动体和内套的材料,由于它们工作时接触面积小(只是点或线的接触),瞬时应力大,工作中除滚动以外还伴有相对滑动,易产生磨损和接触疲劳,使滚动体和内套发生表面剥落、产生许多小麻坑而失效。

(一)对滚动轴承钢的性能要求及其化学成分

1. 性能要求

滚动轴承钢要具有较高的淬透性,保证滚动体和内套(淬火后)整体具有均匀的高硬度(HRC61~65)和高耐磨性,同时还要有高的屈服强度和弹性极限,以免在瞬时过载时产生塑性变形,还要有高的抗接触疲劳强度、足够的韧性和良好的尺寸稳定性。

2. 化学成分

滚动轴承钢的碳含量很高(0.95%~1.15%),这是为了保证其能够生成一定数量的碳化物。加入 Cr 是为了提高淬透性、抗腐蚀和生成$(Fe,Cr)_3C$保证高耐磨性。但 Cr 不可过多加入,通常小于1.15%,因为它会增加淬火组织中的残余奥氏体量,降低接触疲劳强度。大型轴承要求更高的淬透性时可加入 Si,Mn,Mo,V 等元素。此外,滚动轴承钢的纯净度很高,通常 S≤0.02%,P≤0.027%,这也是为了保证它的疲劳强度。

(二)滚动轴承钢的热处理

滚动轴承钢的预备热处理为球化退火,目的是消除锻造内应力及组织缺陷,降低硬度,为最终热处理做好组织上的准备。淬火和低温回火是滚动轴承钢获得最终所要求的组织和性能的热处理工艺。滚动轴承钢对淬火温度要求很严格,淬火加热温度过高,组织中的残余奥氏体量增多,晶粒粗大,疲劳强度和冲击韧性下降;加热温度太低,又会使 Cr 溶入奥氏体的量不足,影响淬透性,导致硬度不足。GCr15 钢淬火温度对力学性能的影响见图 5-11。最终热处理工艺为 830~850℃淬火和 150~160℃/2~3 h的低温回火,最终组织为回火马氏体、细小均匀的颗粒碳化物加极少量残余奥氏体,硬度为HRC61~65。精密轴承在淬火后还要进行冷处理,使马氏体转变更加充分,减少残余

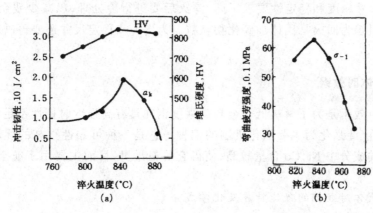

图 5-11　淬火温度对 GCr15 钢力学性能的影响

奥氏体,增加组织的稳定性和保证高硬度、高耐磨性。滚动轴承钢淬火后需及时回火,以防开裂。有时淬火加低温回火后还要进行 120 ~ 130 ℃/10 ~ 20 h 的人工时效,以进一步稳定尺寸。

(三)常用的滚动轴承钢

常用滚动轴承钢的牌号、成分、热处理及用途见表5-7。

应用举例:用 GCr15SiMn 制造内燃机车柴油机高压油泵柱塞,要求硬度在 HRC61 ~ 65,耐磨性好,使用过程中尺寸稳定,柱塞与柱塞套间隙0.2 μm。柱塞的生产加工路线为:

锻造→正火→球化退火→机械加工→淬火 + 冷处理 + 低温回火 + 两次时效处理→精加工。

预备热处理的正火是为了打碎由于锻造后缓冷析出的网状 $(Fe,Cr)_3C$,保证球化退火能收到理想的效果,正火后的组织为珠光体加块状的碳化物。球化退火是为了降低硬度、改善机械加工性能,并为最终的淬火做好组织上的准备。球化退火后的组织为球状珠光体加颗粒状的碳化物,硬度为 HBS179 ~ 207。其最终热处理工艺如图 5-12 所示。

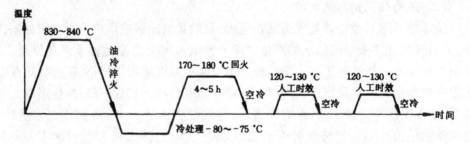

图 5-12　GCr15SiMn 内燃机车柴油机高压油泵柱塞的最终热处理工艺

柱塞淬火后组织为隐晶马氏体、分布均匀的细小颗粒状碳化物和少量残余奥氏体。由于柱塞对尺寸精度和稳定性要求很高,淬火后要进行冷处理,以减少残余奥氏体量,低温回火后组织为回火马氏体加碳化物颗粒。为进一步稳定尺寸还要再进行两次时效处理。

## 六、马氏体时效钢

马氏体时效钢是为了解决低合金超高强度钢在具有高强度时韧性不足的矛盾而开发、研制的以沉淀强化为主要强化机制的钢种。它是一种可靠性很高的优质材料。马氏体时效钢的成分中 Ni,Co 含量较高,使得它价格昂贵,目前主要用于航空、航天及模具制造业。

(一)马氏体时效钢的性能特点及化学成分

1. 性能特点

马氏体时效钢不但具有很高的强度,同时具有良好的塑性、韧性和高的断裂韧性。

马氏体时效钢还具有良好的冷变形性、切削加工性和良好的焊接性能。

## 2.化学成分

马氏体时效钢是以 Fe、Ni 为基础的高合金钢,Ni 含量一般在 18%～25%之间,碳不超过 0.03%,并加入能产生时效硬化效果的合金元素 Mo,Ti,Nb,Al,Co。当 Ni 的含量大于 6%时,高温奥氏体空冷至室温将转变成马氏体,该马氏体被重新加热至500℃仍保持稳定,并能析出 Ni,Mo,Ti,Nb 的 $AB_3$ 型金属间化合物 $\eta$-$Ni_3Mo$,$\eta$-$Ni_3Ti$,$\gamma$-$Ni_3$(Al,Ti)和 $Ni_3Nb$ 产生时效强化效果。加入 Co 是为了促进 Mo 沉淀相的生成,增强时效强化的效果。马氏体时效钢在加热和冷却中的相变滞后,是马氏体时效钢的组织基础。

## (二)马氏体时效钢的热处理

马氏体时效钢是利用金属间化合物在含碳极低的马氏体中弥散析出实现其强化的。它的热处理首先是在 810～870℃加热、空冷淬火,淬火的目的是让合金元素固溶在马氏体中,然后,再进行 420～480℃/1～4 h 的人工时效,析出金属间化合物,以达到最后的强度等级,最终组织为低碳板条马氏体加细小、弥散的金属间化合物。

## (三)常用的马氏体时效钢

常用的马氏体时效钢有 18%Ni,20%Ni,25%Ni 三种,其成分、力学性能见表 5-8。

表 5-8　常用马氏体时效钢的种类、成分和力学性能

| 类　　别 | | Ni (%) | Mo (%) | Ti (%) | Al (%) | 其他 (%) | 热处理 | $\sigma_s$ (MPa) | $\sigma_b$ (MPa) | $\delta$ (%) |
|---|---|---|---|---|---|---|---|---|---|---|
| 18% Ni | 140 级 | 17～ 19 | 3.0～ 3.5 | 0.15～ 0.25 | 0.05～ 0.15 | Co:8.0～ 9.0 | 815℃固溶 处理1 h +480℃ 时效处理 +3 h空冷 | 135～ 145 | 140～ 150 | 15 |
| | 170 级 | 17～ 19 | 4.6～ 5.2 | 0.30～ 0.50 | 0.05～ 0.15 | Co:7.0～ 8.5 | | 170～ 190 | 175～ 195 | 11 |
| | 210 级 | 18～ 19 | 4.6～ 5.2 | 0.55～ 0.80 | 0.05～ 0.15 | Co:8.0～ 9.5 | | 205～ 210 | 210～ 215 | 12 |
| 20%Ni | | 18～ 20 | — | 1.30～ 1.60 | 0.05～ 0.35 | Nb:0.30～ 0.50 | 同上 | 175 | 190 | 11 |
| 25%Ni | | 25～ 26 | — | 1.30～ 1.60 | 0.05～ 0.35 | Nb:0.30～ 0.50 | * | 180 | 200 | 12 |

＊850℃固溶处理1 h+705℃时效4 h+冷处理+480℃时效1 h。

# 七、双 相 钢

般说来提高钢的强度总是以牺牲塑性为代价的,低碳马氏体-铁素体双相钢是为了解决钢的"强"和"韧"这对矛盾进行的实践和探索,目前低碳马氏体-铁素体双相钢仍处于发展阶段。

## (一)双相钢的性能特点及化学成分

## 1.性能特点

双相钢是针对汽车工业减轻车体重量的需求而开发的钢种,用于制造汽车的冷变形成形件,例如车门、挡泥板、轮圈等,也用于高强度钢丝和螺栓。因此,要求双相钢兼具高的抗拉强度和优异的冷变形成形性能,即低的屈服强度和高的形变加工硬化率以保证变形后零件的强度,还要具有良好焊接性。

2. 化学成分

双相钢碳很低,一般在 $0.05\% \sim 0.11\%$ 之间,用以保证双相中马氏体的比例和其中的溶碳量,从而保证双相钢的强度。由于铁素体中的碳含量近乎于零,因此双相钢中的碳量愈多,马氏体的比例和其中的碳含量也就愈高。双相钢的合金化元素主要用于改善铁素体的强度和提高马氏体的淬透性,因此,首选 Mn 和 Si 为主加元素,辅加元素为 Mo,目的是提高马氏体的淬透性,V,Ti,Nb 用于细化晶粒,P 作为合金化元素被加入到双相钢中,用于改善其耐大气腐蚀性和提高冷脆转变温度。

(二)双相钢的热处理

双相钢的热处理通常是加热到 $(\alpha-\gamma)$ 两相区保温后淬火,在200 ℃以下低温回火。最终组织为 $70\% \sim 80\%$ 的细晶铁素体基体加 $20\% \sim 30\%$ 岛状的位错马氏体。双相钢中马氏体和铁素体的相对量及马氏体中碳的固溶量可通过改变淬火加热温度和时间来控制。

(三)常用的双相钢

目前常用的双相钢有 Si-Mn 系、Mn-Si-Mo 系、Mn-Si-V 系和 Mn-Si-P 系四种类型,其含碳量 $<0.1\%$,主加合金元素为 Mn,Si,Mo,其中 Si 含量 $<1.50\%$、Mn 含量 $1.0\% \sim 1.5\%$、Mo 含量 $0.25\% \sim 0.6\%$,辅加元素为 Cr,V,Al,P 和稀土元素。

## 八、贝氏体钢

贝氏体钢是利用合金化原理,通过加入 $0.25\% \sim 1.0\%$ 的 Mo,使钢等温转变"C"曲线中的珠光体型转变区域上移、贝氏体型转变下移,将钢的等温转变"C"曲线分解成分离的珠光体和贝氏体型转变上、下两个"C"曲线,并推迟珠光体类型转变,使该部分"C"曲线右移,而对贝氏体型转变影响较小。再加入 $0.002\% \sim 0.005\%$ 的 B,它也明显推迟珠光体类型转变,而对贝氏体型转变基本不发生作用,使"C"曲线成为图 5-5 所示的"海湾状",这样就可以通过空冷的方法即使是大截面的零件也可获得均匀的贝氏体组织,而不必通过等温淬火,因此称其为贝氏体钢。低碳 1/2Mo-B 型钢是贝氏体钢的原型。目前使用的贝氏体钢主要分两类,即低碳贝氏体钢和高碳贝氏体钢,低碳贝氏体钢的力学性能以高的强、韧性配合为特征;高碳贝氏体钢以高强度、高耐磨性为特征。

(一)贝氏体钢性能特点及化学成分

1. 性能特点

低碳贝氏体钢要求具有高的的屈服强度和抗拉强度,良好的韧性,良好的冷变形成形性和良好焊接性。高碳贝氏体钢应具有高强度和高耐磨性。对于两类贝氏体钢最重要的是能在空冷的条件下获得贝氏体组织。

2. 化学成分

低碳贝氏体钢的碳很低,一般不超过 0.2%,高碳贝氏体钢的碳含量可达 1%。主加合金元素为 Mo,Cr 和 Mn,目的是改变钢的等温转变"C"曲线,将珠光体和贝氏体型转变分离,并推迟珠光体型转变,提高淬透性、降低 $B_s$ 点。加入微量的 B 是用于推迟珠光体型转变,以形成"海湾状""C"曲线。辅加元素为 V, Ti, Nb,用于细化晶粒。

(二)贝氏体钢的热处理

贝氏体钢的热处理通常是加热到900 ℃以上奥氏体相区热轧或保温后空冷,获得贝氏体,再根据性能要求进行 500～670 ℃的回火,最终组织为回火贝氏体。

(三)常用的贝氏体钢

目前,低碳贝氏体钢在我国主要用于石化工业和锅炉制造等行业。常用的低碳贝氏体钢有 14MnMoV, 14MnMoVBRE, 14CrMnMoVB 等牌号,其中 14MnMoV, 14MnMoVBRE 两个牌号通常在热轧空冷状态下使用,其 $\sigma_s$ 不低于 500 MPa。14MnMoVBRE钢在900 ℃加热奥氏体化保温后空冷,并在 600～650 ℃回火,其 $\sigma_s$ 不低于650 MPa。

# 第五节　工　具　钢

工具钢是专门用于制造各种刃具、模具、量具和手工工具的钢种,它以高硬度、高耐磨性为性能特征。工具钢均为优质钢,它包括碳素工具钢和合金工具钢两类。

## 一、碳素工具钢

碳素工具钢的含碳量很高,通常在 0.65%～1.35% 之间,硫、磷杂质的含量分别不得超过 0.03% 和 0.035%,高级优质碳素工具钢的硫、磷杂质含量分别不得超过 0.02% 和 0.03%。碳素工具钢经淬火、低温回火后具有较高的硬度和耐磨性,但它的淬透性和热硬性差。热硬性又称红硬性,是指工具钢在较高温度下保持高硬度、高耐磨性的能力。因此,碳素工具钢通常只用于制作手工工具和小型、低速、小走刀量的机用工具。碳素工具钢属高碳钢,预备热处理为球化退火,最终热处理为 $Ac_1$ 以上 30～50 ℃淬火和 200～250 ℃低温回火,最终组织为回火马氏体加颗粒状渗碳体。碳素工具钢的牌号、化学成分及用途见表 5-9。

**表 5-9　碳素工具钢的牌号、成分及用途**

| 牌　号 | C(%) | Mn(%) | Si(%)≤ | 淬火后硬度<br>(HRC) | 主　要　用　途 |
|---|---|---|---|---|---|
| T7 | 0.65~0.74 | ≤0.40 | 0.35 | ≥62 | 较高韧性的工具:冲头、锻模、锤子、凿子 |
| T8 | 0.75~0.84 | ≤0.40 | 0.35 | ≥62 | 同上、及车辆轮座各种配件 |
| T8Mn | 0.80~0.90 | 0.40~0.60 | 0.35 | ≥62 | 同上 |
| T9 | 0.85~0.94 | ≤0.40 | 0.35 | ≥62 | 中等、高硬度的工具:钻头、丝锥、车刀 |
| T10 | 0.95~1.04 | ≤0.40 | 0.35 | ≥62 | 同上 |
| T11 | 1.05~1.14 | ≤0.40 | 0.35 | ≥62 | 同上 |
| T12 | 1.15~1.24 | ≤0.40 | 0.35 | ≥62 | 高硬度、耐磨性、低韧性的工具:量具、锉刀 |
| T13 | 1.25~1.35 | ≤0.40 | 0.35 | ≥62 | 同上 |

## 二、合金工具钢

合金工具钢是针对碳素工具钢在淬透性和热硬性方面的不足而产生和发展起来的,主要用于制造大型或高速度切削的刃具、模具、量具等。合金工具钢的用途和性能要求使得它在成分设计、热处理工艺及组织结构上都与结构钢截然不同。常用合金工具钢的牌号、成分、热处理及用途见表 5-10。

合金工具钢的化学成分:合金工具钢是用于切削或加工金属的钢种,其主要性能是具有高硬度、高热硬性、良好的抗磨性和足够的淬透性。它的含碳量通常在 0.6%~1.5%之间,所加入的合金元素也多为强碳化物形成元素 W,Mo,Cr,V,Ti,Nb 等,用以形成碳化物,使其具备应有的高硬度、高耐磨性。辅加元素为 Si,Mn 等,目的是提高淬透性和减少淬火变形。

合金工具钢的热处理:由于合金工具钢中的主加元素均为强碳化物形成元素,组织中 W,Mo,Cr,V,Ti,Nb 的碳化物较多,所以,淬火前要先锻造和球化退火,将碳化物打碎并将颗粒细化,为最终的淬火工艺做好组织上的准备。为了使合金元素的特殊碳化物溶入奥氏体,合金工具钢的淬火加热温度比相同含碳量的碳素工具钢高得多。淬火加热时组织为奥氏体加碳化物颗粒,这是为了保证淬火后的马氏体组织具有一定的韧性,并减小淬火变形、开裂的倾向。组织中的碳化物颗粒一方面可以阻止加热时奥氏体晶粒长大,也使淬火后的组织具有高的耐磨性。

### (一)刃具钢

刃具钢是用于制造各种诸如车刀、铣刀、钻头等切削工具的钢种。刀具切削工件时,承受被加工零件施与的压力和一定的震动和冲击,刃部与切屑摩擦产生的摩擦热会导致刀刃温度升高,当切削速度高、切削量大时,刀刃的温度可高达 500~600 ℃。因此,要求刃具钢具有高硬度、高耐磨性和高温下保持高硬度和良好切削能力的性能特

表5-10　常用合金工具钢的牌号、成分、热处理及用途

| 类别 | 牌号 | C (%) | Mn (%) | Si (%) | Cr (%) | W (%) | Mo (%) | 其他 (%) | 淬火 (℃) | 硬度 (HRC) | 回火 (℃) | 硬度 (HRC) | 用途 |
|---|---|---|---|---|---|---|---|---|---|---|---|---|---|
| 低合金刃具钢 | 9SiCr | 0.85~0.95 | 0.30~0.60 | 1.20~1.60 | 0.90~1.20 | — | — | — | 820~860 油 | ≥62 | 190~200 | 60~63 | 丝锥、板牙、钻头、铰刀、搓丝板、冷冲模 |
| | 9Mn2V | 0.85~0.95 | 1.7~2.0 | ≤0.40 | — | — | — | V:0.10~0.25 | 780~820 油 | ≥62 | 150~200 | 58~63 | 丝锥、板牙、小型冷冲模具等 |
| | CrMn | 1.30~1.50 | 0.45~0.75 | ≤0.40 | 1.30~1.60 | — | — | — | 840~860 油 | ≥62 | 130~140 | 58~63 | 长丝锥、量具、拉刀等 |
| | CrWMn | 0.90~1.05 | 0.80~1.10 | 0.15~0.35 | 0.90~1.20 | 1.20~1.60 | — | — | 820~840 油 | ≥62 | 140~160 | 62~65 | 板牙、长铰刀、拉刀丝锥、量具冷冲模等 |
| 高速钢 | W18Cr4V | 0.70~0.80 | ≤0.40 | ≤0.40 | 3.80~4.40 | 17.5~19.0 | — | V:1.00~1.40 | 1 260~1 280 油 | — | 550~570 三次 | 63~66 | 车刀、铣刀、大型拉刀、钻头等刀具 |
| | W6Mo5Cr4V2 | 0.80~0.90 | ≤0.40 | ≤0.40 | 3.80~4.40 | 5.50~6.75 | 4.50~5.50 | V:1.75~2.20 | 1 210~1 230 油 | — | 550~570 三次 | 63~66 | 高耐磨性和一定韧性的高速切削的刀具 |
| 模具钢 | Cr12 | 2.00~2.30 | ≤0.40 | ≤0.40 | 11.50~13.00 | — | — | — | 950~1 000 油 | ≥62 | 180~220 | 60~62 | 拉丝模、滚丝模、冷冲模等 |
| | Cr12MoV | 1.45~1.75 | ≤0.40 | ≤0.40 | 11.00~12.50 | — | 0.40~0.60 | V:0.10~0.25 | 1 020~1 040 油 | ≥62 | 160~180 | 61~62 | 拉丝模、滚丝模、冷冲模、冷镦模、冷挤压模 |
| | 5CrNiMo | 0.50~0.60 | 0.50~0.80 | ≤0.40 | 0.50~0.80 | — | 0.15~0.30 | Ni:0.10~0.25 | 840~860 油 | ≥47 | 490~660 油 | 37~47 | 热压模、大型热锻模 |
| | 5CrMnMo | 0.50~0.60 | 1.20~1.60 | 0.25~0.60 | 0.60~0.90 | — | 0.15~0.30 | — | 830~850 油 | ≥50 | 490~640 油冷 | 37~47 | 中型热锻模 |
| | 5CrSiMnMoV | 0.45~0.55 | 0.50~0.70 | 1.50~1.80 | 0.20~0.40 | — | 0.30~0.50 | V:0.20~0.35 | 830~850 油 | ≥47 | 490~580 油 | 37~47 | 代替5CrNiMo制造形状复杂、高冲击热锻模 |
| | 3Cr2W8 | 0.30~0.40 | ≤0.40 | ≤0.40 | 2.20~2.70 | 7.50~9.00 | — | — | 1 050~1 150 油 | — | 600~620 | 50~54 | 冲击量较小、温度较高的热挤压模和压铸模 |

征,同时还要具有足够的韧性。在化学成分上,刃具钢高的碳含量是其高硬度、高耐磨性的保证,以形成高硬度的马氏体和足够的碳化物。大量的 W,Mo 等强碳化物形成元素是其具有良好热硬性的保证,它们的特殊碳化物硬度高、稳定性好,使刃具钢具有良好的热硬性。

1. 低合金刃具钢

低合金刃具钢是在碳素工具钢的基础上为改进其淬透性差、淬火易变形、开裂和热硬性的不足等缺陷加入少量合金元素(一般不高于 5%)发展而来的,并因此被称作低合金刃具钢。主要用于制造尺寸精度要求较高而形状、截面较复杂对热硬性要求不太高的刀具,如铰刀、丝锥、板牙、轻型模具等。

(1)成分特点

低合金刃具钢的碳含量在 0.9% ~ 1.5% 之间,加入 Cr,Si,Mn,目的是提高淬透性和回火抗力,并减小淬火变形。少量的 W,Mo,V 是为了提高热硬性和耐磨性。

(2)热处理:低合金刃具钢的热处理工艺与碳素工具钢基本相同,预备热处理为球化退火,最终热处理为淬火加低温回火。由于加入了合金元素,低合金刃具钢的淬透性较好,淬火大多采用油淬或分级淬火,很好地减小了内应力和淬火变形。淬火、回火后的组织为回火马氏体加碳化物颗粒,硬度可达 HRC60 以上。常用低合金刃具钢的牌号、化学成分、热处理及用途见表 5-10。

在低合金刃具钢中,9SiCr 和 CrWMn 两个牌号应用最为广泛,多用于制造形状复杂、尺寸变化较大的工具,如丝锥、板牙和量具等。下面是 9SiCr 低合金刃具钢制造板牙的生产加工路线及热处理工艺:

锻造→球化退火(预备热处理)→机械加工→淬火 + 低温回火(最终热处理)→精加工

其中球化退火和最终热处理工艺分别见图 5-13、图 5-14。

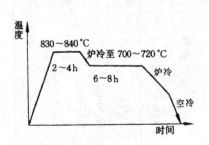

图 5-13　9SiCr 板牙的球化退火工艺

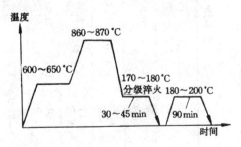

图 5-14　9SiCr 板牙的淬火 + 低温回火工艺

球化退火是为了降低硬度、便于机械加工,并为最终的淬火做好组织上的准备,退火后的组织为球状珠光体加球状碳化物颗粒,硬度为 HBS197 ~ 241。淬火加热温度为 860 ~ 870℃,加热时先在 600 ~ 650℃预热,目的是减少在高温停留的时间,防止脱碳和晶粒长大,采用分级淬火是为了减小淬火应力和变形。淬火加低温回火后组织为回火马氏体,硬度高、耐磨性好。

2．高速钢

高速钢是高碳高合金钢,它具有很高的淬透性、硬度、耐磨性和热硬性。高速钢的热硬性尤为突出,在温度高达600 ℃时,其硬度仍在 HRC60 以上,是高速切削刀具的首选材料,因此称高速钢。

(1)成分特点

高速钢的碳含量高达 0.7%～1.4%,并含有大量碳化物形成元素 W,Mo,Cr,V。碳的作用一方面是保证合金元素能充分地与碳化合,生成足够的碳化物;另一方面是保证在淬火加热时奥氏体中含有大约0.5%的C,淬火后的马氏体有足够高的硬度和良好的耐磨性。铬是高速钢的主加元素,目的是提高淬透性。在淬火时 Cr 几乎全部溶入奥氏体,并在回火时析出 Cr 的碳化物,改善耐磨性。但含 Cr 太多会增加组织中的残余奥氏体量,因此,铬含量不宜超过 4%。钨和钼亦为高速钢的主加元素,它的作用是使高速钢具有良好的热硬性。当回火温度在 500～600 ℃时,高速钢会析出大量弥散的硬度高、稳定性好的W,Mo 的特殊碳化物,产生二次硬化效果,因此,高速钢在560 ℃高温回火后的硬度仍高达 HRC62～64。W,Mo 也具有很好的提高回火稳定性、抑制高温回火脆性的作用。V 的作用也是提高热硬性,回火时析出细小、弥散的 VC,产生二次硬化,它较 W,Mo 的碳化物更稳定、硬度也更高(＞HRC83)。但 V 含量过高会降低韧性,一般不超过 3%。高速钢中淬火加热时溶入奥氏体的 W,Mo,V 也都可增加钢的淬透性。

(2)热处理

高速钢的热处理工艺比较复杂,它要经过锻造、球化退火后再进行淬火和560 ℃的三次回火。W18Cr4V 高速钢的热处理工艺见图 5-15。

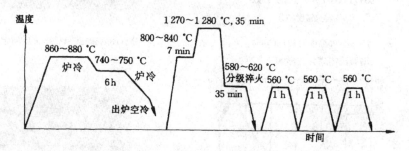

图 5-15　W18Cr4V 钢的热处理工艺

高速钢的锻造与退火:高速钢的铸态组织是莱氏体,它是由大量粗大鱼骨状的合金碳化物和马氏体与屈氏体基体组成,如图 5-16 所示。这样的碳化物会降低力学性能,且不能通过热处理的方法消除。锻造的目的是为了打碎这些粗大的鱼骨状碳化物,使其呈颗粒状均匀地分布,为球化退火做好组织上的准备。退火是为了消除锻造内应力,降低硬度(HBS207～255),以便于切削加工,同时也使碳化物颗粒进一步细化,为最终

　　的淬火做好组织上的准备。高速钢退火后的组织为索氏体加碳化物小颗粒。

　　高速钢的淬火与回火:高速钢的淬火温度比其他合金工具钢高很多,这是为了让难溶的合金化合物能充分溶入奥氏体,使淬火后的马氏体中含有足够的碳和合金元素,以保证其具有高硬度和高热硬性。图 5-17 是淬火温度对 W18Cr4V 钢奥氏体成分的影响。可见,只有淬火加热温度高于 1 200 ℃,主加元素 W 才能够较多地溶入奥氏体。由于高合金钢的导热性较差,高速钢淬火加热时要在 820 ℃ 左右预热,加热后的组织为奥氏体和细小的颗粒状碳化物。高速钢淬火可采用分级

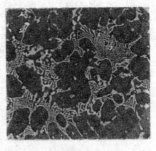

图 5-16　W18Cr4V 的铸态组织

淬火或油淬,淬火后的组织为马氏体、细小碳化物颗粒和 20% ~30% 残余奥氏体。图 5-18 为 W18Cr4V 钢淬火后的组织。为了消除较多的残余奥氏体和析出大量细小弥散的 $W_2C$,MoC 和 VC 产生二次硬化效果,淬火后的高速钢需在 560 ℃ 进行三次回火,最终组织为回火马氏体和大量细小弥散的碳化物颗粒。图 5-19 和 5-20 分别为 W18Cr4V 的回火温度与硬度的关系和淬火、回火后的组织。

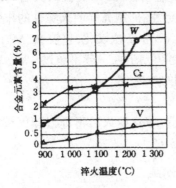

图 5-17　淬火温度对 W18Cr4V
钢奥氏体成分的影响

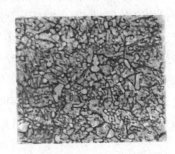

图 5-18　W18Cr4V 淬火后的组织

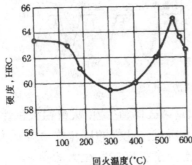

图 5-19　W18Cr4V 的回火温度
与硬度的关系

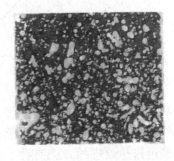

图 5-20　W18Cr4V 淬火、回火
后的组织

(二)模具钢

模具钢是专门用于制造模具的钢种,它分冷作模具钢和热作模具钢两类。

1.冷作模具钢

冷作模具钢是用于制造冷作模具如冷冲模、冷镦模、冷挤压模、拉丝模和滚丝模等的钢种。由于冷作模具工作时承受的摩擦和挤压应力大,尤其是刃口部位,冷镦模还要承受到很大的冲击力。因此,要求冷作模具钢具有高强度、高硬度、足够的韧性和良好的耐磨性。小型、轻载模具可用碳素工具钢和低合金刃具钢 T9,T10,9SiCr 和 CrWMn等制造,大型、重载模具则必须用淬透性好、耐磨性高、淬火变形小的 Cr12 型冷作模具钢制造,常用的有 Cr12 和 Cr12MoV 两个牌号。

(1)Cr12 型冷作模具钢的成分特点

Cr12 型冷作模具钢的含碳量高达 1.45%～1.7%,铬的含量也高达 12%,此外还含 0.4%～0.6% 的 Mo 和 0.15%～0.3% 的 V。如此高的 C 和 Cr 的含量是为了保证 C和 Cr 能充分化合,生成大量 $Cr_7C_3$ 或 $(Fe,Cr)_7C_3$,增加钢的硬度和耐磨性,Cr 也大大提高了淬透性。辅加元素 Mo 和 V 可提高淬透性、改善碳化物偏析、细化晶粒,提高钢的强度和韧性。

(2)热处理

Cr12 型冷作模具钢的热处理为锻造缓冷后球化退火,退火工艺与高速钢相似,退火后的硬度不高于 HBS255。在 950～1 000 ℃ 加热油淬,再进行 150～250 ℃ 低温回火,工艺曲线见图 5-21。由于 Cr12型钢为高碳高合金钢,导热性能较差,加热时为缩短在高温下的停留时间,可在 800 ℃ 左右预热,最终组织为回火马氏体和大量 Cr 的碳化物颗粒,硬度为HRC61～64。为提高冷作模具的耐磨性和疲劳强度,还可对其进行表面氮化和软氮化。

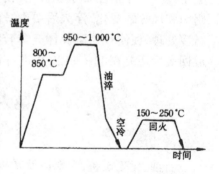

图 5-21　Cr12 型冷作模具钢的淬火、
回火工艺

2.热作模具钢

热作模具钢用于制造如热锻模、热挤压模等热作模具。热作模具工作时通过挤、冲、压等迫使热金属迅速变形,模腔承受着较大的冲击和挤压,并与炽热的金属接触被加热至 400 ℃ 以上,工作后被冷却,如此循环会产生热疲劳,导致模腔龟裂。因此,要求热作模具钢应具有高强度、高韧性、足够的硬度和良好的耐磨性,以及具有良好的淬透性、抗热疲劳性和抗氧化性。最常用的热作模具钢有 5CrNiMo,5CrMnMo。

(1)成分特点

热作模具钢含碳量≤0.5%,是为了使其具有足够高的屈服强度和硬度,但含碳量太高会降低模具的热疲劳强度。合金元素 Cr,Ni,Mn,Si 淬火时溶入奥氏体,可用来提高淬透性并强化基体、改善韧性,Ni,Cr 还有抗氧化的作用。Cr,Mo,W,V 用来提高耐磨性和抗热疲劳性,Mo 和 W 还可抑制高温回火脆性。

(2)热处理

为消除热作模具钢锻造内应力、降低硬度和改善切削加工性能,5CrNiMo 与 5CrMnMo 锻造后要加热至 780~800 ℃退火。最终的淬火加热温度为 830~860 ℃,空气中预冷至 750~780 ℃油淬,再依模具的尺寸、规格进行 470~660 ℃(高于模具工作时被加热的温度)高温回火,大型热锻模的回火温度较高,通常为 560~600 ℃,硬度 HRC30~47,最终组织为回火屈氏体,有良好的强韧性。图 5-22 为 5CrMnMo 热锻模的最终热处理工艺曲线。

(三)量具钢

量具钢用于制造测量工具如量规、千分尺、块规等。量具工作部分要求具有高硬度和高耐磨性、足够的韧性,并要求具有良好的尺寸稳定性以保持量具的尺寸精度,淬火变形要小。目前,没有专门的量具用钢,通常用碳素工具钢、低合金刃具钢和滚动轴承钢代替。量具钢的热处理与滚动轴承钢相似。由于量具对尺寸精度要求很高,为防止在使用时发生组织和尺寸的变化,淬火后要在 −80~−75 ℃下进行冷处理,促使残余奥氏体充分转变,经150 ℃的低

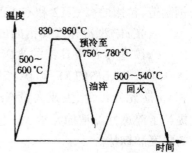

图 5-22　5CrMnMo 热作模具的淬火、回火工艺

温回火后还要在 110~120 ℃进行 1~2 次的人工时效,进一步稳定尺寸。

# 第六节　特殊性能钢

## 一、耐蚀钢

石油、化工设备、海船以及常年暴露在大气中经受风吹雨打的钢结构,它们的损坏与腐蚀有直接的关系。腐蚀分作化学腐蚀和电化学腐蚀。化学腐蚀是指气体或非电解质溶液的腐蚀,如钢的氧化等。电化学腐蚀一般发生在与电解质溶液接触的常温下,通常伴有电流产生。

(一)不锈钢

不锈钢的防腐性能主要针对电化学腐蚀。电化学腐蚀的原理是腐蚀液与钢的组成相或杂质等形成原电池,从而腐蚀钢的金属基体。金属的电极电位通常较低,而非金属的电极电位较高,当有电解质溶液作用时,电位低的金属阳极不断失去电子被腐蚀,而电极电位高的非金属阴极却受到保护。图 5-23 是珠光体的电化学腐蚀原理示意图。在电解质腐蚀液作

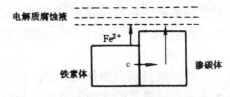

图 5-23　珠光体的电化学腐蚀原理

用下,珠光体中的铁素体电极电位较低,成为原电池的金属阳极,不断失去电子,渗碳体的电极电位较高作为原电池的阴极,失去价电子的 $Fe^{2+}$ 不断溶解于电解质溶液,从而产生腐蚀。原电池腐蚀在钢的损坏中很常见,像钢中的夹杂物、局部应力、晶界、不同组成相、成分偏析等都会引起原电池腐蚀。

基于以上钢的电化学腐蚀原理,不锈钢的防腐途径主要有以下三种:①使钢成为单相组织如奥氏体,防止形成原电池;②提高合金中金属基体的电极电位,使之接近或高于非金属相,防止金属基体成为原电池阳极而腐蚀受损;③使金属表面形成致密的氧化膜,将腐蚀性介质与新鲜金属分离。

不锈钢常用的提高耐蚀性方法是向钢中加入 Cr,Ni,Al 等合金元素。当钢中 Ni 的含量达到 9% 时,就可在常温下获得单相奥氏体组织,它可稳定存在、不分解,防止形成原电池。钢中 Cr 的加入量高于 12% 时,可使铁的电极电位由 "-0.56 V" 一跃升至"+0.2 V",钝化了钢的基体,提高了耐蚀性。Cr 和 Al 氧化可生成致密的 $Cr_2O_3$, $Al_2O_3$ 氧化膜,将腐蚀液与金属分离,防止继续氧化。不锈钢的碳含量很低,这主要是为了减少碳化物的析出,防止形成原电池,保证耐蚀性。常用的不锈钢有三种:马氏体不锈钢、铁素体不锈钢、奥氏体不锈钢。常用不锈钢的牌号、化学成分、热处理及力学性能见表5-11。

### 1. 马氏体不锈钢

马氏体不锈钢属 Cr13 型不锈钢,因空冷正火后为马氏体,故称之为马氏体不锈钢。马氏体不锈钢含碳 0.10% ~0.45%、含铬 11.5% ~14.0%。只有含碳量很低才能使单质 Cr 充分溶于钢的基体,提高 Fe 基体的电极电位,同时使钢在回火时尽可能少析出碳化物,最大限度地以单相 α 固溶体的形式存在,减缓基体的腐蚀速度。铬还能在原电池的阳极区域表面形成一层富 Cr 的致密氧化物保护膜,阻碍阳极区域反应,钝化其表面,保证钢的抗腐蚀性能。碳量增高会增加碳化物析出,降低 Fe 基体中 Cr 的含量和电极电位,降低钢的耐蚀性。值得注意的是,由于加入了大量的 Cr,相图的共析点已左移至0.3%C 处。1Cr13 和 2Cr13 为亚共析钢,特点是耐蚀性好,但强度、硬度较低,其热处理工艺为 840~900 ℃退火、950~1 000 ℃加热油淬、750 ℃回火,最终组织为回火索氏体,适用于韧性要求较高的耐蚀零件。3Cr13 和 4Cr13 属过共析钢,特点是耐蚀性较差、强硬性较好,热处理工艺是淬火加250 ℃的回火,最终组织为回火马氏体,适用于要求耐蚀的工具,如手术刀、量具等。马氏体不锈钢在大气、海水、蒸汽等氧化性介质中具有良好的耐蚀性,但不耐酸、碱腐蚀。

### 2. 铁素体不锈钢

铁素体不锈钢也属 Cr 不锈钢,含碳小于 0.12%、含铬 16% ~18%。由于铬是缩小γ 区元素,17%Cr 使得相图中的奥氏体相区消失,加热时没有奥氏体相变过程,组织为单相铁素体,故称铁素体不锈钢。铁素体不锈钢的耐蚀性好、塑性好、强度低,不能热处理强化,只能通过冷塑性变形强化,多用于化工容器和管道等。

表 5-11　常用不锈钢的牌号、成分、热处理及力学性能

| 种类 | 牌号 | C(%) | Si(%) | Mn(%) | Cr(%) | Ni(%) | 其他(%) | 退火(℃) | 固溶处理 | 淬火(℃) | 回火(℃) | $\sigma_b$(MPa) | $\delta_s$(%) | 硬度(HBS) | 用途 |
|---|---|---|---|---|---|---|---|---|---|---|---|---|---|---|---|
| 奥氏体型 | 1Cr18Ni9Ti | ≤0.12 | ≤1.00 | ≤2.00 | 17.00~19.00 | 8.0~11.0 | Ti:5(C%−0.02)~0.80 | — | 1 000~1 100 | — | — | ≥539 | ≥40 | ≤187 | 耐酸容器、管道和医疗设备 |
| | 1Cr18Ni9 | ≤0.15 | ≤1.00 | ≤2.00 | 17.00~19.00 | 8.0~10.0 | — | — | 1 010~1 050 | — | — | ≥520 | ≥40 | ≤187 | 耐酸、碱溶液设备 |
| | 0Cr19Ni9N | ≤0.08 | ≤1.00 | ≤2.00 | 18.00~20.00 | 7.0~10.0 | N:0.10~0.20 | — | 1 010~1 050 | — | — | ≥649 | ≥35 | ≤217 | 化工设备及零件 |
| | 0Cr18Ni11Nb | ≤0.08 | ≤1.00 | ≤2.00 | 17.00~19.00 | 9.0~13.0 | Nb:10(C%−0.02)~1.0 | — | 980~1 150 | — | — | ≥520 | ≥40 | ≤187 | 焊芯及耐酸容器等 |
| 铁素体型 | 1Cr17 | ≤0.12 | ≤0.75 | ≤1.00 | 16.00~18.00 | — | — | 780~850 | — | — | — | ≥400 | ≥20 | — | 硝酸设备,如吸水塔、热交换器、管道 |
| | 1Cr17Mo | ≤0.12 | ≤1.00 | ≤1.00 | 16.00~18.00 | — | Mo:0.75~1.25 | 同上 | — | — | — | — | — | — | 同上 |
| 马氏体型 | 1Cr13 | ≤0.15 | ≤1.00 | ≤1.00 | 11.50~13.50 | ≤0.60 | — | 800~900 | — | 950~1 000 油 | 700~750 快冷 | ≥600 | ≥20 | 187 | 受弱酸和冲击件,如汽轮机叶片、螺栓 |
| | 2Cr13 | 0.16~0.25 | ≤1.00 | ≤1.00 | 12.00~14.00 | ≤0.60 | — | 同上 | — | 920~980 油 | 600~750 快冷 | ≥660 | ≥16 | — | 同上 |
| | 3Cr13 | 0.26~0.40 | ≤1.00 | ≤1.00 | 12.00~14.00 | ≤0.60 | — | 同上 | — | 920~980 油 | 200~300 | — | — | HRC 48 | 耐蚀耐磨工具,医疗器具,量具轴承 |
| | 3Cr13Mo | 0.28~0.35 | ≤0.80 | ≤1.00 | 12.00~14.00 | — | Mo:0.50~1.00 | 同上 | — | 1 025~1 075 油 | 200~300 | — | — | HRC 48 | 同上 |
| | 4Cr13 | 0.35~0.45 | ≤1.00 | ≤1.00 | 12.00~14.00 | ≤0.60 | — | 同上 | — | 920~980 油 | 200~300 | — | — | HRC 50 | 同上 |

### 3．奥氏体不锈钢

奥氏体不锈钢为镍、铬不锈钢，它的碳含量不超过 0.15%，为保证耐蚀性，含 Cr 量高达 17%～19%，9%Ni 用来扩大奥氏体区，使 Cr18Ni9 型不锈钢在室温下获得单相奥氏体。它不能热处理强化，只能通过冷塑性变形强化。奥氏体不锈钢的强度低、耐蚀性好。但在一些情况下，由于 $(Cr,Fe)_{23}C_6$ 型化合物沿奥氏体不锈钢晶界析出，会发生晶间腐蚀（碳低于 0.03% 则不发生晶间腐蚀）。目前，主要采用加入 Ti，Nb 等合金元素并进行稳定化处理来抑制该类铬碳化物的析出，防止晶间腐蚀。奥氏体不锈钢常用的热处理工艺有以下几种：

（1）固溶处理

将奥氏体不锈钢加热到 1 000 ℃ 以上保温，使碳化物全部溶入奥氏体后，在水中快速冷却，防止 $(Cr,Fe)_{23}C_6$ 重新沿晶界析出，获得单一奥氏体。

（2）稳定化处理

该工艺主要针对加入 Ti，Nb 的奥氏体不锈钢。为了稳定奥氏体不锈钢固溶处理后获得的单一奥氏体组织，使其在使用时不会沿晶界析出 $(Cr,Fe)_{23}C_6$ 型化合物，将含有 Ti，Nb 的奥氏体不锈钢加热至高于 $(Cr,Fe)_{23}C_6$ 的分解温度，低于 TiC 或 NbC 的分解温度。目的是让 $(Cr,Fe)_{23}C_6$ 完全溶入奥氏体，并缓慢冷却，使溶入的 C 能与 Ti，Nb 充分化合析出 TiC，NbC。经过稳定化处理的奥氏体不锈钢中的碳几乎全部被 Ti，Nb 化合，因而，不会再有 $(Cr,Fe)_{23}C_6$ 析出。

（3）去应力退火

由于经过冷塑性变形或焊接的奥氏体不锈钢件有残余内应力存在，这将导致工件的应力腐蚀。常用的消除冷塑性变形和焊接应力的方法是，分别将工件加热至 300～350 ℃ 和850 ℃ 以上保温后缓冷。

### （二）耐候钢

耐候钢就是耐大气腐蚀钢。主要用于铁道车辆、桥梁、船舶和建筑结构等。它是在低碳结构钢的基础上，主加少量的 Cu，P，Cr 等合金元素使其在钢基体表面上形成一层保护膜，提高钢的耐候性，辅加 Ni，Mn，V，Ti，Nb，Zr 等元素改善钢的力学性能，故耐候钢属低碳低合金钢，具有良好的焊接性能和塑性成形能力。耐候钢分为焊接结构用耐候钢和高耐候性结构钢两类。两者相比较，高耐候性结构钢的耐候性更好一些。焊接结构用耐候钢 16CuCr，12MnCuCr，15MnCuCr，15MnCuCr-QT 多为热轧型材，主要用于桥梁、建筑和其他有耐候性要求的结构件。铁道车辆常用的耐候钢多为高耐候性结构钢如 09CuPCrNi，09CuPTiRE，09CuPRE，它们的碳含量更低，有冷轧型材和热轧型材两种，主要用于车辆、建筑、塔桥等。常用耐候钢的牌号、成分和力学性能见表 5-12。

表 5-12　常用耐候钢的牌号、成分和力学性能

| 牌　号 | C (%) | Si (%) | Mn (%) | Cu (%) | Cr (%) | P (%) | Ni (%) | $\sigma_s$ (MPa) | $\delta_5$ (%) |
|---|---|---|---|---|---|---|---|---|---|
| 16CuCr | 0.12~0.20 | 0.15~0.35 | 0.35~0.65 | 0.20~0.40 | 0.20~0.60 | — | — | ≥235 | ≥24 |
| 12MnCuCr | 0.08~0.15 | 0.15~0.35 | 0.60~1.00 | 0.20~0.40 | 0.30~0.65 | — | — | ≥284 | ≥24 |
| 15MnCuCr | 0.10~0.19 | 0.15~0.35 | 0.90~1.30 | 0.20~0.40 | 0.30~0.65 | — | — | ≥333 | ≥22 |
| 15MnCuCr-QT | 0.10~0.19 | 0.15~0.35 | 0.90~1.30 | 0.20~0.40 | 0.30~0.65 | — | — | ≥431 | ≥22 |
| 09CuPCrNi | ≤0.12 | 0.25~0.75 | 0.20~0.50 | 0.25~0.55 | 0.30~1.25 | 0.07~0.15 | ≤0.65 | ≥343 | ≥22 |
| 09CuPTiRE | ≤0.12 | 0.10~0.40 | 0.20~0.50 | 0.25~0.45 | 0.30~0.65 | 0.07~0.15 | 0.25~0.50 | ≥294 | ≥24 |
| 09CuPRE | ≤0.12 | 0.20~0.40 | 0.20~0.50 | 0.25~0.45 | | 0.07~0.15 | | ≥294 | ≥24 |

注:各牌号的焊接结构用耐候钢 S,P 含量不大于 0.04%,QT 表示淬火加回火。高耐候性结构钢含 S 量不大于 0.04%。力学性能为热轧正火后测得。

## 二、耐 热 钢

### (一)钢的耐热性

金属的耐热性能通常包括高温下的抗氧化性和高温下的热强性两个方面。

#### 1. 抗氧化性

金属的抗氧化性是金属零件在高温下持久工作的重要条件。由于空气中存在 $O_2$,$CO_2$,$H_2O$,$SO_2$ 等氧化性气体,任何金属在高温下都会被氧化。提高钢的抗氧化性是指尽量减缓这一反应的速度和程度,具体方法是向钢中加入 Cr,Si,Al 等元素,它们氧化后会在钢的表面形成一层由 $Cr_2O_3$,$SiO_2$,$Al_2O_3$ 组成的致密氧化膜,将里面的新鲜金属保护起来,使其与氧化性介质分离,阻止金属继续氧化。

#### 2. 热强性

晶界在室温下会提高金属的塑性变形抗力,因而细化晶粒成为常温下工作金属的有效的强化手段。但是,在高温下晶界却会降低金属的塑性变形抗力,因为晶界处原子排列紊乱,晶体缺陷较多,有利于高温下原子扩散、产生塑性变形,因此,提高金属高温强度应使晶粒粗化,减少晶界总面积,但晶粒不可过分粗大,以防降低钢的韧性。可通过加入硼元素填充晶界空位,以达到强化晶界、增强蠕变抗力的目的。

提高钢的热强性除强化晶界外,更要注重晶内强化。晶内强化的主要方法是固溶强化和沉淀强化。固溶强化的主要目的是增加原子间的结合力。方法是向钢中加入熔

点高、自扩散系数小、再结晶温度高的金属 W，Mo，V，Ti，Nb，并使其固溶于基体，提高原子间结合力；加入 Ni，Mn，Co 获得原子排列较为紧密、原子间引力较大的面心奥氏体。沉淀强化是从过饱和的基体中沉淀出金属碳化物、氮化物和硼化物阻碍位错滑移，提高变形抗力。

常用耐热钢的牌号、成分、热处理、力学性能及用途见表 5-13。

(二)常用的耐热钢

1. 珠光体型耐热钢

这类钢所加入的合金元素总量不超过 5%，工艺性、导热性好，常见的有 15CrMo，12CrMoV。该类钢的热处理工艺为：$Ac_3$ 以上50℃正火，再加高于使用温度100℃的回火，这样做是为了避免使用中发生组织变化，最终组织为索氏体加铁素体。珠光体耐热钢具有足够的高温强度和抗氧化性，足够的组织稳定性和耐腐蚀性，使用温度在 350～500℃之间，主要用于锅炉管道、涡轮机叶片和高温紧固件等。

2. 马氏体型耐热钢

这类耐热钢是在马氏体不锈钢中加入 W，Mo 固溶强化基体，加入 V，Nb 形成稳定的碳化物，从而进一步提高了 Cr13 型钢的热强性。由于高温下主要强化手段是合金元素 Cr，W，Mo 的固溶强化，故碳的作用主要是形成 VC 和 NbC 等碳化物提高耐磨性。马氏体耐热钢除具有足够的高温性能外还具有高的耐腐蚀性和消振性，低的膨胀系数和良好的导热性，主要用于制造汽轮机叶片。马氏体耐热钢的热处理工艺为 1 000℃以上加热、保温，以保证 Cr，W，Mo 充分溶入奥氏体，油淬后再进行高温回火，最终组织为回火索氏体。马氏体耐热钢的使用温度为 580～650℃。

3. 奥氏体型耐热钢

当温度高于650℃时，珠光体与马氏体型耐热钢的高温强度较低，而面心立方晶格的奥氏体则具有良好的耐热性和更高的高温强度。因此，奥氏体不锈钢也用作耐热钢，并加入 W，Mo，V，Ti，Nb 进一步提高热强性。奥氏体耐热钢的耐热性最好，在高达 650～700℃的工作温度下仍具有良好的抗氧化性和热强性。除此之外，它还具有高的塑性、冲击韧性和良好的可焊性。由于奥氏体耐热钢的 Ni，Cr 含量多，价格较高，多用于重要零部件，如喷气发动机、舰艇和电力工业等。

# 第七节　铸　　钢

铸钢就是可以通过铸造成形工艺获得难以用其他加工方法得到的复杂形状毛坯，并且保持钢特有的各种性能的一类钢。用铸钢生产的机械零件毛坯称为铸钢件，铸钢件的力学性能和可靠性虽然一般不如锻钢件，但它在很多生产领域占有着锻钢不可替代的重要地位，现代炼钢技术的进步大大提高了铸钢件的性能，使其在重型机械、运输车辆、船舶、电站设备、冶金设备、石油化工等行业中得到广泛应用。

表 5-13　常用耐热钢的牌号、成分、热处理、力学性能及用途

| 种类 | 牌号 | C (%) | Si (%) | Mn (%) | Cr (%) | Ni (%) | 其他 (%) | 热处理 (℃) | $\sigma_b$ (MPa) | $\delta_5$ (%) | 硬度 (HBS) | 用途 |
|---|---|---|---|---|---|---|---|---|---|---|---|---|
| 珠光体型 | 15CrMo | 0.12~0.18 | 0.17~0.37 | 0.40~0.70 | 0.80~1.10 | — | Mo:0.4~0.55 | 正火:900~950 回火:630~700 | — | — | — | ≤550℃的过热器、≤510℃的高压蒸管道、锻件 |
| | 12CrMoV | 0.08~0.15 | 0.17~0.37 | 0.40~0.70 | 0.40~0.60 | — | V:0.15~0.30 Mo:0.25~0.35 | 正火:960~980 回火:700~760 | — | — | — | ≤570℃的过热器、≤500℃的高压导管等 |
| 马氏体型 | 1Cr13 | ≤0.15 | ≤1.00 | — | 11.50~13.50 | — | — | 淬火:950~1000 回火:700~750 | ≥539 | ≥25 | ≥159 | ≤480℃的工作汽轮机叶片 |
| | 4Cr9Si2 | 0.35~0.50 | — | ≤0.70 | 8.0~10.0 | ≤0.60 | — | 淬火:1020~1040 回火:700~780 | ≥883 | ≥19 | — | ≤700℃的发动机进、排气阀和≤900℃的加热炉构架 |
| | 4Cr10Si2Mo | 0.35~0.45 | — | ≤0.70 | 9.00~10.50 | ≤0.60 | Mo:0.70~0.90 | 淬火:1010~1040 回火:720~760 | ≥883 | ≥10 | — | ≤750℃工作的发动机排气阀 |
| 奥氏体型 | 1Cr18Ni9Ti | ≤0.12 | ≤1.00 | ≤2.00 | 17~19 | 8.0~11.0 | Ti:5(C%-0.02)~0.80 | 固溶处理:1000~1100 | ≥502 | ≥40 | 187 | ≤850℃的加热炉具、≤610℃的汽轮机过热管 |
| | 4Cr14Ni14W2Mo | 0.40~0.50 | ≤0.80 | ≤0.70 | 13.0~15.0 | 13.0~15.0 | Mo:0.25~0.40 W:2.00~2.75 | 固溶处理:820~850 | ≥706 | ≥20 | 248 | 500~600℃工作的蜗轮机叶片;进排气阀;增压器等 |
| 铁素体型 | 1Cr17 | ≤0.12 | ≤0.75 | ≤1.00 | 16.0~18.0 | — | — | 退火:780~850 | ≥541 | ≥22 | ≥183 | 高温小负荷零件,如热电偶罩、加热炉支架、吊钩 |
| | 0Cr13Al | ≤0.08 | ≤1.0 | ≤1.00 | 11.50~14.50 | — | Al:0.10~0.30 | 退火:780~830 | ≥412 | ≥20 | ≥183 | 同上 |

## 一、铸钢的分类与编号

铸钢按化学成分可分为碳钢和合金钢两大类,其中碳钢占铸钢总量的 80%。按国标 GB 5613-85,铸钢的牌号前要冠以"ZG"代表铸钢,后面的表示方法有两种,以力学性能为主要验收依据的铸造碳钢和高强度钢在"ZG"后加两组数字,分别表示最低屈服强度和最低抗拉强度,两组数字用"-"符号分开。例如:ZG200-400 表示该牌号铸钢的屈服强度不低于 200 MPa,抗拉强度不低于 400 MPa。以化学成分为主要验收依据的铸造碳钢和合金钢,在 ZG 后面加一组数字表示其平均含碳量的万分之几,合金化的铸钢再加上所含主要合金元素的元素符号,并在每个元素后面以整数标出其平均百分比含量。Mn 的平均含量小于 0.9% 时不予标出,在 0.9%～1.4% 时,只标符号不标含量。Mo 的平均含量小于 0.15% 时不予标出,在 0.15%～0.9% 时只标符号不标含量。其他合金元素含量在 0.5%～0.9% 时只标符号不标含量,含量为 0.9%～1.4% 时就在该元素后标 1,这与合金钢的低于 1.5% 时不予标出的表示方法有所不同。例如:ZG25 表示平均含碳量为 0.25% 的铸造碳钢;ZG15Cr1Mo1V 表示的低合金铸钢其平均含碳量为 0.15%,并含有 1%Cr、1%Mo 以及不超过 0.9%V。

## 二、结构铸钢

结构铸钢包括碳钢和低合金高强度铸钢,含碳量通常为 0.15%～0.6%,主要用于制造强度、塑性、韧性要求较高的铸件,如铁道车辆转向架的摇枕和侧架、万吨水压机的机座等。碳钢的应用广泛,目前仍为生产铸钢件的主要材料。合金化是改善铸钢力学性能的主要手段。低合金高强度铸钢是在碳素结构钢的基础上加入少量合金元素,用于改善铸钢件的铸态组织、提高铸造性能、提高淬透性和强韧性。低合金高强度铸钢分为 Mn 系和 Cr 系两大系列,并在此基础上发展出了 Si-Mn、Mn-Mo、Si-Mn-V 和 Cr-Ni、Cr-Mn、Cr-Mn-Si 等牌号的铸钢,配合适当的热处理工艺,可在保证铸钢具有良好综合力学性能的前提下,提高其抗拉强度和屈服强度 1 倍甚至更多。此外,低合金高强度铸钢还具有较高的韧性和淬透性,较好的耐大气腐蚀和耐磨性。

铸钢的微合金化是一项运用历史较短的低合金高强度技术。它通过在铸钢中加入总量不超过 0.1% 的微量 V,Ti,Nb,Zr,Bi,B 及稀土等合金化元素,运用细晶强化、沉淀强化等机制,明显改善其力学性能,提高其抗拉强度和屈服强度。

常用结构铸钢的牌号、成分、力学性能见表 5-14。

## 三、耐磨铸钢

高锰钢是典型的耐磨铸钢,它兼具高韧性和高耐磨性。高锰钢的使用组织为奥氏体,它是靠在高冲击载荷作用下,表面发生的由于冷变形诱发的马氏体相变而具有高抗磨性能的。高锰钢的化学成分中含 0.9%～1.3%C、10%～14%Mn,是高碳高合金铸

表 5-14　常用结构铸钢及耐磨铸钢的牌号、成分、力学性能

| 牌号 | C (%) | Si (%) | Mn (%) | Cr (%) | Mo (%) | 其他 (%) | 热处理 | $\sigma_s$ (MPa) ≥ | $\sigma_b$ (MPa) ≥ | $\delta_5$ (%) ≥ | $\alpha_K$ (J/cm²) ≥ | 用途 |
|---|---|---|---|---|---|---|---|---|---|---|---|---|
| ZG230-450 | 0.20~0.30 | 0.20~0.50 | 0.50~0.90 | — | — | — | — | 230 | 450 | 22 | 45 | 货车侧架、摇枕、心盘、货车钩及配件 |
| ZG25 | 0.22~0.32 | 0.20~0.45 | 0.50~0.80 | — | — | — | 退火或正火 | 240 | 450 | 20 | 45 | 机座、货车摇枕、侧架等 |
| ZG35 | 0.32~0.42 | 0.20~0.45 | 0.50~0.80 | — | — | — | 退火或正火 | 280 | 500 | 16 | 35 | 蒸汽锤、飞轮、机架、水压机工作缸 |
| ZG45 | 0.42~0.52 | 0.20~0.45 | 0.50~0.80 | — | — | — | 退火或正火 | 320 | 580 | 12 | 30 | 连轴器、汽缸、齿轮、齿轮缘 |
| ZG55 | 0.20~0.30 | 0.20~0.45 | 0.50~0.80 | — | — | — | 退火或正火 | 350 | 650 | 10 | 20 | 起重机齿轮、连轴、起重车轮 |
| ZG25Mn | 0.20~0.30 | 0.30~0.45 | 1.10~1.30 | — | — | — | 退火或正火 | 295~375 | 490~540 | 30~35 | 100~150 | 焊接构件、承压容器等 |
| ZG45Mn | 0.40~0.50 | 0.30~0.45 | 1.20~1.50 | — | — | — | 正火 | 333 | 657 | 11 | · | 耐磨件、齿轮等 |
| ZG65Mn | 0.60~0.70 | 0.20~0.37 | 0.90~1.20 | — | 0.15~0.30 | — | 正火、回火 | — | — | — | — | 耐磨件、矿山及起重机车轮等 |
| ZG20MnSi | 0.16~0.22 | 0.60~0.80 | 1.00~1.30 | — | 0.40~0.60 | — | 正火、回火 | 295 | 510 | 14 | 50 | 车辆摇枕、侧架、水轮机转轮 |
| ZG45SiMn | 0.40~0.50 | 1.10~1.40 | 1.10~1.40 | — | — | — | 正火、回火<br>淬火、回火 | 373<br>441 | 588<br>637 | 12<br>12 | 30<br>25 | 铸钢车轮、齿轮等 |
| ZG20MnMo | 0.17~0.27 | 0.17~0.37 | 0.90~1.20 | — | 0.40~0.60 | — | 正火、回火 | 265 | 471 | 19 | 50 | — |
| ZG35SiMnMo | 0.32~0.40 | 1.10~1.40 | 1.10~1.40 | — | 0.20~0.40 | — | 正火、回火<br>淬火、回火 | 390<br>490 | 635<br>685 | 12<br>12 | 30<br>40 | 代ZG40Cr、ZG35CrMo作主动轮和大齿轮 |
| ZG40Cr | 0.35~0.45 | 0.17~0.37 | 0.50~0.80 | 0.80~1.00 | — | — | 正火、回火<br>淬火、回火 | 345<br>471 | 628<br>686 | 18<br>15 | 26<br>20 | 要求高强度的零件、齿轮、齿轮缘 |
| ZG70Cr | 0.65~0.75 | 0.25~0.45 | 0.55~0.85 | 0.80~1.00 | — | — | 正火、回火 | — | — | — | — | 耐磨性好、加工性能好，部分代替ZGMn13 |
| ZG30CrMnSi | 0.28~0.38 | 0.50~0.75 | 0.90~1.20 | 0.50~0.80 | — | — | 正火、回火 | 345 | 685 | 14 | — | 受冲击件和耐磨件，如齿轮、滚轮等 |
| ZG50CrMnSi | 0.40~0.60 | 0.70~1.30 | 0.70~1.50 | 0.70~1.30 | 0.10~0.20 | — | 淬火、回火 | 140 | 170 | — | — | 各种耐磨件 |

续上表

| 牌　号 | C (%) | Si (%) | Mn (%) | Cr (%) | Mo (%) | 其他 (%) | 热处理 | $\sigma_s$ (MPa) ≥ | $\sigma_b$ (MPa) ≥ | $\delta_5$ (%) ≥ | $a_K$ (J/cm²) ≥ | 用　途 |
|---|---|---|---|---|---|---|---|---|---|---|---|---|
| ZG20CrMo | 0.15~ 0.25 | 0.17~ 0.37 | 0.50~ 0.80 | 0.40~ 0.70 | 0.50~ 0.70 | V:0.2~ 0.3 | 正火、回火 | 245 | 440 | 18 | 30 | 在400~500℃工作的零部件,如汽轮机汽缸、隔板等 |
| ZG20CrMoV | 0.18~ 0.25 | 0.17~ 0.37 | 0.40~ 0.70 | 0.90~ 1.20 | — | Nb:0.02~ 0.04 | 两次正火、回火 | 314 | 490 | 15 | 30 | 汽轮机汽缸、蒸汽室等 |
| ZG60CrMn Mo | 0.55~ 0.65 | 0.25~ 0.40 | 0.70~ 1.00 | 0.80~ 1.20 | 0.20~ 0.30 | — | 正火、回火 | 392 | 736 | 11 | 30 | 大负荷的耐磨零件,热锻横模等 |
| ZG06MnNb | ≤0.07 | 0.17~ 0.37 | 1.20~ 1.60 | — | 0.25~ 0.35 | Ti:0.06~ 0.12 | 正火、回火 | 262 | 417 | 28.7 | 250 | — |
| ZGMn13 | 1.10~ 1.50 | 0.30~ 1.00 | 11.00~ 14.00 | — | — | — | 水韧处理 | — | — | — | — | 高韧性、高耐磨性零件,如铁路道岔、球磨机衬板、挖掘机、破碎机齿板 |

## 表 5-15　铸钢常用热处理工艺、目的、组织及应用范围

| 热处理名称 | 目　的 | 热　处　理　工　艺 | 组　织 | 应　用　范　围 |
|---|---|---|---|---|
| 退火 | 细化晶粒,改善切削性能,为最终热处理做好组织上的准备 | $Ac_3$ + 20~30℃保温后随炉缓冷 | 接近平衡态组织 | 所有牌号的铸钢件 |
| 扩散退火 | 消除成分偏析,均匀组织 | $Ac_3$ + 120~200℃,保温后空冷 | 均匀的平衡态组织 | 高碳钢及中、高合金钢铸钢件 |
| 正火 | 细化晶粒,均匀组织,提高机械性能 | $Ac_3$ + 30~50℃,保温后空冷 | 细小珠光体类组织 | 碳钢及低合金高强度钢铸钢件 |
| 淬火 | 获得高硬度的马氏体 | $Ac_3$ + 20~30℃,保温后随炉缓冷或空冷 | 马氏体 | 碳钢及低合金钢、高合金钢 |
| 回火 | 去应力,调整硬度,提高塑性、韧性 | $Ac_1$ 以下,保温较高温度 | 回火马氏体、回火索氏体、回火屈氏体 | 同上 |
| 固溶处理 | 使化合物溶入奥氏体,获单相组织 | $Ac_3$ 以上较高温度,保温后迅速冷却 | 单相固溶体 | 奥氏体不锈钢、高锰钢、沉淀强化钢铸钢件 |
| 时效处理 | 析出化合物,提高强度和硬度 | $Ac_1$ 以下,保温冷却 | 固溶体和细小弥散的沉淀化合物 | 含低合金钢、奥氏体耐热钢铸钢件 |
| 去应力 | 消除内应力,稳定尺寸 | $Ac_1$ 以下,保温缓冷 | 无组织改变 | 碳钢及低合金钢、高合金高强度钢铸钢件 |
| 除氢处理 | 去除氢气,消除脆性 | 180~220℃长时间保温后冷却 | 无组织改变 | 有氢脆倾向低合金高强度钢铸件 |

钢。Mn 是扩大奥氏体相区元素,10% ～14% Mn 与碳配合,可使高锰钢在室温下获得单相奥氏体组织。它广泛用于要求高耐磨性并承受强烈冲击的零件,如铁路道岔、坦克履带板、破碎机齿板、球磨机衬板、挖掘机铲齿等。高锰钢只有获得单一奥氏体组织时才具有良好的耐磨性和冲击韧性,因其铸态组织碳化物较多,硬而脆且不耐磨,所以要进行"水韧处理"后方能使用。"水韧处理"就是把钢加热到 1 000 ～1 100 ℃保温,使碳化物全部溶入奥氏体,在水中快速冷却防止碳化物在冷却中重新析出的工艺。高锰钢只有承受高接触应力和冲击时才表现出高的耐磨性,这是因为高接触应力和冲击会使高锰钢表面产生诱发的高碳马氏体相变层,而心部仍保持奥氏体组织,因此,具有高耐磨性和良好的冲击韧性。高锰钢的机械加工性能差,因此通常用铸造成形。常用的高锰钢为 ZGMn13 和 ZGMn8,在较小冲击载荷作用下 ZGMn8 则更为适宜。高锰钢的工作温度不得高于200 ℃,否则将析出碳化物,使耐磨性降低。

除高锰钢外,低合金铸钢和耐磨碳钢也是两类较为常用的耐磨铸钢。低合金铸钢的含碳量为 0.2% ～0.60%,加入少量的 Mo、Cr、Mn、Ni、Si 等元素提高其淬透性、冲击韧性和耐磨性。低合金铸钢经淬火、回火后,可获得良好的耐磨性和韧性的匹配,广泛用于挖掘机、推土机的铲齿、履带板、端齿、齿轮、破碎机的衬板和铸钢车轮等。常用的牌号有 ZG30CrMnSi、ZG50CrMnSi、ZG65Mn 等。耐磨碳钢的含碳量在 0.4% ～0.7%之间,通常采用表面淬火、表面渗碳、渗氮和碳氮共渗等工艺提高其表面耐磨性。这类钢用途广泛,美国用含碳量为 0.6% ～0.7%的碳钢制造铁路货车铸钢车轮。我国也开始生产这种铸钢车轮。

**四、铸钢件的热处理**

由于铸钢件的铸态组织存在着成分偏析、粗大枝晶、铸造应力等诸多缺陷,影响其性能。热处理可改善铸钢件的微观组织,提高力学性能。铸钢件常用的热处理工艺有:正火、退火、淬火、回火以及表面淬火和表面渗碳、渗氮等。常用的各种铸钢件常规热处理工艺、目的、组织及应用范围见表 5-15。

# 第八节　铸　铁

铸铁是目前应用最广泛的铸造合金。与钢相比铸铁的 C,Si,S,P 的含量较高,其化学成分为:2.5% ～4.0% C、1.0% ～3.0% Si、≤0.5% P、≤0.2% S,此外还含有少量的 Mn,Cr,Mo,V,Al 等合金元素。

**一、铁碳双重相图与碳的石墨化**

(一)铁碳双重相图

通常情况下,铁碳合金相图是以 Fe-$Fe_3$C 表示的相图,而 $Fe_3$C 是亚稳定相,如果合金的冷却速度足够缓慢,碳则以更稳定的石墨相存在。因此,铁碳合金相图实际上是一个双重相图,即 Fe-Fe₃C 相图和 Fe-C(石墨)相图,如图 5-24 所示。图中的实线部分为

Fe-Fe₃C 相图,虚线部分为 Fe-C (石墨)相图。两个相图所发生的反应相同,所不同的是组成相中 Fe₃C 和石墨的差异。当铁碳合金中的含硅量较高时,碳则更倾向于以石墨存在。

石墨是碳的六方晶格晶体、呈层状排列。同层碳原子间距较小,以原子力结合,结合强度高。层与层间距较大,以分子力结合,结合强度低。石墨的强度、硬度、塑性、韧性都近乎于零,这使得石墨会对铸铁的力学性能产生较大的影响。

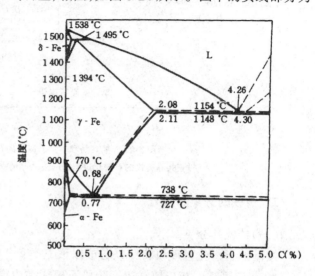

图 5-24 铁碳双重相图

### (二)碳的石墨化

碳的石墨化是指铸铁组织中石墨的形成过程,也就是铁水按 Fe-C(石墨)相图结晶的过程。石墨的形成过程可分为两个阶段,从开始结晶温度至共析转变温度以上的石墨形成过程称为第一阶段石墨化,它包括从铁水中结晶出一次石墨、共晶转变生成的共晶石墨以及从奥氏体中析出的二次石墨。共析转变温度以下(包括共析转变)的石墨形成过程称为第二阶段石墨化,它包括共析转变生成的石墨和从铁素体析出的三次石墨。亚共晶和过共晶铸铁的石墨化过程见图 5-25。

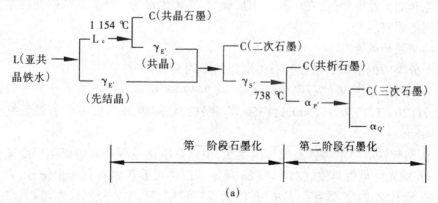

(a)

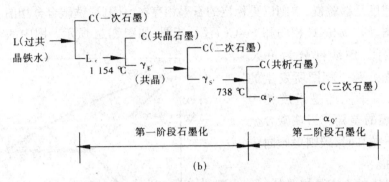

图 5-25　亚共晶和过共晶铸铁的石墨化过程

(a)亚共晶铸铁的石墨化过程;(b)过共晶铸铁的石墨化过程。

## 二、铸铁的分类和编号

### (一)铸铁的分类

按碳的石墨化程度可将铸铁分成以下三类:

1.灰口铸铁　灰口铸铁第一阶段石墨化完成得充分,铸铁中的碳除珠光体中的渗碳体外,其余全部以石墨的形式存在,断口呈暗灰色,工业上被用作机械零件。

2.白口铸铁　白口铸铁的石墨化完全未进行,碳全部以 $Fe_3C$ 存在,硬度高、脆性大,不能机加工,断口呈银白色,只有少量的合金化白口铸铁被用于采矿等行业的耐磨件。

3.麻口铸铁　麻口铸铁第一阶段石墨化部分完成,第二阶段石墨化完全未进行,碳的石墨化不充分,碳绝大部分以 $Fe_3C$ 存在。组织中存有一定量的伪莱氏体,断口暗灰、白亮相间,工业上很少用到。

以上三种铸铁中,只有第一阶段石墨化充分完成的灰口铸铁组织中无游离 $Fe_3C$,力学性能和加工性能较好,在工业上用量最大,应用也最为广泛。其余的两种主要被用来作炼钢的原料。

### (二)铸铁的编号

以上分类中的灰口铸铁按其石墨形态的不同又可分为:

1.灰铸铁　灰铸铁的石墨呈片状。GB 9439-88 规定灰铸铁有 6 个牌号:HT100,HT150,HT200,HT250,HT300,HT350,其中 HT 代表"灰铁",数字代表最低抗拉强度(MPa)指标。

2.可锻铸铁　可锻铸铁石墨呈团絮状,根据石墨化过程中碳的氧化程度又分为黑心、白心和珠光体可锻铸铁,GB 9440-88 规定该三种可锻铸铁各有 4 个牌号,表示方法为"KTH(或 B、Z)数字-数字",其中"KT"代表"可铁",H,B,Z 分别代表黑心、白心和珠光体,第一组数字代表最低抗拉强度(MPa)指标,第二组数字代表最低延伸率。例如

KTH300-06 代表黑心可锻铸铁,其最低抗拉强度和延伸率分别为300 MPa和6％。

3. 球墨铸铁　球墨铸铁的石墨呈球状。GB 1348-88 规定球墨铸铁有 7 个牌号,表示方法为"QT 数字-数字",其中"QT"代表"球铁",两组数字与可锻铸铁牌号中的含义相同。例如 QT400-18 代表球墨铸铁,其最低抗拉强度和延伸率分别为400 MPa和18％。

4. 蠕墨铸铁　蠕墨铸铁中的石墨呈蠕虫状。蠕墨铸铁的表示方法为 RuT 数字,其中 RuT 代表"蠕铁",数字代表最低抗拉强度。例如 RuT420 代表蠕墨铸铁,其最低抗拉强度为420 MPa。

此外,还有经过合金化的专门用于耐热、耐磨和耐蚀的合金铸铁。常用铸铁的牌号、性能及用途见表 5-16。

表 5-16　常用铸铁的牌号、力学性能及用途

| 种类 | 牌号 | $\sigma_b$ (MPa)≥ | $\sigma_{0.2}$ (MPa)≥ | $\delta$(%) ≥ | 硬度 (HBS) | 基体组织 | 应用范围 |
|---|---|---|---|---|---|---|---|
| 灰铸铁 | HT100 | 100 | — | — | 143～229 | F | 小负荷的一般零件,如:防护罩、手柄、重锤 |
| | HT150 | 150 | — | — | 163～229 | F＋P | 中等负荷零件:机座、箱体、飞轮、法兰、端盖、刀架等 |
| | HT200 | 200 | — | — | 170～241 | P | 汽缸、机体、齿轮、齿条、机床床身、刀架、阀体等 |
| | HT250 | 250 | — | — | 170～241 | P | 机体、飞轮、汽缸、凸轮、齿轮、联轴器、衬套等 |
| | HT300 | 300 | — | — | 187～225 | P | 重型机床床身、凸轮、齿轮、活塞环、阀体、机床卡盘等 |
| | HT350 | 350 | — | — | 197～269 | P | 同上 |
| | HT400 | 400 | — | — | 207～269 | P | 同上 |
| 可锻铸铁 | KTH300-06 | 300 | | 6 | 120～163 | F | 承受冲击的汽车、拖拉机零件;机械零件及管道配件等 |
| | KTH330-08 | 330 | | 8 | 120～163 | F | 同上 |
| | KTH350-10 | 350 | 200 | 10 | 120～163 | F | 同上 |
| | KTH370-12 | 370 | | 12 | 120～163 | F | 同上 |
| | KTZ450-06 | 450 | 280 | 6 | 152～219 | P | 曲轴、连杆、齿轮、凸轮轴、活塞环、摇臂 |
| | KTZ550-04 | 550 | 340 | 4 | 179～241 | P | 同上 |
| | KTZ650-02 | 650 | 430 | 2 | 201～269 | P | 同上 |
| | KTZ750-02 | 750 | 550 | 2 | 240～270 | P | 同上 |

| 种类 | 牌　号 | $\sigma_b$<br>(MPa)≥ | $\sigma_{0.2}$<br>(MPa)≥ | $\delta(\%)$<br>≥ | 硬度<br>(HBS) | 基体<br>组织 | 应　用　范　围 |
|---|---|---|---|---|---|---|---|
| 球墨铸铁 | QT400-18 | 400 | 250 | 18 | 130～180 | F | 汽车、拖拉机的轮毂、离合器;农机铧犁;高压阀体等 |
| | QT400-15 | 400 | 250 | 15 | 130～180 | F | 同上 |
| | QT450-10 | 450 | 310 | 10 | 160～210 | F | 飞轮壳、齿轮箱、电机壳、联轴器、法兰、轴承盖等 |
| | QI500-7 | 500 | 320 | 7 | 170～230 | F+P | 传动轴和齿轮、链轮、飞轮、电机架、罩壳、千斤顶座 |
| | QT600-3 | 600 | 370 | 3 | 190～270 | F+P | 连杆、摇臂、曲柄、齿轮、离合器片;液压气缸等 |
| | QT700-2 | 700 | 420 | 2 | 225～305 | P | 连杆、摇臂、曲轴、凸轮轴、机床主轴、齿轮、汽缸套等 |
| | QT800-2 | 800 | 480 | 2 | 245～335 | P | 同上 |
| | QT900-2 | 900 | 600 | 2 | 280～360 | B | 传动轴、齿轮、花键轴、轴承套圈、转向节、凸轮轴等 |

### 三、铸铁的基本组织及性能特征

与钢相比铸铁的力学性能较差、不能锻造,但它的铸造性能和切削加工性能好,此外它还具有良好的抗压、减振、减摩和抗磨性,具有缺口敏感性低和价格低廉等诸多优点,广泛用于工农业生产。

铸铁的组织可以看成是由钢的基体加石墨所组成。因此,铸铁的力学性能是由基体组织和石墨的形态决定的。铸铁的基体组织有铁素体、珠光体加铁素体和珠光体三种,随着组织中珠光体量的增多,铸铁的强度、硬度升高,但塑性与韧性降低。铸铁中的石墨有片状、团絮状、球状和蠕虫状四种形态,其中片状石墨对基体的割裂作用最大,球形石墨对基体的割裂作用最小,蠕虫状和团絮状石墨居中。因此,球墨铸铁在铸铁中力学性能最好,可锻铸铁和蠕墨铸铁次之,灰铸铁的力学性能最差。

### 四、常用铸铁

#### (一)灰　铸　铁

#### 1. 灰铸铁的成分、组织、性能和用途

灰铸铁组织就是铁素体、铁素体加珠光体、珠光体三种钢的基体组织加上片状石墨,如图 5-26 所示。基体组织和石墨片的大小是决定灰铸铁性能的主要因素。铸件基体组织和石墨形态是化学成分和冷却速度综合作用的结果。碳和硅都促进石墨化,是

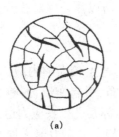 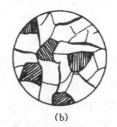 

(a)　　　　　　　　　　　(b)　　　　　　　　　　　(c)

图 5-26　灰铸铁的显微组织

(a)铁素体灰铸铁;(b)铁素体-珠光体灰铸铁;(c)珠光体灰铸铁。

灰铸铁的重要元素,通常控制在含碳 2.5%～4.0%、含硅 1%～2%,如果太多就会形成过多粗大的石墨片,降低力学性能。此外,灰铸铁还含有 Mn,S,P 等元素。Mn 和 S 都阻碍石墨化,其中 S 的作用更大,它有使铸件形成白口组织的倾向并减低铁水的流动性,一般控制在 0.15% 以下。Mn 可以生成 MnS 减轻 S 的有害作用,但因其阻碍碳的石墨化,故含量不能过高,一般控制在 0.5%～1.4% 之间。P 对石墨化的影响不大,但会生成 P 共晶,增加铸铁的硬度和耐磨性,同时也增加了脆性,耐磨件 P 的含量可控制在 0.5% 以下,其他铸件应在 0.3% 以下。与化学成分同时作用影响铸件组织的另一个因素是铸件的冷却速度。冷却速度愈慢,愈有利于石墨化,相反则易出现白口组织。图5-27 是铸件的成分和壁厚对组织的影响。从图中可见,铸件 C,Si 含量愈高、壁厚愈厚(即冷却速度愈慢),组织中的铁素体量愈多、珠光体量愈少。由于灰铸铁片状石墨大大割裂了基体的连续性,相当于在钢的基体上开了许多微裂纹,并且石墨片的尖端容易引起应力集中,因此,它的抗拉强度、塑性、韧性很低,但对抗压强度影响不大。灰铸铁的片状石墨可阻断机械波的传

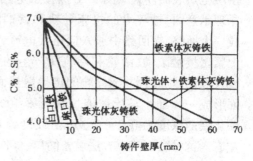

图 5-27　铸件的成分和壁厚对组织的影响

递,具有很好的减振效果;石墨坑能储存润滑油,又具有良好的减摩性。此外,灰铸铁还有良好的铸造性能、切削加工性能和低的缺口敏感性。铁素体灰铸铁的塑性较好,但强度低。珠光体灰铸铁的强度较高,但塑性差。细小石墨片比粗大石墨片的灰铸铁力学性能好。提高灰铸铁力学性能的常用方法是孕育处理,即在出炉的铁水中加入孕育剂如 Si-Fe、Si-Ca 合金作为人工晶核,促进石墨形核,从而细化石墨片。经过孕育处理的灰铸铁称孕育铸铁,孕育铸铁的强度、硬度比普通灰铸铁高,灰铁牌号中抗拉强度高于250 MPa 的均为孕育铸铁。由于灰铸铁的力学性能较差,通常常用于制造各种要求承压、减摩、减振的零件,如机架、床身、箱体、壳体、机床导轨等。

　2. 灰铸铁的热处理

热处理只改变灰铸铁的基体组织,对石墨不产生作用,所以热处理对改善灰铸铁的力学性能作用不大。常用的热处理工艺如下:

(1)去应力退火

铸件在凝固和冷却过程中,因各部分冷却不同步,产生较大的内应力,严重时会导致铸件的变形和开裂,而且切削加工会使应力重新分布、引起变形,影响加工精度。因此,大部分铸件、尤其是形状复杂的铸件在机加工之前都要进行去应力退火。方法是将铸件缓慢加热至 500～600 ℃,保温 4～8 h,再缓慢冷却。去应力退火通常可消除铸造内应力 90% 以上。

(2)消白口石墨化退火

铸件的表面、尖角及薄壁等散热速度较快的部位由于冷却速度快有时会出现白口,导致切削加工困难,因此要进行消白口退火。方法是将铸件加热至 900～950 ℃,保温 2～5 h,使 $Fe_3C$ 分解成石墨,再缓慢冷却至 400～500 ℃ 后置于空气中冷却。

(3)表面淬火

对于表面要求高硬度、高耐磨性的零件,如机床导轨表面和汽缸套内壁等,要采用表面淬火工艺提高表面的硬度和耐磨性。常用的有高频感应淬火和接触电热表面淬火。图 5-28 为接触电热表面淬火的原理示意图,被淬火的机床导轨和紫铜滚轮电极组成一个回路,在回路中通入低压大电流,滚轮在导轨上紧密接触滚动,滚轮和导轨间产生的电阻热将导轨表面迅速加热,并随导轨的传导散热而被淬火,表面形成一个细小马氏体加片状石墨组织的硬化层,硬化层的深度为 0.2～0.3 mm,硬度通常为 HRC60

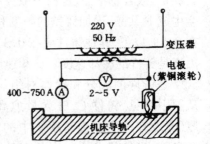

图 5-28　接触电热表面淬火的原理示意图

左右。这种表面淬火方法设备简单、操作方便、淬火变形小,可提高导轨寿命 1.5 倍。

(二)可锻铸铁

可锻铸铁与灰口铸铁的生产工艺不同,它是先浇铸成白口铸件,再进行可锻化退火获得拥有团絮状石墨的可锻铸铁。为了浇铸时获得完全的白口组织,铁水中的 C,Si 含量通常控制在 2.4%～2.8%C 和 0.8%～1.4%Si,Si 量过高浇铸时不易得到白口组织,过低可锻化退火时间增长。由于团絮状石墨对基体的割裂作用比片状小,可锻铸铁的强度、塑性、韧性都比灰铸铁好。可锻化退火的工艺如图 5-29 所示,曲线①可获得铁素体基体的可锻铸铁,曲线②可获得珠光体

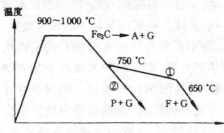

图 5-29　珠光体和铁素体两种可锻铸铁的可锻化退火工艺

基体的可锻铸铁。图 5-30 为可锻铸铁的两种组织。如果退火时炉气为氧化性气体,石墨化的同时伴随碳的氧化,就得到白心可锻铸铁。可锻铸铁的工艺复杂、生产周期长,目前绝大部分已被球墨铸铁所取代,现多用于制造一些形状复杂、薄壁等球墨铸铁无法取代的铸件。

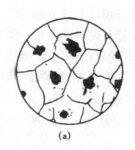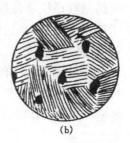

(a)　　　　　　　　　　　　　(b)

图 5-30　可锻铸铁的显微组织

(a)铁素体可锻铸铁;(b)珠光体可锻铸铁。

(三)球墨铸铁

1. 球墨铸铁的成分、组织、性能和用途

球墨铸铁是在铁水中加入球化剂如稀土、镁,加入孕育剂如硅铁合金,浇铸后获得拥有钢的基体加球状石墨的球墨铸铁。球墨铸铁对 S、P 含量的要求较严格,其化学成分为:$3.6\% \sim 4.0\% C$、$2.0\% \sim 3.3\% Si$、$0.3\% \sim 0.8\% Mn$、$\leqslant 0.1\% P$ 和 $0.07\% S$ 及少量 MgRE。铁素体球墨铸铁含 Si 量偏高达 $3.3\%$,珠光体球墨铸铁含 $2.0\% \sim 2.8\% Si$,Mn 量偏高为 $0.6\% \sim 0.8\%$。与灰铸铁相似,球墨铸铁也有铁素体、铁素体加珠光体、珠光体三种基体,组织如图 5-31 所示。由于球形石墨对基体的割裂作用最小,球墨铸铁具有优良的力学性能,此外还兼具灰铸铁耐磨、吸振、缺口敏感性低、铸造和切削加工性能好等优点,这些使球墨铸铁在工业生产中得到迅速、广泛的应用。目前,球墨铸铁已在很多领域成功地取代铸钢和锻钢制造机械零件,如曲轴、连杆、凸轮轴、齿轮、蜗轮、蜗杆、轧辊等。

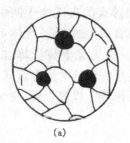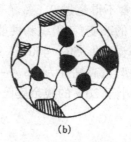

(a)　　　　　　　　(b)　　　　　　　　(c)

图 5-31　球墨铸铁的显微组织

(a)铁素体球墨铸铁;(b)铁素体-珠光体球墨铸铁;(c)珠光体球墨铸铁。

## 2. 球墨铸铁的热处理

### (1)退火

去应力退火：目的是消除内应力。将铸件加热至 500～600 ℃，保温 2～8 h，再缓慢冷却。去应力退火不改变铸件的组织和性能。

低温退火：目的是获得铁素体基体组织加球状石墨。对于组织中含有铁素体和珠光体的铸件，为了获得高塑性、高韧性，就要进行低温退火。方法是将铸件加热至700～750 ℃，保温 2～8 h，使珠光体分解，再随炉缓慢冷却至600 ℃，出炉空冷。

高温退火：目的是消除组织中的游离 $Fe_3C$，获得铁素体基体组织加球状石墨。对于组织中含有游离 $Fe_3C$ 的铸件，要消除白口提高塑性、韧性，需进行高温退火。具体工艺是将铸件加热至 900～950 ℃，保温 2～4 h，使游离 $Fe_3C$ 分解，随炉缓慢冷却至600 ℃，再出炉空冷。

### (2)正火

正火的目的是增加铸件组织中珠光体量，提高强度和耐磨性。方法是将铸件加热至 840～920 ℃，保温 1～4 h，出炉空冷。加热温度高、冷却速度快的，正火后组织中的珠光体量增加。由于正火的冷却速度较快(尤其是风冷和喷雾冷却)，正火后的铸件有较大内应力，需进行去应力退火。

### (3)调质处理

对于承受交变载荷、综合力学性能要求较高的球铁铸件如内燃机的曲轴、连杆等，需进行调质处理。调质处理的工艺为 870～920 ℃油淬，550～600 ℃进行 2～4 h的回火，最终组织为回火索氏体加球状石墨。

### (4)等温淬火

球墨铸铁等温淬火是 20 世纪 70 年代末发展起来的，由于等温淬火后的球墨铸铁具有优异的强韧性、抗疲劳性以及良好的断裂韧性和耐磨性，被冶金界和工程界视为非常有发展前途的材料，受到了广泛关注，在短期内得到了迅速发展。

为了改善淬透性和拓宽热处理工艺，70% 左右的等温淬火球墨铸铁都采用 Cu，Ni，Mo 合金化。Mn 会降低韧性，通常不得超过 0.6%。等温淬火的奥氏体化加热温度通常为 850～950 ℃，随着等温温度的改变，其组织和性能都有很大的变化，大体可分为两类：一类是在较高的温度区间等温，约 350～450 ℃，组织为无碳上贝氏体加 20%～40% 的残余奥氏体，性能上以高塑性、高韧性为主；另一类是在较低的温度区间等温，约 230～340 ℃，组织为下贝氏体加小于 20% 的残余奥氏体，性能上以高强度、高耐磨性为特点。

### (四)蠕墨铸铁

蠕墨铸铁是继球墨铸铁之后发展起来的又一种颇受关注的高强度铸铁。蠕墨铸铁中的石墨呈蠕虫状，是介于片状和球状之间的一种形态，如图 5-32 所示。蠕墨铸铁对铁水化学成分的要求和球墨铸铁相似，并在铁水中加入稀土和镁、钛合金作为蠕化剂，保证结晶出的石墨呈蠕虫状,加入硅铁合金作为孕育剂,防止出现白口和细化石墨。蠕墨铸铁也有铁素体、铁素体加珠光体、珠光体三种基体。蠕墨铸铁的力学性能介于灰铸铁和球墨铸铁之间,而且具有优良的耐热冲击性、抗热生长性和优于球墨铸铁的导热性。也可通过热处理来改善蠕墨铸铁力学性能。RuT420 和 RuT380 可用于制造铁路客车制动盘,RuT300 和 RuT200 可用于制造柴油机缸盖、排气管等。

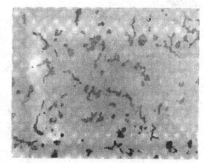

图 5-32　蠕墨铸铁的显微组织

### (五)合金铸铁

为了满足工农业生产对铸铁耐磨、耐热、耐腐蚀等特殊性能以及更高力学性能的需求,向铸铁中加入合金元素,这样就发展出合金铸铁。合金铸铁的种类很多,较为常见的有耐磨合金铸铁、耐热合金铸铁和耐蚀合金铸铁。

#### 1. 耐磨合金铸铁

这类铸铁常见的有两种,一种是在普通灰铸铁的基础上加入 Cu,Mo,V,Ti,B,P 等元素增加珠光体量并析出化合物和磷共晶,提高耐磨性;另一种是在白口铸铁中加入 Cr,Mo,Cu,Mn,V,B 等元素,尤其是 Cr 的含量高达 15%,形成大量耐磨性很高团块状的 $Cr_7C_3$,因此被称为高铬白口耐磨铸铁。前一种耐磨铸铁由于石墨坑可储存润滑油,有良好的减摩效果,通常用于制造机床导轨、汽缸套、活塞环等需要润滑的零件;后一种具有很好的抗磨性,用于制造犁铧、抛丸机叶片、护板等要求高硬度、高耐磨性的零件。

#### 2. 耐热合金铸铁

有些铸件要在高温下工作,比如蒸汽锅炉散热器、钢锭模、炉条等,需选用耐热铸铁制造。铸铁的耐热性包括抗氧化性和抗生长性两方面。所谓"生长"是指铸铁在高温下,由于氧化性气体沿石墨和裂纹渗入其内部而导致氧化,以及 $Fe_3C$ 分解成石墨引起铸件体积膨胀。通常加入 Si,Al,Cr 等合金元素来提高铸铁的耐热性,这些元素均为缩小奥氏体区元素,可提高临界温度,防止珠光体中的 $Fe_3C$ 分解,它们的氧化物 $SiO_2$,$Al_2O_3$,$Cr_2O_3$ 可形成致密、完整的保护膜,防止氧化和生长。球墨铸铁基体的连续性较好,有助于防止氧化性气体的渗入。为防止使用中发生石墨化过程,耐热铸铁多采用单相铁素体基体的球墨铸铁。

#### 3. 耐蚀合金铸铁

为提高铸铁的耐蚀性,通常加入 Cr,Ni,Cu,Mo 提高基体的电极电位,加入 Al,Si,Cr 使表面形成致密的氧化膜。另外,铸铁中的石墨愈少、碳化物愈多,则其耐蚀性愈好。工业上常用的耐蚀合金铸铁有 Si 系、Cr 系和 Ni 系三种。含 14%~15.5%Si 的高硅铸铁因其具有良好的耐化学腐蚀和对硫酸、硝酸、盐酸等氧化性介质(表面生成 $SiO_2$

保护膜)具有良好的耐蚀性,因而在化工部门得到广泛应用。高硅铸铁不耐碱和盐溶液的腐蚀。

## 练 习 题

1. 合金元素对奥氏体相区有什么影响? 它们怎样改变 $E,S$ 点和 $A_1,A_3$ 线的位置?

2. 合金元素对钢的等温转变"C"曲线有哪些影响?

3. 合金元素对钢的回火转变有哪些影响?

4. 与合金结构钢相比,碳素结构钢的主要缺点是什么?

5. 合金结构钢的主加合金元素有哪些? 其主要作用是什么?

6. 碳素工具钢存在哪些不足?

7. 合金工具钢的主加合金元素有哪些? 其主要作用是什么?

8. 试比较合金结构钢和合金工具钢热处理的主要差异。

9. 为何要向不锈钢中加入大量的 Cr 和 Ni?

10. 什么是钢的耐热性? 常用的耐热钢有哪几种?

11. 与锻钢相比,铸钢的组织和性能有哪些缺点? 如何提高铸钢件的机械性能?

12. 试比较球墨铸铁和灰铸铁的机械性能和主要用途。

# 第六章 有色金属及应用

铁基合金以外的金属统称为有色金属,与钢铁相比,它具有优异的物理、化学性能,如比强度高,导电、导热性好,耐高温、抗蚀性好,某些合金还具有优异的减摩性等。

随着近代航空、航海、汽车、石油化工、电力和原子能以及空间技术等新工业的发展,许多零部件在高温、低温、高压、高速和强烈腐蚀介质中工作,有色金属的应用也日益广泛。

## 第一节 铝及铝合金

### 一、纯 铝

(一)纯铝的性质特点

铝的熔点为660℃,比重为2.7 g/cm³,广泛用于交通运输、航空航天等工业中,以减轻运输工具的自重。铝的导电、导热性仅次于铜,约为铜的60%,适用于导电(如电线、电缆等)、导热(如汽车散热器、冰箱蒸发器等)材料及蒸煮器皿等。

铝的化学性质很活泼,它的标准电极电位很低(−1.67 V),在大气中极易和氧作用生成一层致密的厚约10 nm的$Al_2O_3$膜,使它在大气和淡水中有良好的抗蚀性,常用于制造日用小五金和装饰品。但$Al_2O_3$具有酸、碱两性氧化物的性质,在酸性和碱性介质中都易被溶解,使铝进一步腐蚀,因此铝在海水中的抗蚀性很差。

铝具有面心立方晶体结构,其塑性优良,可加工成各种板、棒、线、管及箔材等,铝在低温甚至超低温下具有良好的塑性和韧性,在−253~0℃之间塑性和冲击韧性不降低。但纯铝的强度和硬度很低($\sigma_b$ = 50~100 MPa,HBS20),不易作承力的结构材料。

(二)纯铝的分类及牌号

通常的纯铝中含有铁、硅、铜、锌等杂质元素,使性能略微降低。纯铝按材料纯度可分为三类:

1. 高纯铝 纯度为99.93%~99.99%,牌号有 L01,L02,L03,L04,编号越大,纯度越高。它具有优异的电性能,主要用于电力电容器制作及科学研究等。

2. 工业高纯铝 纯度为99.85%~99.9%,牌号有 L0,L00。其加工塑性好,主要用于铝箔及冶炼铝合金原料。

3. 工业纯铝 纯度为99.0%~99.7%,牌号有 L1,L2,L3,L4,L5,编号越大,纯度越低。塑性好,广泛用于制作电线、电缆、器皿等。

### 二、铝的合金化及其强化

铝中加入铜、镁、硅等合金元素后所组成的铝合金有较高的强度,并保持良好的加工性能。

#### (一)铝合金分类

铝合金一般具有图 6-1 类型的相图。

根据铝合金工艺特点,可分为形变铝合金和铸造铝合金两大类。图 6-1 中的 D 点即是二类合金的理论分界线,合金成分小于 D 点的合金,其平衡组织以固溶体为主,在加热至固相线以上温度时,可得到均匀的单相 α 固溶体,其塑性很好,适于锻造、轧制和挤压,属于形变铝合金。合金成分大于 D 点的合金,含有低熔点的共晶组织,流动性好,适于铸造,属于铸造铝合金。

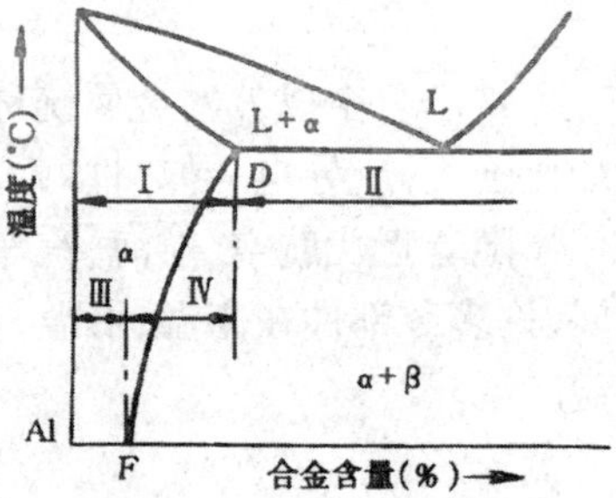

图 6-1　铝合金分类示意图
Ⅰ—形变铝合金;Ⅱ—铸造铝合金;
Ⅲ—不能热处理强化的铝合金;
Ⅳ—能热处理强化的铝合金。

#### (二)铝合金强化

铝合金的强度远高于纯铝,可达 $400 \sim 700$ MPa,其强化方式主要有以下几种:

##### 1. 固溶强化

固溶强化是铝合金强化的基本方法。铝中加入合金元素后晶格畸变,受力时变形比较困难,从而使强度提高。尤其对图 6-1 中 F 点以左成分的形变铝合金,其固溶体成分不随温度改变而变化,属于不能通过热处理强化的铝合金,固溶强化尤为重要。

##### 2. 时效强化

成分位于 F-D 之间的合金加热到 α 相区,经保温得到单相 α 固溶体后迅速水冷(淬火、固溶处理),在室温得到过饱和 α 固溶体,该组织不稳定,在室温下放置或低温加热时会析出强化相(时效),使强度和硬度升高,此现象为时效强化。在室温下进行的为自然时效,在加热条件下进行的为人工时效。该成分的合金属于可热处理强化的合金。

时效过程是过饱和固溶体分解的过程,主要包括形成溶质原子富集区(G.P. 区)、形成过渡相及析出稳定相阶段。以 Al-4%Cu 二元合金为例,其时效过程(见图 6-2)为:

(1)形成铜原子富集区(G.P.[Ⅰ]区)　经固溶处理获得的过饱和 α 固溶体经过一段时间的孕育期后发生分解,铜原子在铝基固溶体的{100}晶面上偏聚,形成薄片状铜原子富集区,称为 G.P.[Ⅰ]区,其晶体结构与基体 α 相同并与基体保持共格。由于铜原子偏聚引起点阵严重畸变,阻碍位错运动,使合金强度、硬度升高。

(2)形成 G.P.[Ⅱ]区　铜原子进一步偏聚,G.P.[Ⅰ]区扩大并有序化,形成有序的富铜区,即正方点阵的 G.P.[Ⅱ]区,$a = b = 0.404$ nm,$c = 0.78$ nm,它仍与基体保持共格,共格畸变区更大,时效强化作用更大。

(3)形成过渡相 θ′　θ′为正方点阵,$a = b = 0.571$ nm,$c = 0.58$ nm,成分与 $CuAl_2$ 相当,θ′与基体局部共格,共格畸变减弱,合金的强度开始降低。

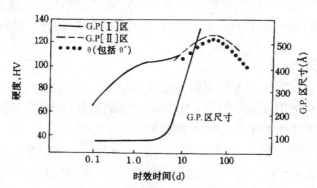

图 6-2　Al-4%Cu 合金在130℃时效曲线

(4)形成稳定的 θ 相　θ′不断长大,与基体 α 完全脱离形成稳定相的 $CuAl_2$ 即 θ 相,其 $a = b = 0.607$ nm,$c = 0.487$ nm,由于 θ 相与基体的共格完全破坏,共格畸变消失,使合金强度、硬度进一步降低。

其他合金的时效过程大致与 Al-4%Cu 合金一样,出现中间亚稳定相,但不一定有四个阶段(见表 6-1)。

表 6-1　几种常见铝合金系的时效过程

| 合　　金 | 中间亚稳定相析出 | 稳定相析出 |
| --- | --- | --- |
| Al-Cu | G.P.[Ⅰ]区(盘)→G.P.[Ⅱ]区(盘)→θ′ | θ($CuAl_2$) |
| Al-Mg-Zn | G.P.区(球)→M′(片) | M($MgZn_2$) |
| Al-Mg-Si | G.P.区(杆)→β′ | β($Mg_2Si$) |
| Al-Mg-Cu | G.P.区(杆或球)→S′ | S($Al_2CuMg$) |

时效强化的效果远大于固溶强化。以 Al-4%Cu-0.5%Mg 合金为例,固溶强化后其 $\sigma_b$ 从 200 MPa 提高到 300 MPa,而通过时效强化 $\sigma_b$ 可达 420 MPa(自然时效)和 450 MPa(人工时效)。

3. 细化组织强化

通过细化铝合金组织,包括细化 α 固溶体和过剩相,可同时提高合金的强度和塑韧性。

对形变铝合金,可通过变形和再结晶退火实现组织细化。

对铸造铝合金,常采用变质处理来细化组织,即在熔融合金中加入变质剂(元素或化合物)作为凝固时的非自发晶核,以细化晶粒。

### 三、形变铝合金

根据合金的性能特点,形变铝合金可分为防锈铝合金(LF)、硬铝合金(LY)、超硬铝合金(LC)和锻铝合金(LD)。常用形变铝合金的牌号、成分、性能特点及用途见表6-2。

#### (一)防锈铝合金

主要有 Al-Mn 系和 Al-Mg 系两类防锈铝合金。常用的 Al-Mn 系防锈铝合金是 LF21,该合金在轧制退火态组织是 α 固溶体和细小弥散分布的 $MnAl_6$ 相,这两相电极电位很接近,不易形成微电池,合金的抗蚀性很好。

Al-Mg 系合金按含 Mg 量不同分为一系列牌号。含 Mg 量对合金的性能影响很大,当含 Mg 量超过 5% 时,合金的抗应力腐蚀能力降低,超过 7% 时,合金的塑性降低,焊接性变差。因此,Al-Mg 系合金中的含 Mg 量一般不超过 5%～7%。

Al-Mg 系合金强度稍高于 Al-Mn 系,塑性较好,焊接性良好,在潮湿大气和海水中具有优良的抗蚀能力,但在酸性和碱性介质中抗蚀性稍差于 LF21。

防锈铝合金不可热处理强化,强度较低,切削性不良,但抗蚀性好,易加工成形,易焊接,适于制作管道、容器等抗蚀件。

#### (二)硬铝合金

硬铝合金属于 Al-Cu-Mg 系,是应用最广的形变铝合金。合金中 Cu 和 Mg 可形成强化相 $θ(CuAl_2)$ 和 $S(Al_2CuMg)$ 相,具有强烈的时效强化作用,使合金有很高的强度,故称为硬铝。硬铝还具有优良的加工性能。

LY2 是耐热硬铝,平衡态组织为 α＋S,还有耐热相 $(MgMn)_3Al_{10}$,具有较高的耐热性和强度,用于 200～300 ℃ 下工作的涡轮喷气发动机轴向压缩机叶片及其他在较高温度下工作的承力构件。

LY11 是应用最早的一种标准硬铝,用于各种中等强度的零件及构件。LY1,LY4,LY8,LY9,LY10 均为铆钉硬铝,其中 LY4 有较好的耐热性,可在 125～250 ℃ 内使用。

LY12 是硬铝中应用最广泛的一种高强度硬铝。但由于合金中含 Cu 较多,而含 Cu 固溶体和化合物的电极电位比晶粒边界高,会促进晶间腐蚀,因此,常将纯铝(＞99.5%)的板置于硬铝铸锭坯的两表面上进行热轧,使纯铝牢固地压合在硬铝的表面上,形成包铝硬铝材料,以提高抗蚀性。但包铝后强度降低,抗疲劳性则降低很多。

#### (三)超硬铝合金

超硬铝合金属于 Al-Zn-Mg-Cu 系,Zn,Cu 和 Mg 在 Al 中有很高的固溶度,除形成 $CuAl_2$ 和 $Al_2CuMg$ 强化相外,还形成 $MgZn_2$ 与 AlZnMgCu 等强烈的强化相,是目前室温强度最高的一类铝合金,超过 LY12 高强度硬铝合金,故称超硬铝,其断裂韧性也优于硬铝。主要缺点是抗疲劳性能较差,有明显的应力腐蚀倾向,耐热性也低于硬铝。

LC4 是应用最广泛的超硬铝合金。

## 表6-2　常用形变铝合金的牌号、性能特点及用途

| 类别 | 合金牌号 | 主要合金元素(%) | | | | 热处理状态 | 力学性能 | | 性能特点 | 用途 |
|---|---|---|---|---|---|---|---|---|---|---|
| | | Mn | Mg | Cu | 其他 | | σb(MPa) | δ(%) | | |
| 防锈铝合金 | LF21 | 1.0~1.6 | | | | 板M* | 130 | 23 | 抗蚀性好,塑性,焊接性好 | 油箱、油管等低载零件、铆钉 |
| | LF2 | | 2.0~2.8 | | 0.15~0.4Mn | 板M | 170~230 | 17 | 强度高于LF21,耐蚀性、塑性好 | 用于中等载荷的焊接件、冲压件和容器、骨架零件等 |
| | LF3 | | 3.2~3.8 | | 0.3~0.6 Mn 0.5~0.8 Si | 板M | 200 | 15 | | |
| | LF11 | | 4.8~5.5 | | 0.3~0.6 Mn | M | 265 | 15 | | |
| 硬铝合金 | LY2 | | 2.0~2.4 | 2.6~3.6 | Mn 0.45~0.7 | CS | 481 | 20 | 耐热硬铝,较高的强度和塑性 | 200~300℃温度下工作的零件及承力构件,如航空发动机叶片 |
| | LY1 LY10 | | 0.2~0.5 0.15~0.3 | 2.3~3.0 3.9~4.5 | | CZ | 300 | 24 | 铆钉硬铝,铆接过程不受热处理时间的限制 | 中等强度,工作温度≤100℃的铆钉,叶片等 |
| | LY12 | | 1.2~1.8 | 3.8~4.9 | Mn 0.3~0.9 | CZ | 520 | 12 | 高强度,高硬度,切削性好,抗蚀性差 | 高强度结构件,如飞机蒙皮、骨架零件等 |
| 超硬铝合金 | LC4 | 0.2~0.6 | 1.8~2.8 | 1.4~2.0 | Zn 5.0~7.0 | CS | 600 | 12 | 高强度,高硬度,耐热性差,抗蚀性差 | 承力构件和高载荷零件,如飞机大梁、襟翼、起落架等 |
| | LC6 | 0.2~0.5 | 2.5~3.2 | 2.2~2.8 | Zn 7.6~8.6 | CS | 680 | 7 | | |
| 锻铝合金 | LD5 | | 0.4~0.8 | 1.8~2.6 | Mn 0.4~0.8 | CS | 420 | 13 | 高强锻铝 | 形状复杂、中等强度的锻件和冲压件 |
| | LD7 | | 1.4~1.8 | 1.9~2.5 | 0.02~0.1Ti 1.0~1.5Ni 1.0~1.5Fe | CS | 440 | 13 | 耐热锻铝 | 高温下工作的复杂锻件,如内燃机活塞、压气机叶片等 |

* 注:M——退火;C——淬火;CZ——淬火+自然时效;CS——淬火+人工时效;Y——硬。

### (四)锻铝合金

锻铝合金分为 Al-Mg-Si-Cu 系(LD2、LD5)和 Al-Cu-Mg-Fe-Ni 系(LD7、LD9),锻铝具有优良的热塑性,主要用于生产锻件。由 Mg 和 Si 形成的强化相对锻铝的强化起决定作用,而 Cu 和 Mn 可改善室温强度和耐热性。此外,锻铝还具有良好的焊接、抗蚀、加工、抗疲劳等性能。

### 四、铸造铝合金

铸造铝合金具有良好的铸造工艺性,比重小,比强度高,抗蚀性好,在航空、仪器仪表及一般机械制造业中得到广泛应用。为保证合金具有良好的铸造性和足够强度,铸造铝合金中合金元素含量较多,在 8%~25% 之间。根据合金元素种类不同,铸造铝合金主要分为铝硅合金(ZL101~ZL111)、铝铜合金(ZL201~ZL203)、铝镁合金(ZL301~ZL302)等。常用铸造铝合金的牌号、成分、性能特点及用途见表 6-3。

**表 6-3　常用铸造铝合金的牌号、成分、性能特点及用途**

| 类别 | 牌号 | 主要合金元素(%) | | | | | 热处理状态 | 力学性能 | | 性能特点 | 用途 |
|---|---|---|---|---|---|---|---|---|---|---|---|
| | | Si | Cu | Mg | Mn | 其他 | | $\sigma_b$ (MPa) | $\delta$ (%) | | |
| 铝硅合金 | ZL102 | 10.0~13.0 | | | | | T2* | 150 | 3 | 铸造性、耐蚀性好,不能热处理强化 | 形状复杂、受力不大的铸件,仪表壳体等 |
| | ZL104 | 8.0~10.5 | | 0.17~0.3 | 0.2~0.5 | | T6 | 230 | 3 | 强度较高,耐蚀性好 | 形状复杂、承受较大载荷的零件,如曲轴箱、汽缸盖等 |
| | ZL105 | 4.5~5.5 | 1.0~1.5 | 0.35~0.6 | | | T5 | 240 | 0.5 | 高温力学性能良好 | 工作温度 ≤225℃零件,如汽缸体、汽缸头(盖)等 |
| | ZL109 | 11.0~13.0 | 0.5~1.5 | 0.8~1.5 | | Ni: 0.5~1.5 | T6 | 250 | | 室温及高温强度较好,耐磨性好,线性膨胀系数小 | 250℃以下工作的零件,如汽缸头、机匣、油泵壳体等 |
| 铝铜合金 | ZL201 | | 4.5~5.3 | | 0.6~1.0 | Ti: 0.15~0.35 | T5 | 340 | 4 | 强度、塑性、耐热性好,铸造性、耐蚀性差 | 300℃以下承受较高负荷,形状不复杂的零件,如支臂、活塞等 |
| 铝镁合金 | ZL301 | | | 9.5~11.5 | | | T4 | 280 | 9 | 耐蚀性好,比强度高,冲击韧性好 | 耐蚀并承受高冲击,工作温度在150℃以下的零件,如舰船配件、泵体等 |

\* 注:T2——退火;T4——淬火 + 自然时效;T5——淬火 + 不完全人工时效;T6——淬火 + 完全人工时效。

## (一)铝硅铸造合金

铝硅铸造合金通常称硅铝明,具有极好的流动性,高的腐蚀抗力和良好的焊接性,其强度中等,适于制造常温下使用的形状复杂的铸件。加入 Mg 后可显著提高合金的时效强化能力,改善铸件力学性能。

含 Si 量为 $10\% \sim 13\%$ 的简单硅铝明(ZL102)(见图 6-3)铸造后组织为粗大的针状 Si 和 α 固溶体组成的共晶体,强度及塑性较差,为获得细小均匀的组织,常需进行变质处理,如 ZL102 合金在浇铸前加入占合金重量 $2\% \sim 3\%$ 的变质剂(2/3 的 NaF + 1/3 的 NaCl),加入钠盐后铸造冷却较快,共晶点移向右下方,合金处于亚共晶区,可得到细小均匀的共晶体和初生 α 固溶体组织(见图 6-4),提高了合金强度及塑性。

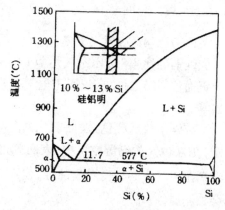

图 6-3　Al-Si 合金相图

ZL102 合金铸造性好、焊接性好、抗蚀、耐热,但强度较低,变质处理后 $\sigma_b \leqslant 180$ MPa,常加入 Mg,Cu 等,形成强化相 $\theta(CuAl_2)$,$\beta(Mg_2Si)$,$S(Al_2CuMg)$,获得能时效硬化的特殊硅铝明(如 ZL104,ZL105 等)。

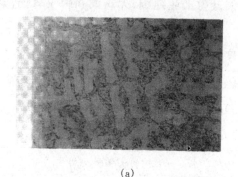
(a)

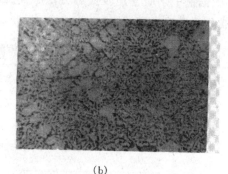
(b)

图 6-4　ZL102 合金的铸态组织

(a)未变质处理;(b)变质处理后。

## (二)铝铜铸造合金

由于 Cu 的作用,合金具有较强的时效硬化能力和热稳定性,适合在较高温度下工作,但铸造性能不好,有热裂和疏松倾向,耐蚀性较差。

## (三)铝镁铸造合金

该合金抗蚀性高,可抵抗大气、海水、碱性溶液和硝酸溶液腐蚀,强度高、比重小($2.55 g/cm^3$),与其他铸造合金相比,有最高的比强度和冲击韧性,具有较好的切削加工和抛光电镀性能,在造船、食品和化学工业中得到广泛应用。该合金主要缺点是铸造性差、易氧化和形成裂纹。

# 第二节　铜及铜合金

## 一、纯　铜

### (一)纯铜的性质与用途

纯铜的比重8.9 g/cm³,熔点1 083 ℃,具有良好的导热性和导电性,其导电率仅次于银而位居第二位,广泛用于电气工业作电线、电缆、电刷,散热机械中作散热器、冷却器等。

纯铜呈玫瑰红色,表面氧化后呈紫红色,故称紫铜。铜在干燥空气中化学性能稳定,在含 $CO_2$ 的潮湿空气中,表面氧化呈绿色(铜绿),可保护金属不再受腐蚀,因此,铜在潮湿空气中亦有良好耐蚀性,但在 $SO_2$ 和 $NaCl$ 气氛中或与盐酸、硝酸、硫酸接触时会加剧腐蚀。

铜呈面心立方晶格,具有良好的塑性( $\delta = 40\% \sim 50\%$ ),可挤压、压延、拉伸成各种形状。但纯铜强度不高( $\sigma_b = 200$ MPa左右),不宜作承力构件。

### (二)纯铜的分类与牌号

根据铜中杂质含量及提炼方法不同,纯铜分为工业纯铜、无氧铜和磷脱氧铜,其牌号、成分及用途见表6-4。

表 6-4　纯铜牌号、成分及用途

| 分　类 | 牌　号 | 含Cu量(%) | 含氧量(%) | 用　　　　途 |
|---|---|---|---|---|
| 纯铜 | T1 | ≥99.95 | ≤0.02 | 导电材料,配制合金 |
| | T2 | ≥99.90 | ≤0.06 | 电线、电缆等 |
| | T3 | ≥99.70 | ≤0.1 | 一般用铜材(垫圈、铆钉等) |
| 无氧铜 | TU1 | ≥99.97 | ≤0.002 | 电真空器件、高导电性导线 |
| | TU2 | ≥99.95 | ≤0.003 | |
| 磷脱氧铜 | TP1 | ≥99.90 | ≤0.01 | 焊接等用铜材,汽油、气体管道,冷凝器,蒸发器等 |
| | TP2 | ≥99.85 | ≤0.01 | |

## 二、铜合金

根据化学成分不同,铜合金分为黄铜、青铜和白铜三大类。根据生产方法的不同,铜合金还可以分为变形铜合金和铸造铜合金。

（一）黄　　铜

黄铜是以 Zn 为主要合金元素的铜合金，分为普通黄铜和复杂黄铜。常用黄铜的牌号、成分、性能特点及用途见表 6-5。

1．普通黄铜

铜和锌组成的二元合金称普通黄铜，牌号以"H+铜含量"表示，如 H96、H80 等。

黄铜的力学性能与锌含量有很大关系，如图 6-5 所示。锌溶入铜中形成 α 固溶体，起固溶强化作用，使黄铜的强度和塑性随锌含量的增加而提高。α 属面心立方晶体，塑性好，可进行冷、热加工，并有优良的锻造、焊接能力。当含 Zn 量超过 32％时，组织中出现脆性的 β′相（有序 CuZn 固溶体），使塑性下降。但少量 β′的存在对强度无坏影响，合金强度会有所提高。当含 Zn 量达 45％～47％时，组织几乎全为 β′相并开始出现硬而脆的 γ 相（$Cu_5Zn_8$），使合金强度和塑性急剧降低。因此，工业黄铜的含锌量不超过

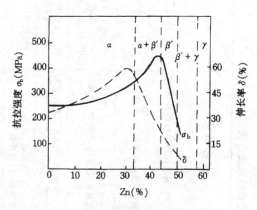

图 6-5　黄铜的力学性能与锌含量关系

47％，其退火组织为 α 相或 α+β′双相，分别称为单相黄铜（如 H96，H80）和双相黄铜（如 H62，H59）。

黄铜的耐蚀性比较好，但冷加工的黄铜由于残余应力的存在，在潮湿大气、海水、氨的环境中，易产生应力腐蚀，使黄铜开裂，称"季裂"或"自裂"。因此，冷加工后的黄铜要进行 250～300 ℃、保温 1～3 h的去应力退火。

2．复杂黄铜

在铜锌合金中加入 Al、Sn、Pb、Si、Mn 等其他元素形成的多元合金，分别称为铝黄铜、锡黄铜、铅黄铜、硅黄铜和锰黄铜，统称复杂黄铜。其编号方法是："H+主加元素符号+铜含量+主加元素含量"，如 HPb63-3 表示含Cu 63％、Pb 3％、其余为 Zn 的铅黄铜。

对于铸造黄铜则在编号前加"Z"，如 ZH62。

（二）青　　铜

青铜指以除锌、镍外的元素为主要合金元素的铜合金。包括锡青铜、铝青铜、铍青铜、硅青铜等。根据加工产品的形式供应，青铜也分为压力加工青铜和铸造青铜。青铜牌号以"Q+主加元素符号+主加元素含量+其他元素含量"表示。如 QSn4-3 表示含 Sn 4％、Zn 3％，其余为 Cu 的锡青铜。铸造青铜则在牌号前加"Z"，例如 ZQSn10-2。

青铜具有优良的综合力学性能，耐蚀性高于纯铜和黄铜，耐磨性好，弹性好。其中铍青铜淬火时效后强度、疲劳极限和弹性极限很高，是理想的高级精密弹性元件和耐磨

表6-5　常用黄铜的牌号、成分、性能特点及用途

| 类别 | 牌号 | 化学成分 | | 力学性能 | | | 性能特点 | 用途 |
|---|---|---|---|---|---|---|---|---|
| | | Cu(%) | 其他 | 状态 | σ_b(MPa) | δ(%) | | |
| 普通黄铜 | H96 | 95.0~97.0 | Zn:余 | 软 / 硬 | 250 / 400 | 35 | 导电、导热、耐蚀性好，塑性较好，强度较低 | 导管、冷凝管、散热器等 |
| | H80 | 79.0~81.0 | Zn:余 | 软 | 270 | 50 | 强度、塑性较好，耐大气、海水腐蚀 | 造纸网、薄壁管、波纹管及房屋建筑用品 |
| | H70 / H68 | 69.5~71.5 / 67.0~70.0 | Zn:余 | 硬 / 硬 | 660 / 400 | 3 / 15 | 极好塑性（黄铜中最佳），较高强度，切削性好，易焊接，易腐蚀开裂 | 复杂的冷冲件和深冲件，如散热器外壳、弹壳、雷管、导管等。H68是普通黄铜中应用最广的 |
| | H62 | 60.5~63.5 | Zn:余 | 软 / 硬 | 300 / 420 | 40 / 10 | 良好的力学性能，冷热态下塑性都较好，耐蚀，价廉，应用较广 | 各种深引伸和弯折的受力零件，如销钉、铆钉、垫圈、螺母、筛网等 |
| | H59 | 57.0~60.0 | Zn:余 | 软 / 硬 | 300 / 420 | 25 / 5 | 强度、硬度高，塑性差，热态下可压力加工，焊接性较好，价格最便宜 | 一般机器零件、焊接零件、热冲、热轧零件 |
| 铅黄铜 | HPb63-3 | 62.0~65.0 | Pb:2.4~3.0 | 硬 | 600 | 5 | 切削性能优良，减磨性高 | 精密耐蚀件，如钟表零件、汽车、拖拉机零件 |
| | HPb59-1 | 57.0~60.0 | Pb:0.8~1.9 | 硬 | 450 | 5 | 切削性好，良好力学性能，可冷热加工、耐蚀 | 螺钉、垫圈(片)等结构件 |
| 锡黄铜 | HSn90-1 | 88.0~91.0 | Sn:0.25~0.75 | 硬 | 520 | 5 | 高的耐磨性、减磨性和耐蚀性。目前唯一可作耐磨合金用的锡黄铜 | 汽车、拖拉机弹性套管等耐蚀减摩件 |
| | HSn70-1 | 69.0~71.0 | Sn:0.8~1.3 As:0.03~0.06 | 硬 | 650 | 12 | 耐大气、蒸汽、油类及海水腐蚀，力学性能良好，压力加工性好 | 海轮上耐蚀件、导管及热工零件 |
| 铝黄铜 | HAl77-2 | 76.0~79.0 | Al:1.8~2.6 | 硬 | 650 | 15 | 典型的铝黄铜，高强度、高硬度，耐海水及海水及海洋大气腐蚀 | 船舶及海滨热电站中作冷凝管等耐蚀件 |
| | HAl59-3-2 | 57.0~60.0 | Al:2.5~3.5 Ni:2.0~3.0 | 硬 | 650 | 8 | 耐蚀性是所有黄铜中最高者，高强度，热态下压加工性好 | 发动机、船舶业及常温下工作的高强度耐蚀件 |
| 硅黄铜 | HSi65-1.5-3 | 63.5~66.5 | Si:1.0~2.0 Pb:2.5~3.5 | 硬 | 600 | 10 | 强度高，耐蚀性好，耐磨性好，冷态下压力加工性好 | 耐磨锡青铜的代用品、用于腐蚀及摩擦条件下的高强度零件 |
| 锰黄铜 | HMn58-2 | 57.0~60.0 | Mn:1.0~2.0 | 硬 | 700 | | 在海水、过热蒸汽、氯化物中耐蚀性高，但有腐蚀破裂倾向 | 应用较广泛，船舶零件及弱电流工业用零件 |

元件。Sn 含量对铸态锡青铜的性能有很大影响,如图 6-6 所示。Sn 含量较少时,形成单一的 α 固溶体,强度增加、塑性好。当 Sn 的含量大于 6%～7%后,合金中出现硬脆的 δ 相($Cu_{31}Sn_8$),使强度继续增高,但塑性急剧下降;当 Sn 的含量增加到 20%后,不仅塑性极低,而且强度亦急剧降低,无使用价值。因此工业用锡青铜的 Sn 含量一般在 3%～14%之间。含 Sn 量≤5%的锡青铜适于冷加工,含 Sn 量在 5%～7%的锡青铜适于压力加工,含 Sn 量在 10%～14%的锡青铜适于铸造。常用青铜合金的牌号、成分、性能特点及用途见表 6-6。

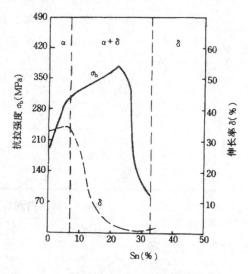

图 6-6　铸造锡青铜的力学性能与锡含量关系

## (三)白　铜

白铜是铜和镍的合金,分为普通白铜和特殊白铜。普通白铜是铜、镍的二元合金,特殊白铜是在铜镍合金基础上加入锰、锌、铁、铝等元素的多元合金。根据用途不同,白铜又可分为结构白铜和电工白铜。结构白铜以普通白铜为主,具有高的力学性能、耐蚀性、耐热性及耐寒性,主要用于制造高温和强腐蚀介质中工作的零件。电工白铜以锰白铜为主,具有特殊的热电性能,广泛用于电工技术和仪器仪表业中。

普通白铜编号为"B+镍的平均含量",如 B19。特殊白铜编号为"B+其他元素符号+镍含量+其他元素含量",如 BZn15～20,表示含 Ni 15%、Zn 20%的锌白铜。常用白铜的牌号、成分、性能特点及用途见表 6-7。

表 6-6　常用青铜的牌号、成分、性能特点及用途

| 类别 | 牌　号 | 化学成分 (%) | 力学性能 状态 | 力学性能 $\sigma_b$(MPa) | 力学性能 δ(%) | 性 能 特 点 | 用　途 |
|---|---|---|---|---|---|---|---|
| 锡青铜 | QSn4-3 | Sn:3.5～4.5<br>Zn:2.7～3.3 | 软<br>硬 | 350<br>550 | 40<br>4 | 高耐磨性、高弹性、耐大气、淡水、海水腐蚀,抗磁性好 | 弹簧,造纸工业的刮刀等 |
| 锡青铜 | QSn6.5-0.1 | Sn:6.0～7.0<br>Pb:0.1～0.5 | 软<br>硬 | 400<br>600 | 65<br>10 | 高的强度、弹性、耐磨、抗磁性、耐大气、淡水腐蚀 | 弹簧,精密仪器中耐蚀件及抗磁件,如齿轮、电刷盒等 |
| 铝青铜 | QAl7 | Al:6.0～8.0 | 退火<br>冷加工 | 470<br>980 | 70<br>3 | 强度高、弹性好、耐磨,耐蚀 | 弹簧、齿轮、涡轮传动机构等 |
| 铝青铜 | QAl10-3-1.5 | Al:8.5～10.0<br>Fe:2.0～4.0<br>Mn:1.0～2.0 | 软<br>硬 | 600～700<br>800 | 25<br>9～12 | 强度高、耐磨性好,较好的高温抗氧化性和耐蚀性 | 高温条件下工作的齿轮、飞轮、衬套等耐磨件 |

续上表

| 类别 | 牌 号 | 化学成分 | | 力学性能 | | | 性 能 特 点 | 用　　途 |
|---|---|---|---|---|---|---|---|---|
| | | （%） | | 状态 | $\sigma_b$(MPa) | $\delta$（%） | | |
| 铍青铜 | QBe2 | Be:1.9~2.2<br>Ni:0.2~0.5 | | 时效 | 1 150 | 2~4 | 力学、物理、化学综合性能良好，高导电、高导热性、耐寒性好、耐蚀性好，无磁性 | 精密弹簧，高温高压、高速下工作的轴承、衬套等 |
| | QBe1.7 | Be:1.6~1.85<br>Ti:0.1~0.25<br>Ni:0.2~0.5 | | 时效 | 1 150 | 3.5 | 性能与QBe2相近，弹性迟滞小，性能对温度变化敏感小，价格较便宜 | 同上 |
| 硅青铜 | QSi3-1 | Si:2.75~3.5<br>Mn:1.0~1.5 | | 硬 | 600~750 | 3 | 低温下不变脆，与青铜、钢及其他合金焊接性好，耐苛性钠和氯化钠腐蚀，较高强度、弹性 | 耐蚀零件、弹性元件、涡轮、涡杆等耐磨件 |

表 6-7　常用白铜的牌号、成分、性能特点及用途

| 类别 | 牌 号 | 化学成分（%） | | 力学性能 | | | 性 能 特 点 | 用　　途 |
|---|---|---|---|---|---|---|---|---|
| | | Ni + Co | 其他 | 状态 | $\sigma_b$（MPa） | $\delta$（%） | | |
| 普通白铜 | B0.6 | 0.57~0.63 | | | | | 电工白铜。温差电动势小，工作温度≤100℃ | 特殊温差电偶(铂-铂铑)之补偿导线 |
| | B5 | 4.4~5.0 | | 硬 | 400 | 10 | 结构白铜。强度较高，耐蚀性高。其中B30力学性能、耐蚀性均高于B5,B19 | 船舶零件及化工机械零件，医疗器具，钱币 |
| | B19 | 18.0~20.0 | | 硬 | 400 | 3 | | |
| | B30 | 29.0~33.0 | | 硬 | 550 | 3 | | |
| 锰白铜 | BMn3-12 | 2.0~3.5 | Mn:<br>11.5~13.50 | 软 | 360 | 25 | 电工白铜，俗称锰铜。高电阻率，低电阻温度系数 | 100℃以下工作的电阻仪器及精密电工测量仪器 |
| | BMn40-1.5 | 39.00~41.00 | Mn:<br>1.0~2.0 | 退火<br>硬 | 400<br>600 | | 电工白铜，俗称康铜。几乎不随温度改变的高电阻率和热电动势，耐热、抗蚀性好 | 900℃以下热电偶<br>500℃以下加热器，变阻器 |
| | BMn43-0.5 | 42.00~44.00 | Mn:<br>0.1~1.0 | | | | 电工白铜，俗称考铜。在电工白铜中有最大的温差电动势，高电阻率，低电阻温度系数，耐蚀及抗蚀性好于康铜 | 高温测量中的补偿导线和热电偶负极，600℃以下工作的电热仪器 |
| 锌白铜 | BZn15-20 | 13.5~16.5 | Zn:<br>18.0~22.0 | 软<br>硬 | 350<br>55 | 35<br>2 | 结构白铜，外表银白色，俗称德银(中国银)。高强度、高耐蚀性，可塑性好 | 潮湿及强腐蚀条件下的仪表零件、医疗器械、工业器皿、艺术品等 |

# 第三节　钛及钛合金

## 一、纯　　钛

钛呈银白色,熔点高(1 680 ℃),密度小(4.5 g/cm³)。工业纯钛中含有较多杂质(O,N,C 等),强度、硬度显著提高,尤其氧对工业纯钛的抗拉强度影响很大,每 0.1 % 的氧可使工业纯钛的抗拉强度提高 110~120 MPa。其强度约为铝的 6 倍,钛的比强度很高。

钛具有同素异构转变 α-Ti　　　　　β-Ti,882.5 ℃ 以上为属于体心立方晶格的 β-Ti,其塑性很好,适于热加工。在882.5 ℃ 以下为密排六方晶格的 α-Ti,由于 α-Ti 的 c/a 值(1.587)略小于密排六方晶格的理想值 1.633,具有多个滑移面及孪晶面,因而 α-Ti 仍有良好的塑性,便于冷热加工。

钛在大气和海水中有优良的耐蚀性,且不产生孔蚀及应力腐蚀,是制作海水用热交换器的极佳材料。在硫酸、盐酸、硝酸、氢氧化钠等介质中都很稳定,其耐蚀性优于大多数不锈钢。

钛既是良好的耐热材料(≤500 ℃),也是优良的低温材料(在 -253 ℃ 仍有良好的塑性和韧性)。

**表 6-8　常用钛合金牌号、成分、性能特点及用途**

| 类别 | 牌号 | 化学成分(%) | 力学性能 | | 室温 | 高温 | | 性能特点 | 用途 |
|---|---|---|---|---|---|---|---|---|---|
| | | | $\sigma_b$ (MPa) | $\delta$ (%) | 试验温度(℃) | (MPa) $\sigma_b$ | $\sigma_{100}$ | | |
| 工业纯钛 | TA1 | 杂质 ≤0.495 | 退火 300~500 | 30~40 | | | | 较高比强度,良好耐蚀性,较好疲劳极限,可锻造、压力加工、焊接 | 航空、医疗、化工等方面,如航空中排气管、防火墙、受热蒙皮等 |
| | TA2 | 杂质 ≤0.815 | 退火 450~600 | 25~30 | | | | | |
| | TA3 | 杂质 ≤1.015 | 退火 550~700 | 20~25 | | | | | |
| α钛合金 | TA4 | Ti-3Al | 退火 700 | 12 | | | | 良好的热稳定性,热强性,优良焊接性 | 焊丝材料 |
| | TA5 | Ti-4Al-0.005B | 退火 700 | 15 | | | | | |
| | TA6 | Ti-5Al | 退火 700 | 12~20 | 350 | 430 | 400 | 典型的 α 钛合金,在 316~593 ℃ 下具有良好的抗氧化性、强度及高温稳定性,在 -253 ℃ 超低温下,仍有好的塑性及韧性 | 航空发动机压气机叶片、壳体及支架等 |
| | TA7 | Ti-5Al-2.5Sn | 棒 | 800 | 10 | 350 | 500 | 450 | | |
| | TA8 | Ti-5Al-2.5Sn-3Cu-1.5Zr | 棒 | 1 000 | 10 | 500 | 700 | 500 | 室温与高温力学性能高于 TA7,可在 500 ℃ 长期工作 | 发动机压气机盘、叶片等 |

| 类别 | 牌号 | 化学成分（%） | 力学性能 | | 室温 | 高温 | | | 性能特点 | 用　途 |
|---|---|---|---|---|---|---|---|---|---|---|
| | | | $\sigma_b$ (MPa) | $\delta$ (%) | 试验温度 (℃) | (MPa) $\sigma_b$ | $\sigma_{100}$ | | | |
| β钛合金 | TB1 | Ti-3Al-8Mo-11Cr | 时效 1 300 | 5 | | | | | 淬火态塑性好，可冷成形，时效后强度很高，可焊性好，热稳定性 | 350 ℃ 以下工作的零件、螺栓、铆钉、飞机构件等 |
| | | | 淬火 1 100 | 16 | | | | | | |
| | TB2 | Ti-5Mo-5V-8Cr-3Al | 时效 1 350 | 8 | | | | | | |
| | | | 淬火 1 000 | 20 | | | | | | |
| α+β钛合金 | TC2 | Ti-3Al-1.5Mn | 退火 700 | 12～15 | 350 | 430 | 400 | | 有较高的力学性能和优良的高温变形能力。时效后，强度大幅提高，是目前应用最广的钛合金 | 低强钛合金，可作低温材料 |
| | TC4 | Ti-6Al-4V | 退火 950 | 10 | 400 | 630 | 580 | | | 典型的 α+β 钛合金，具有良好的综合力学性能，组织稳定性高，用作火箭发动机外壳、叶片、紧固件等 |
| | | | 时效 1 200 | 8 | | | | | | |

　　钛的化学活性很高，使冶炼、加工和热处理都比较困难，生产成本较高。

　　根据杂质含量不同，工业纯钛分为 TA1，TA2 与 TA3 三种。编号越大，杂质越高。其性能特点及用途见表 6-8。

## 二、钛合金化

　　钛中加入不同的合金元素可得到不同类型的钛合金，见图 6-7。铝、碳、氮、氧、硼等使 α $\Longleftrightarrow$ β 转变温度升高，为 α 稳定化元素。其中铝是钛合金中最常用的元素，可增加合金的比强度，显著提高再结晶温度，增加固溶体中原子间结合力，提高合金的热强度。但 Al 过多会使合金脆性增加、加工性能与抗蚀性下降。

　　硅、铁、钼、锰、铬、钒等是 β 稳定化元素，可增加合金的热处理强化效果，改善冷、热加工塑性，降低变形抗力和加工温度，其中 Mo 与 V 应用最多，Mo 可提高蠕变抗力，强化效果优于 V。

　　锡、锆为中性元素，在 α-Ti 及 β-Ti 中均有较高的溶解度，起补充强化作用。

　　根据退火组织，钛合金一般分为 α 型、β 型和 α+β 型三大类，牌号分别用 TA，TB，TC 作字头，其后标明顺序号，如 TA5，表示第五号 α 型钛合金。

　　根据性能特点，钛合金可分为高塑性低强度、中强度、高强度和耐热钛合金。

　　常用钛合金的牌号、成分、性能特点及用途见表 6-8。

## 三、钛合金组织、性能及应用

### (一)α 类钛合金

　　我国现有 TA4，TA5，TA6，TA7 及 TA8 五个牌号，退火态组织为 α 固溶体或 α+微

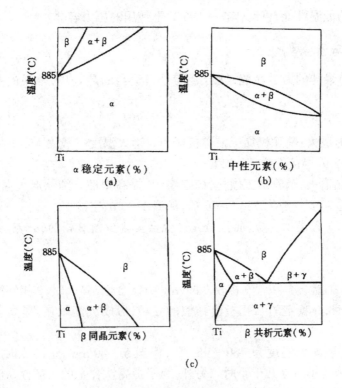

图 6-7 钛合金相图基本形式
(a)α 稳定元素与钛的状态图基本形式;
(b)中性元素与钛的状态图基本形式;
(c)β 稳定元素与钛的状态图基本形式。

量金属间化合物,室温强度低,高温(500～600℃)强度和蠕变强度居钛合金首位,属耐热型钛合金,一般用于500℃以下工作的零件。该类合金耐蚀性好,易于焊接,在-253℃超低温下似有良好的塑性及韧性。TA7 是广泛应用的 α 类钛合金。

(二)β 类钛合金

现有 TB1 和 TB2 两个牌号,该合金热处理强化效果显著,其淬火态组织为 β 固溶体,塑性好,可冷成型。淬火时效后强度显著提高。但该合金耐热性差,一般在350℃以下使用。该类合金由于熔炼工艺复杂等原因,应用不够广泛。

(三)α+β 类钛合金

退火态组织为 α+β,该类合金强度高、塑性好,是目前应用最广泛的钛合金。我国目前有 TC1,TC2,……,TC11 等共 11 个牌号,其中 TC1 与 TC2 在退火态使用,属低强钛合金;TC3 和 TC4 为中强钛合金,TC10 为高强钛合金,TC6,TC8,TC9 和 TC11 则为耐热钛合金。TC4 由于合金化比较简单,组织和性能稳定,适合大规模生产,成为当今工业钛合金中用量最大,品种规格比较齐全的国际通用型合金。该合金在纯度较高时,还具有良好的低温性能,可制作在 - 196 ℃下使用的压力容器。

### 四、钛合金热处理

为了获得最佳的力学性能,钛合金需进行适当的热处理,常用的是退火及淬火时效。

(一)退　　火

1. 去应力退火:消除机加工或焊接应力。退火温度一般为 450～650 ℃,机加工零件保温 0.5～2 h,焊接件为 2～12 h。

2. 再结晶退火:消除加工硬化,稳定组织,提高塑性。纯钛退火温度一般为 550～690 ℃,钛合金温度一般为 750～800 ℃,保温 1～3 h,空冷。

退火适用于各类钛合金,而且是 α 钛合金及含少量 β 相的(α＋β)钛合金的唯一热处理形式。

(二)淬火时效

适用于 β 类钛合金和含 β 相较多的(α＋β)钛合金,淬火时,β 相转变成介稳定的 β′相,加热时效后,介稳定的 β′相析出弥散的 α 相,形成沉淀硬化,提高合金的强度和硬度。

钛合金一般淬火温度为 760～950 ℃,保温 5～60 min,水冷。时效温度为 450～600 ℃,时间为几小时至几十小时。另外,为了提高钛合金的耐磨性,还可采用镀层、涂层、阳极氧化及渗氧、渗氮等化学热处理。

由于钛合金在大气中加热,极易渗入氢、氧、氮、碳等元素,应防止氧化和氢、氧等的污染,最理想的是在真空或干燥纯氩中加热。

## 第四节　滑动轴承合金

滑动轴承是汽车、拖拉机、机床及其他机器中的重要部件,它支承着轴颈和其他转动或摆动的零件,由轴承体和轴瓦两部分构成,用来制造轴瓦及其内衬的合金,为轴承合金。

常用的轴承合金按主要成分可分为锡基、铅基、铝基和铜基等数种,前两种称为巴氏合金,其编号方法为:ZCh＋基本元素符号＋主加元素符号＋主加元素含量＋辅加元素含量。其中"Z"和"Ch"分别表示"铸造"和"轴承"的意思。如 ZChSnSb11-6 表示含 11％Sb、6％Cu 的锡基铸造轴承合金。常用轴承合金牌号、成分、性能特点及用途见表6-9。

### 一、锡基轴承合金(锡基巴氏合金)

锡基轴承合金是在 Sn-Sb 合金的基础上添加 Cu 的合金,成分范围是 80％～90％的 Sn、3％～16％的 Sb、1.5％的 Cu,由于 Sn 含量高,其组织是典型的软基体加硬质点。

最常用的锡基轴承合金是 ZChSnSb11-6，其显微组织为 $\alpha + \beta' + Cu_6Sn_5$。$\alpha$ 是 Sb 溶解于 Sn 中的固溶体，是软基体。$\beta'$ 是 SnSb 为基体的固溶体，由于 $\beta'$ 相较轻，所以加入 Cu 以形成均匀的 $Cu_6Sn_5$ 树枝状骨架，阻碍 $\beta'$ 上浮，防止比重偏析，$\beta'$ 和 $Cu_6Sn_5$ 是硬质点（见图 6-8），白色块状为 $\beta'$，星状和杆状为 $Cu_6Sn_5$，基体为 $\alpha$。

表 6-9　常用轴承合金的牌号、成分、性能特点与用途

| 类别 | | 牌　号 | 化学成分（%） | 力学性能 | | 性能比较 | | | | 性能特点 | 用　途 |
|---|---|---|---|---|---|---|---|---|---|---|---|
| | | | | $\sigma_b$ (MPa) | $\delta$ (%) | 抗咬合性 | 顺应嵌藏性性 | 耐蚀性 | 抗疲劳性 | | |
| 巴氏合金 | 锡基轴承合金 | ZChSnSb11-6 | Sb：10～12 Cu：5.5～6.5 | 90 | 6 | 1 | 1 | 1 | 5 | 摩擦系数小、膨胀系数小，疲劳强度低，价格较贵 | 最大负荷11.5 MPa，150 ℃以下工作的高速汽轮机、涡轮机轴承 |
| | 铅基轴承合金 | ZChPbSb16-16-2 | Sn：15～17 Sb：15～17 Cu：1.5～2.0 | 78 | 0.2 | 1 | 1 | 3 | 5 | 价格便宜，铸造性好 | 最大负荷11.3 MPa，汽车、轮船等中轻载不受大冲击轴承 |
| 铜基轴承合金 | 铅青铜 | ZQPb30 | Pb：27～33 | 60 | 4 | 3 | 4 | 4 | 2 | 高的疲劳强度和承载能力、耐磨、导热性好 | 最大负荷25 MPa，最大滑线速度12 m/s的高速高压及变载发动机轴承，工作温度不超过250 ℃ |
| | 锡青铜 | ZQSn10-1 | Sn：9.0～11.0 Pb：0.6～1.2 | 250 | 5 | 3 | 5 | 1 | 1 | 高强度，耐疲劳性好 | 最大负荷15 MPa，最大滑线速度10 m/s中速高载及变载柴油机轴承 |
| 铝基轴承合金 | 铝锡系 | ZAlSn20-1 | Sn：17.5～22.5 Cu：0.75～1.25 | | | 4 | 3 | 1 | 2 | 高的疲劳强度、耐磨、耐热、抗蚀 | 最大负荷28 MPa，最大滑线速度20 m/s内燃机、发动机轴承 |
| | 铝锑系 | ZAlSb4 | Sb：3.5～5.5 Mg：0.3～0.7 | 74 | 24 | | | | | 高的导热性、耐蚀性，抗咬合性不高 | 最大负荷20 MPa，最大滑线速度15 m/s的内燃机薄壁轴瓦 |

锡基轴承合金中 Sn、Cu 含量增加，$\beta'$ 和 $Cu_6Sn_5$ 相含量增加，强度、硬度升高，但塑性、韧性下降，脆性大，故 Sn 含量不高于 20%，Cu 含量不高于 10%。

锡基轴承合金的主要优点是摩擦系数和膨胀系数小、抗蚀性高、塑性、导热性好。主要缺点是疲劳强度差，许用温度一般小于 110 ℃。

为进一步提高锡基轴承合金的强度和使用寿命，通常采用双金属或三层金属结构。

**二、铅基轴承合金**（铅基巴氏合金）

铅基轴承合金是以 Pb-Sb 为基的合金，典型牌号有 ZChPbSb16-16-2，其显微组织为 $(\alpha + \beta) + \beta +$

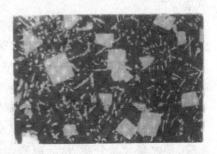

图 6-8　ZChSnSb11-6 轴承合金显微组织

$Cu_2Sb$,是一种软基体〔($\alpha+\beta$)共晶体〕硬质点($\beta$,$Cu_2Sb$)类型轴承合金。其中 $\alpha$ 是以 Pb 为基的固溶体,$\beta$ 是 SnSb。合金中加 Sn,既能溶入 Pb 中,强化 $\alpha$ 基体,又可形成金属化合物 SnSb 作为硬质点,提高硬度、耐磨性,Sn 还可改善与钢衬垫的粘合力。合金中加 Cu,形成针状 $Cu_2Sb$,防止比重偏析。

该合金突出优点是成本低,高温强度好,铸造性能好,有自润滑性,适合润滑较差的场合。缺点是耐蚀性、耐磨性与导热性不如锡基轴承合金。常制成双金属或三层金属结构,用于低速、低负荷或静载下工作的轴承。

### 三、铜基轴承合金

铜基轴承合金有铅青铜、锡青铜等。

常用的铅青铜轴承合金有 ZQPb30,室温组织为 Cu + Pb,是一种硬基体(Cu)软质点(Pb)的轴承合金,在轴承工作时,这些软质点能很好地保持润滑油膜,降低摩擦系数,与巴氏合金相比,该合金具有优良的减摩性、高导热性和疲劳强度,可在320℃以下正常工作。用于高速、高负荷、高温下工作的航空发动机、柴油机、大马力气轮机轴承,是机械制造和航空工业上应用最广且性能优良的轴承材料。

简单铅青铜轴承合金的强度较低,使用时将其与低碳钢带一起轧制,复合成双金属轴承,以提高轴承强度。

铅青铜的主要缺点是抗蚀性差,并且浇注时易产生比重偏析(Cu 与 Pb 的熔点、比重差别大),浇注前要仔细搅拌,浇注后快速冷却。

常用的锡青铜 ZQSn10-1 为软基体($\alpha$)硬质点($\delta$,$Cu_3P$)类轴承合金,其突出特点是强度高,可直接做轴承或轴套使用,不必做成双金属。

### 四、铝基轴承合金

铝基轴承合金是一种新型减摩材料,具有高的高温硬度,优良的耐蚀性与减摩性,比重小,导热性好,疲劳强度高,价格低廉,广泛用于高速高负荷下工作的轴承。缺点是膨胀系数大,易与轴咬合,尤其在起动时咬死的危险性更大,通常需表面镀 Sn 以改善轴承适应性。

该合金主要有铝锡系(Al-Sn20%-Cu1%)、铝锑系(Al-Sb4%-Mg0.5%)等。Al-Sn20-Cu1 是一种典型的硬质铝基体($\alpha$)软质点(Sn)的轴承合金,Sn 可改善抗咬合性、嵌藏性和适应性等,但随着 Sn 含量增加,合金力学性能下降,故使用时与 08 钢一起轧制成双合金带。合金中加少量 Cu,Ni,可固溶于铝中,强化基体。该合金疲劳强度高、耐热、耐磨、耐蚀,被世界各国广泛使用。

Al-Sb-Mg 合金的组织特点是软基体($\alpha$)硬质点(AlSb),Mg 的作用是消除针状 AlSb,使之呈片状分布,从而提高塑性、韧性和屈服强度。它与 08 钢一起制成双金属轴承使用。

# 第五节 特殊性能合金

## 一、高温合金

随着工业现代化的进程及燃气轮机、航空航天发动机等的不断发展,对材料的性能要求更高,如内燃机和汽轮机中的涡轮叶片、涡轮盘等主要构件都是在高温下工作,长期受应力作用,并与高温水蒸气、汽油等腐蚀气体接触,因此,要求制造这些机件的材料在高温下具有足够的持久强度、热疲劳强度及高温韧性,又具有抵抗氧化或气体腐蚀的能力,前者称为热强度,后者称为热稳定性,高温合金就能满足这些要求。

(一)高温合金的分类与牌号

按合金基本组成元素分类,可分为铁基、镍基、钴基等高温合金。

按合金的生产方法不同,可分为变形高温合金和铸造高温合金。

变形高温合金牌号以"GH+合金类别号+顺序号"表示,"GH"表示"高合"。"合金类别号"有:1——固溶强化铁基合金;2——时效硬化铁基合金;3——固溶强化镍基合金;4——时效硬化镍基合金;6——钴基合金。"顺序号"以三位数字表示合金编号。如GH1140表示140号固溶强化铁基高温合金。

铸造高温合金牌号以"K+分类号+顺序号"表示。"分类号"有:2——时效硬化铁基合金;4——时效硬化镍基合金;6——钴基合金。"顺序号"以两位数字表示合金编号。如K401表示1号时效硬化镍基铸造高温合金。

另外,用作焊丝的高温合金在"GH"前加"H",即"HGH",粉末冶金的高温合金以"FGH"表示。

(二)常用高温合金

1. 铁基高温合金 是指含 Ni≥20%,Cr 在 15% 左右的高镍铬铁基合金。此类高温合金除利用镍铬热强钢的强化机理外,主要利用 Al,Ti 等合金元素形成的金属间化合物($Ni_3Al$,$Ni_3Ti$)达到合金沉淀硬化的效果。其工作温度为 700~750℃,常用的牌号有 GH1140,GH2130,GH2136,GH2302 等。其性能特点及用途见表 6-10。

2. 镍基高温合金 是一种在镍基体中加入 Cr,W,Mo,Co,Al,Ti 等合金元素及适量的稀土元素的合金,它主要利用 Al,Ti 在镍基奥氏体中形成细小而弥散分布的金属间化合物,使基体得到强化,同时 Nb,W,Ta,Mo 等合金元素的加入,它们一方面溶入奥氏体基体,一方面析出它们的碳化物,Zr,B 等合金元素则强化晶界。所有这些作用,都使合金的高温强度得到提高。Cr 可提高合金的抗氧化性和耐蚀性。镍基高温合金的工作温度可高达1 100℃,广泛用于制造航空喷气发动机的最热端部件,如涡轮盘、燃烧室等。镍基高温合金突出的优点是:工作温度高、组织稳定、有害相少及抗氧化抗腐蚀能力强,它在整个高温合金领域占特殊重要的地位,它的广泛应用迅速推动了航空航天业的发展。常用镍基高温合金牌号、成分、性能特点及用途见表 6-10。

表 6-10　常用高温合金的牌号、性能特点及用途

| 牌　号 | 旧牌号 | 性 能 特 点 | 用 途 |
|---|---|---|---|
| GH1140 | GH40 | 我国自行研制的铁基高温合金板材,具有良好的抗氧化性、高塑性、足够的热强性和良好的热疲劳性、冲压性,焊接性良好;可替代 GH3030 及 GH3039,每用 1 t GH1140,可分别节约镍430 kg 及370 kg | 燃烧室、加力燃烧室及工作温度 900 ℃承受低载荷的板材零件<br>是应用最广泛的铁基高温合金 |
| GH2130 | GH30 | 我国自行研制的合金,具有高的热强性和良好的工艺塑性、疲劳性能;可替代 GH4037,每用1 t 节约镍300 kg | 800～850 ℃工作的涡轮叶片等 |
| GH2302 | GH302 | 我国自行研制成功的合金,具有高的热强性和良好的工艺塑性,缺口敏感性接近 GH4037;为提高抗氧化性,应渗铝;可替代 GH4037、GH4043 | 800～850 ℃工作的涡轮叶片、幅条等以及700 ℃以下长期工作的民用燃气轮机 |
| GH4033 | GH33 | 时效硬化性镍基合金 | 550～1 000 ℃工作的航空航天等的高温承力部件、涡轮盘等 |
| GH4049 | GH49 | 很高的热强性,良好的疲劳强度,小的缺口敏感性,但工艺塑性差,经真空电弧炉重熔后具有较好的工艺塑性 | 850～900 ℃工作的燃气涡轮叶片 |
| K211 | K11 | 铸造铁基高温合金 | 800 ℃以下导向叶片 |
| K403 | K3 | 镍基铸造高温合金,具有良好的工艺性能 | 850～1 000 ℃下的燃气涡轮导向叶片及工作叶片 |
| K640 | K40 | 钴基铸造高温合金,良好的抗热蚀、抗热疲劳性能 | 800 ℃以下的导向叶片 |

　　镍基高温合金使用大量的镍,而我国镍资源较少,因此在一些情况下可用铁基合金替代,以节约镍,降低合金成本。

　　3. 钴基高温合金　是以钴为主,含 10%～30% Ni,20%～35% Cr 等的合金。Ni 可增加奥氏体稳定性,加入 Al,Ti,Nb,Ta 等合金元素可生成金属间化合物,使基体得到强化。另外,钴基高温合金含碳量较高,它主要利用所形成的碳化物来强化基体。Cr 可提高合金的抗氧化性。钴基高温合金具有良好的塑性、热疲劳强度及长期使用下的稳定性,被广泛用于制造燃气轮机的导向叶片及其他热端部件。常用钴基高温合金牌号、成分、性能特点及用途见表 6-10。

## 二、形状记忆合金

　　20 世纪 50 年代初,美国学者在研究 Au-Cd 合金时发现该合金经塑性变形后可自行恢复变形前原有形状,但未引起重视。10 年后,美国海军武器研究所的 Buehler. W. J 发现把 NiTi 合金做成圆圈,加热到150 ℃后冷却,随后把它拉成笔直的形状,再加热到 95 ℃时,笔直的合金丝又恢复了原来圆圈的形状。把 NiTi 合金丝弯曲成 NiTinol 字样,加热、冷却,再把字样弄乱,但通电加热后,乱成一团的合金丝仍恢复了 NiTinol 字样。这种把材料变形后加热至某一特定温度以上能自动恢复原来形状的效应,为形状记忆效应,具有形状记忆效应的合金称为形状记忆合金。

　　形状记忆效应包括单程记忆效应和双程记忆效应。单程记忆效应只记忆一次,而双程记忆效应是恢复原来形状的合金在再次重复冷却和加热时也能恢复原形状。但双程记忆效应往往不完全,且在继续循环时,记忆效应将逐渐消失。

（一）形状记忆合金的本质

马氏体转变的一个重要特征是当奥氏体过冷到 $M_s$ 以下时形核并以极快速度长大到一定尺寸就终止了，若要转变继续进行，不能依靠已有的马氏体进一步长大，而是继续降温形成新的核，长成新的马氏体。这是因为马氏体长大到一定程度，边界的共格关系遭到了破坏。

但在 Cu-Zn 等合金中发现了一种特殊马氏体，这种马氏体可以随温度降低而长大，随温度升高而缩小，称为热弹性马氏体。这是由于母相与马氏体界面的共格联系未被破坏，可随温度的升降而消长。出现热弹性马氏体的必要条件是界面的共格联系未被破坏，因此，母相与马氏体的比容差要小，以减少弹性应力；其次，母相的弹性极限要高，以维持共格联系；另外，母相应呈有序化，因原子排列规律性愈强，愈易维持共格。这是得到热弹性马氏体的基本条件。

另外，外加应力的改变也可引起马氏体的消长，即随应力增加，马氏体长大，应力减小，马氏体片缩小，这种由应力诱发马氏体转变引起的弹性应变，称为伪弹性。

形状记忆效应是由马氏体转变的热弹性行为和伪弹性行为引起的。

（二）常用形状记忆合金特性比较

具有形状记忆效应的合金有 NiTi，Cu-Zn-Al，Ni-Al，Fe-Pt 等 20 多种，但应用最多的是 NiTi 合金，其次是 Cu 系及 Fe 基合金，其性能特点如表 6-11 所示。

表 6-11　常用形状记忆合金特点比较

| 合　金　系 | Ni-Ti | Cu-Zn-Al | Fe-Mn-Si |
|---|---|---|---|
| 熔点（℃） | 1 240～1 310 | 960～990 | 1 400～1 450 |
| 密度（g/cm³） | 6.4～6.5 | 7.7～8.0 | 7.0～7.8 |
| $\sigma_s$（MPa） | 100～600 | 80～140 | 300～500 |
| $\sigma_b$（MPa） | 700～1 000 | 500～600 | 700～1 000 |
| δ（%） | 20～60 | 6～9 | 12～30 |
| 转变点（℃）<br>M 转变开始点 $M_s$<br>A 转变开始点 $A_s$<br>A 转变终了点 $A_f$ | －100～100<br>10～100<br>－100～100 | －100～30<br>0～45<br>45～100 | 室温<br>－125<br>－150 |
| 恢复应变 | ≤8% | ≤4% | ≤4% |
| 恢复应力（MPa） | ≤600 | ≤300 | ≤300 |
| 循环寿命 | $10^5(\varepsilon=0.02)$<br>$10^7(\varepsilon=0.05)$ | $10^2(\varepsilon=0.02)$<br>$10^5(\varepsilon=0.05)$ | |
| 耐蚀性 | 好 | 不良，有应力腐蚀破坏 | 加 Cr 可改善耐蚀性 |
| 焊接性 | 难 | | 较好 |
| 切削性 | 难 | 良好 | 良好 |

NiTi 系形状记忆合金具有良好的形状记忆功能,其强度高、塑性好、耐腐蚀性好、耐磨及抗疲劳性好,是应用最广泛的形状记忆合金。但其主要缺点是价格昂贵,加工困难,在一定程度上限制了它的应用范围。

铜系形状记忆合金包括 Cu-Zn、Cu-Al、Cu-Sn 等,其中 Cu-Zn-Al 系合金制造容易,性能优良,实际应用较多。铜系合金导热率高且对周围温度的变化很敏感,电阻小,转变温度范围宽,热滞小,价格便宜,适于制作热敏元件。

铁基形状记忆合金是在 20 世纪 70 年代以后发现的,有 Fe-Cr-Ni,Fe-Mn-Si,Fe-Mn-Si-Cr 等,其中应用最广泛的是 Fe-Mn-Si 系,该合金通过应力诱发 $\gamma(f.c.c)\Longleftrightarrow\varepsilon(h.c.p)$ 马氏体相变而具有形状记忆效应,当 Mn 含量在 $25\%\sim30\%$,Si 含量在 $4\%\sim6\%$ 时,合金的记忆效应最好。Fe 基合金突出优点是合金冶炼加工容易,价格低(为铜基合金的 1/2,Ni-Ti 合金的 1/20),可用于管接头、紧固件等。

(三)形状记忆合金应用

形状记忆合金以其特异的性能在航空航天、石油化工、机械制造、医学等领域获得广泛应用,见表 6-12。

表 6-12　形状记忆合金的典型应用

| 工业上形状恢复的一次利用 | 工业上形状恢复的反复利用 | 医疗上形状恢复的利用 |
|---|---|---|
| 紧固件 | 温度传感器 | 消除血栓用过滤器 |
| 管接头 | 室温调节用恒温器 | 脊椎矫正棍 |
| 宇宙飞行器用天线 | 温室窗开闭器 | 脑瘤手术用夹子 |
| 白炽灯灯丝 | 汽车散热器,风扇离合器 | 人造心脏,人造肾的瓣膜 |
| 火灾报警器 | 热能转变装置 | 骨折部固定用夹板 |
| 印刷电路板的结合 | 热电继电器的控制元件 | 矫正牙排用拱形金属线 |
| 集成电路的焊接 | 记录器用笔驱动装置 | 人造牙根 |
| 电路的连接器夹板 | | |
| 密封环 | | |

用 Ni-Ti 合金制作紧固件,用于飞机液压管的连接接头,接头在低温下用外力使之膨胀约 4%,然后套在要连接的管子外面,当温度回升到室温时,马氏体转变为母相,产生收缩,形成紧固密封,该方法同焊接相比,可防止焊接缺陷,在美国海军飞机上采用达 30 万例,无一失败。我国现已成功研制了耐高压铁基形状记忆合金管接头,用于石油开采、炼油、化工等行业的管道连接,效果非常好。

## 练 习 题

1. LF21,LY10,LY12,LC4,LD5,ZL105 各属何种铝合金?分析它们的性能特点,强化方法及用途(各举一例)。

2. 什么是变质处理?ZL102 变质处理前后其组织与性能有何变化?

3. 下列零件常使用铜合金制造,试选择适宜的铜合金牌号:

(1)弹壳;(2)冷凝管;(3)船舶用螺旋桨;(4)高级精密弹簧;(5)800 ℃ 以下的热电偶;(6)钟表中的齿轮。

4. TA7,TB1,TC3 属什么合金? 其热处理强化方法是什么?

5. 轴承合金的组织有什么特点? 为什么?

6. GH1140,GH2130,GH3030,GH4049 各属何种类型合金?

7. 什么是形状记忆合金? 卫星天线在工作时占用很大空间,而这样大的空间在卫星发射时是不可能提供的,但用 NiTi 合金制作的卫星天线便解决了这一问题,为什么?

# 第七章　非金属材料

除金属材料以外的所有工程材料,通称为非金属材料。近几十年来,以高分子材料、工程陶瓷和复合材料为主的非金属材料有了迅速的发展,在机械工程材料中占据重要地位,它的应用遍及国民经济的各个领域,受到人们的青睐。

## 第一节　高分子材料

### 一、概　　述

(一)高分子材料的基本知识

高分子材料是以高分子化合物为主要组分的材料,在非金属材料中具有其他材料所不能替代的作用。高分子化合物可以是天然的,也可以是人工合成的。其中天然高分子物质有蚕丝、羊毛、纤维素、橡胶以及存在于生物组织中的淀粉、蛋白质等,工程上的高分子物质主要是人工合成的各种有机材料,如塑料、合成橡胶及合成纤维等。

1. 高分子化合物的含义

高分子化合物是由一种或几种简单的低分子化合物经聚合而组成的分子量很大的化合物,简称高聚物。

高分子化合物的分子所含原子数可达数万,甚至数十万,而低分子化合物分子的原子数不过几个,最多数百个。习惯上将相对分子质量小于 500 的物质称为低分子化合物,相对分子质量大于 1 000 的物质称为高分子化合物,但二者并无严格的界线,不能单纯以分子质量的大小来评定,而应以能否显示高分子化合物的特性来判定,一般来说,高分子化合物具有一定的强度和弹性。

2. 高分子化合物的组成

高分子化合物通常由 C,H,O,N,S 等元素构成,其中以碳氢化合物及衍生物为主。组成高分子化合物的每一个大分子链都是由一种或几种低分子化合物的成千上万个原子以共价键形式重复连接而成。这里的低分子化合物称为"单体",是组成大分子的合成原料,而由低分子化合物转化为高分子化合物的过程称为聚合。例如,由数量足够多的乙烯($CH_2$ ══$CH_2$)作单体,通过聚合反应打开它们的双键便可生成聚乙烯,其结构式可简写为$\left[\!\!\begin{array}{c}\end{array}\!\!\right.CH_2$—$CH_2\left.\!\!\begin{array}{c}\end{array}\!\!\right]_n$。这里"—$CH_2$—$CH_2$—"结构单元称为"链节",是组成大分子的基本结构单元。

3. 高分子化合物的合成

人工合成高分子化合物的基本方式可分为加聚反应和缩聚反应。

(1)加聚反应

加聚反应是指一种或多种单体聚合成为高分子化合物的反应。加聚反应的单体必须具有不饱和键,并能形成两个或两个以上的新键。它们在光、热或引发剂的作用下,打开不饱和键,使单体通过单键一个个地连接起来,成为一条很长的大分子。例如前述单体($CH_2$══$CH_2$)在 1 000 个大气压及200 ℃条件下,打开双键,经聚合而生成聚乙烯($\pm CH_2$—$CH_2\mp_n$)的反应,即为加聚反应。其反应为

$$n\,CH_2 \text{══} CH_2 \xrightarrow{\text{加聚}} \pm CH_2\text{—}CH_2\mp_n$$

在加聚反应中,链节的化学结构与低分子单体相同,反应后无低分子副产物出现,并且反应速度快,能持续进行到底。一般来说,凡是带有双键的有机化合物,原则上都发生加聚反应。因此加聚反应是目前有机高分子工业的基础,如聚乙烯、聚氯乙烯和合成橡胶等,约有 80% 的高分子材料是由加聚反应得到的。

(2)缩聚反应

缩聚反应是指由两种或多种具有活泼官能团(如—OH,—NH,══CO 等)的单体相聚合,在生成聚合物的同时有小分子物(如 $H_2O$,HCl,$NH_3$ 等)放出的反应。例如氨基酸缩聚成聚酰胺的反应为

$$n\,H_2N(CN_2)_x\text{—}\overset{\text{O}}{\overset{\|}{C}}\text{—OH} \xrightarrow{\text{缩聚}} H\pm NH(CH_2)\overset{\text{O}}{\overset{\|}{C}}\mp\cdot OH + (n-1)H_2O$$

缩聚反应由若干步缩合反应构成,其反应是逐步进行并停留在某阶段上,因此可得到中间产物,在反应过程中伴有分子副产物析出,且每一步反应均是一个可逆的平衡过程,其链节的化学结构和单体的化学结构不同,因而缩聚反应要比加聚反应复杂得多,它同样具有很大的实用价值。例如,酚醛塑料、环氧树脂、聚酰胺(尼龙)、有机硅等重要的高分子材料都是由缩聚反应得到的。缩聚反应因其特有的反应规律和产物结构的多样性,为进一步改善高分子材料的性能和发展新产品开拓了广阔的前景。

(二)高分子化合物的结构与性能

1.高分子化合物的结构

高分子化合物的结构要比金属复杂得多,主要包括两个微观层次:一个是大分子链的结构,分近程结构和远程结构,其中近程结构为大分子结构单元的化学组成、键接方式、空间构型,远程结构为大分子的形态;另一个是高分子的聚集态结构,指的是高分子化合物的分子间结构形式。

高分子化合物的结构类型如下:

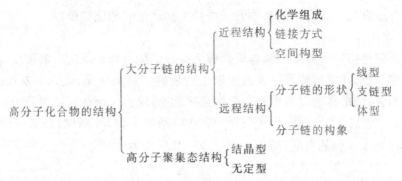

其主要特点是：

(1)大分子链是由众多($10^3 \sim 10^6$ 数量级)简单结构单元重复连接而成的,链的长度是链直径的 $10^4$ 倍;

(2)大分子具有柔性、可弯曲;

(3)大分子链间以范德华力结合在一起,或通过链间化学键交联在一起,且对性能有很大影响;

(4)高分子化合物中大分子链聚集态结构有晶态和非晶态等。

2. 高分子化合物的物理、力学状态

高分子化合物由于分子链长,分子量大,分子长短不一,可能具有不同的侧基,受温度影响时分子的运动单元出现重复性,而使得高分子化合物的物理、力学状态产生多样化。因而即使是同一物质,结构确定不变,也会因为分子运动方式不同,而表现出不同的物理、力学性能。

(1)线型无定型高分子化合物的物理、力学状态

线型无定型高分子化合物有三种状态,即玻璃态、高弹态和粘流态,如图 7-1 所示。

①玻璃态( $T_b \sim T_g$ )

当温度低于 $T_g$ 时,由于温度低,不但大分子不能运动,链中的链段也不能运动,只有大分子链中的原子在其原来的平衡位置作轻微振动,此状态为玻璃态。玻璃态是塑料的使用状态,凡室温下处于玻璃态的高分子化合物都可用作塑料。在外力作用下变形很小,且变形与外力成正比,变形具有可逆性,材料表现出刚硬性。 $T_g$ 是呈玻璃态的最高温度,亦称高分子化合物的玻璃化温度。当温度低于 $T_g$ 以下的某一温度 $T_b$ 时,原子的振动被冻结,此温度称为脆化温度,在 $T_b$ 温度以下的高分子化合物因呈脆性状态而失去使用价值。

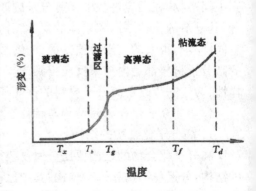

图 7-1　线型无定型高分子化合物

$T_b$—脆化温度; $T_g$—玻璃化温度;

$T_f$—粘流温度; $T_d$—分解温度。

②高弹态($T_g \sim T_f$)

当温度高于 $T_g$ 时,高分子化合物由刚硬状态变为柔软的具有高弹性的状态,即由玻璃态转为高弹态(又称橡胶态)。在此状态下,高分子化合物受力后能产生较大的变形,且变形是可逆的。室温下处于高弹态的高分子化合物,可作弹性材料使用,如各类橡胶。

③粘流态($T_f \sim T_d$)

当温度高于 $T_f$ 后,高分子化合物由高弹态转变为粘性流动状态,称为粘流态。此时大分子链间将会在外力作用下相对滑动,产生不能恢复的变形。$T_f$ 为粘流化温度,它的高低决定了高分子化合物加工成形的难易。在室温下处于粘流态的高分子化合物称流动性树脂。

④物理力学状态的实际意义

玻璃态、高弹态、粘流态的相互转变不是一个骤变的过程,而是在一定的温度范围内完成的。这一种物理力学状态的应用是以其在一定温度范围内的性质为依据的,要改善其性能,就必须将其被应用的温度范围扩大。

对于塑料制品,通常是在玻璃态下使用,其使用的上限温度为 $T_g$,下限温度为 $T_b$,这就要求塑料的 $T_g$ 应尽量高些,即提高其玻璃化温度,可扩大塑料的使用温度范围。例如设法提高大分子链的刚性,其 $T_g$ 相应提高。

对于橡胶制品则是在高弹态下使用,即应在玻璃化温度以上使用。玻璃化温度是橡胶使用的最低温度,如果 $T_g$ 高,就限制了橡胶制品的低温使用范围,因此希望橡胶的 $T_g$ 低些甚至在零下数10 ℃也能保持很好的弹性。

在室温下处于粘流态的高分子化合物叫做流动树脂,它可作胶粘剂,胶接各种金属或非金属零件或工具,是一种特殊的、发展很快的材料。另外,高分子化合物的成形加工通常都需在粘流态下进行的,即温度在 $T_f \sim T_d$ 之间。

(2)线型结晶型高分子化合物的物理、力学状态

完全结晶的高分子化合物,在熔点以下为硬性固态,不出现高弹态,在熔点以上熔融成为粘流态。但结晶型的高分子化合物只是部分结晶,非晶区的存在使链段运动仍可进行,因而仍有玻璃态转变为高弹态。当相对分子质量很大时,部分结晶的高分子化合物在玻璃化温度和熔点之间表现出既硬又韧的皮革态。在选用此类高分子化合物时,为保证熔融后成为粘流态而便于加工,只要强度满足要求,应尽量选用相对分子质量小些的材料。

(3)体型高分子化合物的物理、力学状态

体型高分子化合物由大分子链相互交联成网状结构,使大分子链不能整体运动,故不出现粘流态,受热时仍保持坚硬状态,当达到某一温度时,发生分解,为不溶不熔的高分子化合物。

3. 高分子化合物的性能特点

高分子材料制成需承受各种应力的零件或构件时,如齿轮、容器等,其力学性能是

最主要的使用性能。当以材料的物理、化学性能为主要使用要求时(如电绝缘制件、耐化学腐蚀制件等),也必须具有一定的强度、刚度、韧性等力学性能。因此,高分子材料不同于一般的金属材料,在性能特点上有其独特的方面(见表7-1)。

表 7-1　高分子化合物的性能特点

| 性　能 | 特　点 | 备　注 |
|---|---|---|
| 性　质 | 重量轻 | 不加任何填料或增强剂的合成材料,密度在 0.85～2.2 之间 |
| | 比强度高 | 纤维增强的工程塑料是现代工程材料中强度最高的材料 |
| | 可塑性好 | 受热时,不是立即变成液体,而是先经过一个软化阶段 |
| 力学性能 | 高弹性 | 弹性变形量可达 100%～1 000%,弹性模量随绝对温度升高成比例增加 |
| | 粘弹性 | 同时表现出粘性液体和弹性固体的力学行为 |
| | 强度、刚度低 | 还不能做为结构材料使用,但强度潜力极大 |
| | 耐磨、减摩性良好 | 对工作条件适应好,是很好的轴承材料和耐磨件材料 |
| 物理化学性能 | 绝缘性良好 | 被广泛用于电绝缘材料 |
| | 耐蚀性好,化学稳定性高 | 可以耐水、酸、碱及其他溶液的腐蚀 |
| | 耐热性不高 | 在受热过程中,可能会发生软化或熔融,造成力学性能和理化性能降低 |
| | 抗老化性差 | 长期受氧、热、紫外线、机械力、水蒸气及微生物等因素的作用,逐渐失去弹性,性能下降 |
| | 透气性低 | 在用作服装面料的合成纤维织物时受到影响 |

## (三)高分子化合物的分类

高分子化合物常见的分类方法如表 7-2 所示。

表 7-2　高分子化合物的分类

| 分类方法 | 高分子材料 | 性　质 |
|---|---|---|
| 性能和用途 | 塑料 | 在常温下具有一定形状,强度较大,受力后产生一定的形变 |
| | 橡胶 | 在室温下具有高弹性,受外力作用时产生很大变形,去除外力后又恢复原状 |
| | 胶粘剂 | 在常温下处于粘流态,受外力作用时会产生永久变形,去除外力后不能恢复原状 |
| | 纤维 | 在室温下分子的轴向强度很大,受力后变形小,在一定温度内力学性能变化不大 |
| 主链上的化学组成 | 碳链高分子材料 | 主链由碳原子一种元素组成,如—C—C—C—等 |
| | 杂链高分子材料 | 主链除碳外还有其他元素,如—C—C—O—C—C—,—C—C—N—,—C—C—S—等 |
| | 元素有机高分子材料 | 主链上不一定含有碳原子,而是由 Si,O,Al,B 等元素构成,如—O—Si—O—Si—O—等 |
| | 无机高分子材料 | 主链和侧基均由无机元素或基团构成,如无机耐火橡胶 $[PCl_2 =\!\!=\!\!= N]_n$ |

### 二、工程塑料

塑料作为一种应用最广的有机高分子材料,几乎占全部合成材料的70%左右,是最主要的工程材料之一。

#### (一)塑料的组成与分类

##### 1.塑料的组成

塑料是以合成树脂为主要成分的有机高分子材料,在适当的温度和压力下,能塑造成各种形状的制品,合成树脂决定了材料的基本属性,并起到粘结剂的作用。除树脂外,塑料中还含有增塑剂、填料、增强材料、防老化剂、润滑剂及固化剂等各种添加剂,起到弥补或改进塑料某些性能的目的,例如填料(木粉、碎布、纤维等)主要起增强和改善性能作用,其用量可达20%～50%。

##### 2.塑料的分类

塑料的分类方法很多,在工业生产中主要有如下两种分类方法。

(1)按树脂在加热和冷却时所表现出的性能不同,可分为热塑性塑料和热固性塑料。

①热塑性塑料　也称受热可熔的塑料,是以聚合树脂或缩聚树脂为主,一般加入少量稳定剂、润滑剂或增塑剂制成,其分子结构为线型或支链型。由于它加热时会变软,冷却时又会变硬,再加热时又会变软,因此可以反复加工。其优点是加工成形简便,具有较高的力学性能,废品回收后可以再利用,缺点是耐热性和刚性较差,如聚烯烃类、聚酰胺、聚甲醛等都属于这一类。

②热固性塑料　也称受热不可熔的塑料,是以缩聚树脂为主,加入各种添加剂而制成的,其分子结构为体型。这类塑料经过一定时间的加热或加入固化剂后,化学结构发生了变化,由线型变为体型,即固化成形。固化后的塑料质地坚硬、性质稳定,不再溶于溶剂中,也不能用加热方法使之再软化,因而热固性塑料只可一次成形,废品不可回收利用。其优点是耐热性好,抗压性好,缺点是性能较脆,韧性差,常常需加入填料增强,如酚醛、环氧、氨基、不饱和聚酯、呋喃、聚硅醚树脂等。

(2)按塑料的应用范围不同,可分为通用塑料、工程塑料和特种塑料。

①通用塑料　主要指产量大、用途广、价格低的塑料。主要有聚乙烯、聚氯乙烯、聚苯乙烯、聚丙烯、酚醛塑料(电木)和氨基塑料(电玉)等六大品种。它们的产量占塑料总产量的75%以上,构成塑料工业的主体,是一般工农业生产和日常生活不可缺少的廉价材料。

②工程塑料　指在工程技术中用于制造结构材料的塑料。这类塑料耐热性高、低温性能好、耐腐蚀,自润滑性和尺寸稳定性良好,有较高的强度和刚度,因而在一些场合可代替金属材料作某些机械构件,或作其他特殊用途。常用的工种塑料有聚酰胺、聚甲醛、ABS、聚碳酸酯、聚砜、聚苯醚等。

③特种塑料　指耐热或具有特殊性能和特殊用途的塑料。这种塑料产量少、价格较高。品种包括氟塑料、聚酰亚胺、聚砜、不饱和聚酯、有机玻璃等。

(二)工程塑料的成形加工

塑料成形加工一般包括原料的配制和准备、成形以及制品后加工几个过程。成形是将原材料(树脂与各种添加剂的混合料或压缩粉)制成具有一定形状和尺寸的制品毛坯的工艺过程,它是整个成形加工中最重要的一个步骤;加工是指成形后的制品再经加工(如车、铣、刨、磨等)以达到某些要求的工艺过程,亦称二次加工。

成形加工是工程塑料成为具有实用价值制品的重要环节。由单体聚合而成的聚合物一般为粉末状、颗粒状或液体的半成品,必须加入适当的添加剂在一定温度和压力下塑制成一定形状的塑料制品。因此成形加工的整个过程牵涉到塑料的形状、材料结构和性能的变化,这在很大程度上决定着材料的推广与应用。根据高分子化合物状态的不同,塑料成形加工的方法大体可分为三种:

1. 处于玻璃态的塑料,需要采用车、铣、刨、磨机械加工方法;

2. 当塑料处于高弹态时,要用热冲压、弯曲、锻造、真空成形等加工方法;

3. 把塑料加热到粘流态时,可采用注射成形、挤出成形、吹塑成形等加工方法。

(三)常用工程塑料

1. 力学性能

工程塑料要获得实际的应用,必须满足一定的力学性能,表7-3列出了常用工程塑料的力学性能。

表7-3　常用工程塑料的力学性能

| 塑料 | 抗拉强度(MPa) | 抗压强度(MPa) | 抗弯强度(MPa) | 冲击韧性(kJ/cm²) | 使用温度(℃) |
|---|---|---|---|---|---|
| 聚乙烯 | 8~36 | 20~25 | 20~45 | >0.2 | -70~100 |
| 聚丙烯 | 40~49 | 40~60 | 30~50 | 0.5~1.0 | -35~121 |
| 聚氯乙烯 | 30~60 | 60~90 | 70~110 | 0.4~1.1 | -15~55 |
| 聚苯乙烯 | ≥60 | — | 70~80 | 1.2~1.6 | -30~75 |
| ABS塑料 | 21~63 | 18~70 | 25~97 | 0.6~5.3 | -40~90 |
| 聚酰胺 | 45~90 | 70~120 | 50~110 | 0.4~1.5 | <100 |
| 聚甲醛 | 60~75 | ≈125 | ≈100 | ≈0.6 | -40~100 |
| 聚碳酸酯 | 55~70 | ≈85 | ≈100 | 6.5~7.5 | -100~130 |
| 聚四氟乙烯 | 21~28 | ≈7 | 11~14 | ≈9.8 | -180~260 |
| 聚砜 | ≈70 | ≈100 | ≈105 | ≈0.5 | -100~150 |
| 有机玻璃 | 42~50 | 80~126 | 75~135 | 0.1~0.6 | -60~100 |
| 酚醛塑料 | 21~56 | 105~245 | 56~84 | 0.005~0.082 | ≈110 |
| 环氧塑料 | 56~70 | 84~40 | 105~126 | ≈0.5 | -80~155 |

2. 工程塑料的应用

近20年来,塑料在工业中的应用日益广泛,目前它已经深入到很多工业部门中。一方面可以作为金属材料的代用材料,另一方面由于其本身的各种特殊性能而成为一种其他材料无法取代的特殊材料,在工程应用中占据了重要的地位。

(1)在汽车工业和轴承工业中的应用

在汽车工业中,塑料可用来制造底盘中摩擦传动的衬套、垫片、球座及仪表齿轮等零件。用聚甲醛和尼龙可代替青铜、轴承钢和粉末冶金材料制造轴承和衬套,如在万向节轴承中,过去用滚针轴承,每行驶几百公里就得停车加油保养,而在使用聚甲醛衬套后,行驶10 000 km以上仍然可不加油保养;钢板弹簧衬套,可以用聚甲醛或尼龙代替粉末冶金材料,大大提高生产率。此外,还可用来制造汽车的起动马达罩、冷却风扇及护圈、化油器浮子、电瓶、备胎罩、车灯外壳、水箱溢流瓶、润滑油加油管、车轮挡油板、变速箱盖板、方向盘、扶手、门把手、车轴踏板、保险杠等内装件和外装件。

在轴承工业中,尼龙、氯化聚醚、聚甲醛等塑料已被大量用来制造滚动轴承保持器,从而大大提高了劳动生产率,降低了成本,延长了寿命,节约了大量青铜和钢等金属材料。

(2)在机床工业中的应用

机床中的许多零件如齿轮、蜗轮、垫圈、螺母、油管、皮带轮以及罩壳和壳体等均可用塑料制造。用尼龙1010油管代替紫铜管已成功地用于磨床液压系统,收到了很好的经济效果。车床导轨经喷涂或粘贴尼龙、聚乙烯等塑料后,耐磨性可成倍提高。

(3)在其他工业中的应用

在仪表工业中,水表塑料化,聚碳酸酯代替青铜制造小模数齿轮;通用机械中,尼龙可代替2Cr13不锈钢制造水泵的旋涡泵叶轮。电机电气工业中,用作绝缘材料制造开关、各种接线板、轴承、齿轮;化学工业中,可作管道、贮槽、衬里、阀门;造船工业中,制造柴油机主机推力轴承以及连杆轴大头轴承瓦等,大大节约巴氏合金。

### 三、合成橡胶

合成橡胶作为橡胶的一种类型,主要是指通过化学合成方法制造的橡胶。

(一)橡胶的组成

橡胶是以生胶为原料,加入适量的配合剂,经硫化以后所组成的高分子弹性体。

生胶是无定型高分子化合物,具有很高的弹性,分子链间的相互作用力很弱,强度低,易产生永久变形,并且稳定性差,会发粘、变硬、溶于某些溶剂等,因而须加入各种配合剂。

配合剂主要是硫化剂、填充剂、软化剂、防老化剂及发泡剂等。硫化剂的作用是使生胶分子在硫化处理中产生适度交联而形成网状结构,提高橡胶的强度、耐磨性和刚性,并使其性能在很宽的温度范围内具有较高的稳定性。

(二)橡胶制品的成形工艺

橡胶制品的成形比较简单,一般以表7-4中的工艺为主。

**表 7-4　橡胶制品的成形工艺**

| 工　艺 | 描　　述 |
|---|---|
| 塑　炼 | 将生胶从弹性状态变成塑性状态 |
| 混　炼 | 使生胶和配合剂混合均匀 |
| 压延与压出 | 使混炼好的胶压成薄片或压出花纹,或压成各种断面的半成品 |
| 成　形 | 根据制品形状把压延或压出的胶片、胶布等进行裁剪、贴合制成半成品 |
| 硫　化 | 使橡胶具有足够的强度、耐久性以及抗剪切和其他变形能力,减少橡胶的可塑性 |

(三)合成橡胶的应用

　　根据原料不同,橡胶可分为天然橡胶和合成橡胶。其中天然橡胶是橡树上流出的胶乳,经凝固、干燥、加压等工序制成片状生胶,橡胶含量在 90% 以上,是以异戊二烯为主要成分的不饱和状态的天然高分子化合物。合成橡胶是用石油、天然气、煤和农副产品为原料,通过有机合成方法制成单体,经聚合制得类似天然橡胶的高分子材料。由于天然橡胶耐油和耐溶剂性差,易老化,不耐高温,并且资源有限,因而目前工业使用的大部分橡胶属于合成橡胶。常见的合成橡胶的性能及应用如表 7-5 所示。

**表 7-5　常见合成橡胶的性能及应用**

| 类别 | 名称 | 代号 | 抗拉强度(MPa) | 伸长率(%) | 使用温度(℃) | 回弹性 | 耐磨性 | 耐浓碱性 | 耐油性 | 耐老化 | 成本 | 用　途 |
|---|---|---|---|---|---|---|---|---|---|---|---|---|
| 通用橡胶 | 丁苯 | SBR | 15~20 | 500~600 | -50~140 | 中 | 好 | 中 | 差 | 好 | 高 | 轮胎、胶板 |
| | 顺丁 | BR | 18~25 | 450~800 | 120 | 好 | 好 | 好 | 差 | | | 轮胎、耐寒运输带 |
| | 丁腈 | NBR | 15~30 | 300~800 | -35~175 | 中 | 中 | 好 | 好 | 中 | | 输油管、耐油密封 |
| | 氯丁 | CR | 25~27 | 800~1000 | -35~130 | 中 | 好 | 好 | 好 | 好 | 高 | 胶管、胶带 |
| 特种橡胶 | 聚氨酯 | UR | 20~35 | 300~800 | 80 | 中 | 好 | 差 | 好 | | | 胶管、耐磨制品 |
| | 乙丙 | EPDM | 10~25 | 400~800 | 150 | 中 | 好 | 好 | 差 | 好 | | 散热管、绝缘体 |
| | 氟 | EPM | 20~22 | 100~500 | -50~300 | 中 | 中 | 好 | 好 | 高 | | 高级密封圈 |
| | 硅 | | 4~10 | 50~500 | -70~275 | 差 | 差 | 好 | 差 | | 高 | 耐高低温零件 |
| | 聚硫 | | 9~15 | 100~700 | 80~135 | 差 | 差 | 好 | 好 | 好 | | |

## 四、合成纤维

(一)纤维材料的概念与分类

　　纤维材料指的是在室温下分子的轴向强度很大,受力后变形较小,在一定温度范围内力学性能变化不大的高分子材料。纤维是一种极细长的线型高分子化合物,能纺成纱(丝)、织成布。

　　从来源分,纤维可分为天然纤维和化学纤维两种。天然纤维来源于动物、植物及矿物界。化学纤维又可分为人造纤维和合成纤维两种。人造纤维是以天然高分子纤维素或蛋白质为原料经化学改性而制成的。合成纤维是由合成高分子为原料通过拉丝工艺而制成的。

（二）合成纤维的性能及用途

合成纤维一般具有强度高、比重小、耐磨、不霉不腐等特点，广泛用于制作衣料，在工农业生产、交通运输及国防建设中也有重要应用。这些性能是天然纤维所不及的，如锦纶丝帘子线汽车轮胎行驶里程比一般纤维增加1～2倍，还可节约橡胶用量20%。

六大纶（占合成纤维总产量的90%）的性能和用途见表7-6。

**表7-6 六大纶的性能和用途**

| 化学名称 | | 聚酯纤维 | 聚酰胺纤维 | 聚丙烯腈 | 聚乙烯醇缩醛 | 聚烯烃 | 含氯纤维 |
|---|---|---|---|---|---|---|---|
| 商品名称 | | 涤纶（的确良） | 锦纶（尼龙） | 腈纶（人造毛） | 纤维 | 丙纶 | 氯纶 |
| 产量（占合成纤维百分比） | | >40 | 30 | 20 | 1 | 5 | 1 |
| 强度 | 干态 | 优 | 优 | 中 | 优 | 优 | 中 |
| | 湿态 | 优 | 中 | 中 | 中 | 优 | 中 |
| 比重 | | 1.38 | 1.14 | 1.14～1.17 | 1.26～1.3 | 0.91 | 1.39 |
| 吸湿率（%） | | 0.4～0.5 | 3.5～5 | 1.2～2.0 | 4.5～5 | 0 | 0 |
| 软化温度（℃） | | 238～240 | 180 | 190～230 | 220～230 | 140～150 | 60～90 |
| 耐磨性 | | 优 | 最优 | 差 | 优 | 优 | 中 |
| 耐日光型 | | 优 | 差 | 最优 | 优 | 差 | 中 |
| 耐酸性 | | 优 | 中 | 优 | 中 | 中 | 优 |
| 耐碱性 | | 中 | 优 | 优 | 优 | 中 | 优 |
| 特点 | | 不皱、耐冲击、耐疲劳 | 结实、耐磨 | 蓬松、耐晒 | 成本低 | 轻、坚固 | 耐磨、不易燃 |
| 工业应用举例 | | 高级帘子布、渔网、缆绳、帆布 | 2/3用于工业帘子布、渔网、降落伞、运输带 | 制作碳纤维及石墨纤维原料 | 2/3用于工业帆布、过滤布、渔具、缆绳 | 军用被服、绳索、渔网、水龙带 | 导火索皮以及口罩、帐幕等劳保用品 |

## 五、胶粘剂

胶粘剂又称粘接剂、粘合剂，是一类具有优良粘合性能的材料。

（一）胶粘剂的组成

胶粘剂的组成是根据使用性能要求而采用不同的配方。其中粘接基料是主要的组成成分，对材料的性能起主要作用，必须具有优良的粘附力及良好的耐热性、抗老化性等。常用粘接基料有环氧树脂、酚醛树脂、氯丁橡胶、丁腈橡胶等。

胶粘剂中除了粘接基料外，通常还有各种添加剂，如填料、固化剂、增塑剂等。这些添加剂是根据胶粘剂的性质及使用要求来选择的。

根据胶粘剂粘性基料的化学成分，胶粘剂可分为无机胶和有机胶。按其主要用途，又可分为结构胶、非结构胶和其他胶粘剂。

（二）胶接的特点

胶接就是用胶粘剂将相同或不同的材料构件粘合在一起的连接方法，也称粘接。

胶接是不同于铆接、螺纹连接和焊接的一种新型连接工艺,它具有如表 7-7 中的特点。

**表 7-7　胶接的特点**

| 特　　点 | 备　　注 |
| --- | --- |
| 适用范围广 | 一般不受材料种类和几何形状的限制,厚与薄、硬与软、大与小、不同材质之间、不同零件之间,都能胶接 |
| 胶接接头的应力分布均匀 | 胶接能使承载力在全部胶接面上比较均匀地分布,从而大大减弱了应力集中现象,耐疲劳强度提高 |
| 胶接结构质量轻 | 胶接可省去大量铆钉、螺栓,因而节省材料,且胶接结构的表面光滑、美观 |
| 具有密封作用 | 可堵住三漏(漏气、漏水、漏油),又由于大多数合成粘接剂主体成分是高分子材料,因而具有优良的抗腐蚀、耐溶剂性和电气绝缘性等 |
| 工艺温度低 | 胶接可在较低的温度(甚至室温)下进行,这样可以避免其他对热敏感的部位受到损害 |

(三)常用胶粘剂的性能和用途

1. 环氧树脂胶粘剂　是以环氧树脂为基料的胶粘剂,俗称"万能胶",对许多种材料有很强的粘附力,如金属、玻璃、陶瓷等,是工程上理想的结构用胶。

2. 改性酚醛树脂胶粘剂　酚醛树脂固化后有较大的交联键,脆性大,耐热性高,与丁腈胶混炼后可得到酚醛-丁腈胶,胶接强度高,弹性、韧性好,耐振动、耐冲击,可在 $-50\sim180\ ℃$ 之间长期工作,并且还耐水、耐油、耐化学介质腐蚀,主要应用于金属及大部分非金属材料的结构中,如汽车刹车片的粘合,飞机中铝、钛合金的粘合等。

3. 聚氨酯胶粘剂　端基分别是异氰酸酯基和羟基的两种低聚合物在胶接过程中相互作用生成高聚物而硬化的一种胶粘剂。它具有较强的粘附性和较大的韧性,可用来胶接软质材料,如橡胶、塑料、皮革等,有良好的超低温性能和优良的耐溶剂性、耐油性、耐老化性,可粘接多种金属和非金属材料,如铝、钢、铸铁、塑料、陶瓷、橡胶、皮革、木材等。

4. α-氰基丙烯酸酯胶　是单组分常温快速固化胶粘剂,主要成分是 α-氰基丙烯酸酯,国内生产的主要品种是 502 胶,24 h可达到较高的强度,因此有使用方便、固化迅速的优点,可粘合多种材料,如金属、塑料、木材、橡胶、玻璃、陶瓷等。

5. 无机胶粘剂　主要有磷酸型、硼酸型和硅酸型,目前在工程中应用最广的是磷酸型,其特点是耐热性良好($800\sim1\,000\ ℃$),强度高,耐低温($-196\ ℃$下工作),耐候性、耐水性良好。

# 第二节　工程陶瓷

## 一、概　　述

(一)陶瓷的概念

陶瓷在传统上是指陶器和瓷器,狭义为"用火烧成的制品"。后来发展到泛指整个硅酸盐材料,包括陶器、瓷器、耐火材料、粘土制品、搪瓷、玻璃和水泥等材料。由于这些材料都是用天然的硅酸盐矿物(即含 $SiO_2$ 的化合物),如粘土、石灰石、石英、砂子等原料生产,故陶瓷材料也是硅酸盐材料。近年来,随着无机非金属材料的发展,"陶瓷"的概念不仅包括了硅酸盐材料、氧化物等新型陶瓷材料,连单晶硅这种无机非金属材料也属陶瓷范畴了。近代陶瓷的涵义已为"经高温处理工艺所合成的无机非金属材料",其应用已渗透到各类工业、各种工程和各个技术领域。现在,陶瓷实际上是各种无机非金属材料的通称,同金属和高分子材料一起,成为现代工程材料的三大支柱。

(二)陶瓷的分类

除了玻璃、水泥、砖瓦及耐火材料外的工程陶瓷,大体可分为两大类:传统陶瓷和特种陶瓷。普通陶瓷是以粘土、长石、石英等天然硅酸盐矿物为原材料,经原料加工→成形→烧结而成;特种陶瓷是采用纯度较高的人工合成原料,如氧化铝、氧化钛、氧化锆、碳化物、氮化物等,经成形、高温烧结工艺而制得的新陶瓷品种。具体分类如下:

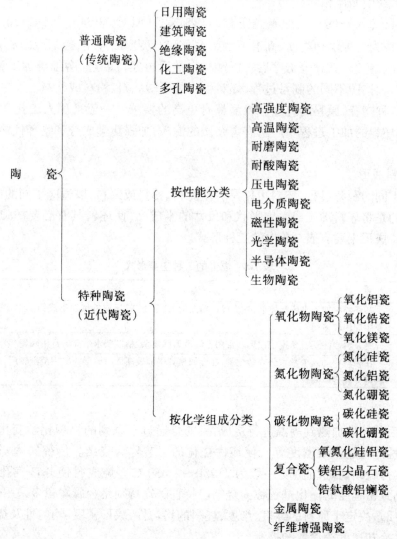

(三)陶瓷生产工艺

陶瓷生产工艺包括原料制备、坯料成形和制品烧结三大步骤,对显微组织发生重大影响,决定了陶瓷产品质量的优劣。

1. 原料制备

普通陶瓷的主要原料有三部分:

(1)粘土　最重要的粘土为高岭土,其化学组成为 $Al_2O_3 \cdot 2SiO_2 \cdot 2H_2O$。经烧结失去结晶水变成莫来石晶体;

(2)石英　普通结晶状的 $SiO_2$ 矿石。高温下可部分溶解于液相中,未溶解的石英颗粒成为陶瓷中晶体相的一部分;

(3)长石　较好的长石原料是正长石(如 $K_2O \cdot Al_2O_3 \cdot 6SiO_2$,$Na_2O \cdot Al_2O_3 \cdot 6SiO_2$ 等)。长石作为一种溶剂物质,高温下溶解粘土和石英形成液相,冷却后即成为玻璃相。

原料经过拣选、破碎等工序后,进行配料,然后再经过混合、磨细等加工,得到规定要求的坯料。按照不同的制备过程,坯料可以是可塑泥料、粉料或浆料。

对于特种陶瓷,原料的纯度和粒度都有更高的要求。一般采用人工化学或化工原料,并且在坯料的加工过程中严防有害杂质的混入,加强化学成分和物理性能的检测与控制。

2. 坯料成形

按照不同的制备过程,坯料可以是可塑泥料、粉料或浆料,以适应不同的成形方法。成形的目的是将坯料加工成一定形状和尺寸的半成品,使坯料具有必要的强度和一定的致密度。成形主要有表 7-8 中的三种形式。

表 7-8　成形的三种主要形式

| 成形形式 | 备　　注 |
|---|---|
| 可塑成形 | 在坯料中加入水或塑化剂,捏练成可塑泥料,经手工、挤压或机械加工成形。此方法在传统陶瓷中应用较多 |
| 注浆成形 | 将浆料浇注到石膏模中成形。常用于制造形状复杂、精度要求不高的日用陶瓷和建筑陶瓷等 |
| 压制成形 | 在粉料中加入少量水分或塑化剂,在金属模具中加较高压力成形。应用范围较广,主要用于特种陶瓷和金属陶瓷 |

3. 制品烧结

干燥后的坯件加热到高温进行烧成,目的是通过一系列的物理化学变化成瓷并获得要求的性能(强度、致密度等),使坯件瓷化的工艺称为烧结。传统的陶瓷如日用陶瓷,都是实行烧结。烧结温度一般为 1 250~1 450℃。烧成时使开口气孔率接近于零,获得高致密程度的瓷化过程称为烧结。特种陶瓷特别是金属陶瓷多采用烧结。

陶瓷质量决定于原料的纯度、细度,坯料的均匀性,成形密度、均匀性及烧结温度和窑内气氛、冷却速度等参数的控制。

### 二、陶瓷的组织与性能

#### (一)陶瓷的组织结构

一般陶瓷有两种晶体结构,即离子键构成的离子晶体和共价键构成的共价晶体。离子晶体中,原子直径大的非金属元素作为负离子,排列成各种不同晶格;原子直径小的金属元素作为正离子,处于非金属元素间隙里。离子键能较高,正负离子结合牢固。共价晶体中,其共价电子往往偏向较负电性一边,这样的极化共价键具有离子键特征,同样有很高的结合能。

陶瓷的性能不但与其晶体结构有关,而且与组织的相结构密不可分。尽管陶瓷组织结构非常复杂,但它们都是由晶相、玻璃相、气相组成。各相的组成、数量、形状和分布都会影响陶瓷的性能。

#### 1.晶相

晶相是陶瓷的主要组成相,为某些化合物或固溶体。由硅酸盐矿物作原料的陶瓷为硅酸盐结构晶相,它是由$[SiO_4]$四面体结构单元以不同方式相互连成的复杂结构。特种陶瓷的晶相是以离子键为主的金属氧化物晶体(如 $MgO$,$Al_2O_3$)和以共价键为主的非氧化物晶体(如 $BN$,$SiC$)。

#### (1)硅酸盐结构

硅酸盐是传统陶瓷的主要原料,也是莫来石、长石等陶瓷组织中重要的晶体相。硅酸盐的结合键为离子键和共价键的混合键,其基本的结构单元是硅氧四面体$[SiO_4]^{4-}$,如图 7-2 所示。四面体的顶角上有 4 个氧离子,中间空隙位置占有一个硅离子。在硅氧四面体之间又通过共同顶点的氧相互连接,由于连接形式不同,则形成不同结构的硅酸盐,如岛状、层状、球状、链状、立体网络状等。

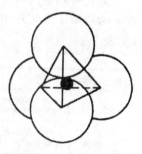

图 7-2　硅氧四面体示意图

#### (2)氧化物结构

陶瓷本质上是金属与非金属元素的化合物构成的非均匀固体物质,但氧化物是大多数典型陶瓷,特别是特种陶瓷的主要组成和晶体相。氧化物结构中,正负离子分布的特点是以较大的氧离子组成密排形式的骨架,较小的金属离子填充间隙之中,从而形成坚固的离子键。在密排结构中一般有两种形式的间隙,即八面体间隙和四面体间隙,如氧化物 $MgO$,$CaO$,$BaO$,$ThO_2$,$Al_2O_3$,$Fe_2O_3$ 等。

#### (3)其他

是指不含氧的金属碳化物、氮化物、硅化物及硼化物等,它们是特种陶瓷(或金属陶瓷)的主要组成和晶体相。主要由强大的离子键结合,但也有一定成分的金属键和共价键。如 $TiC$,$ZrC$,$HfC$,$VC$,$NbC$,$TaC$,$Fe_3C$,$Ni_3C$,$WC$,$MoC$ 等碳化物及 $BN$,$Si_3N_4$,

AlN 等氮化物。

晶体的存在构成了"骨架",使陶瓷具有高温强度,陶瓷中的晶体类型和复杂程度超过金属晶体。陶瓷晶体中也存在各种缺陷,陶瓷的断裂与位错运动有关,晶粒越小,晶界越多,裂纹扩展阻力越大,从而改善了材料的韧性。

### 2. 玻璃相

玻璃相是陶瓷烧结时各组成物和杂质因物理化学反应后形成的液相,冷却凝固后仍为非晶态结构的部分。玻璃相组成是随坯料组成、分散度、烧成时间和烧结气氛的不同而变化。

玻璃相的作用是:①将分散的晶相粘接起来,填充晶体相之间的空隙,提高材料的致密度;②降低烧成温度,加快烧结过程;③阻止晶体转变,抑止晶体长大及填充气孔间隙;④获得一定程度的玻璃特性,如透光性等。但玻璃相对陶瓷的强度、介电性能、耐热耐火性等不利,不能成为陶瓷的主导组成,因此必须控制工程陶瓷中玻璃相的含量,一般为 20%~30%。

### 3. 气相

陶瓷中残留的气体形成的气孔即为气相。气孔主要是由于材料和工艺等原因形成的,它会使陶瓷的一些性能降低,故工程陶瓷都希望气孔小、数量少并均匀分布。

### (二)陶瓷的性能

陶瓷材料是由离子键和共价键强有力键合的,并且在离子晶体中金属原子被包围在非金属原子的间隙中,形成很稳定的化学结构,因而其性能与金属相比,有很大区别(见表 7-9)。

表 7-9　陶瓷的性能

| 性　能 | | 特　　　点 |
|---|---|---|
| 力学性能 | 刚度 | 材料的刚度由弹性模量来衡量,由于陶瓷具有强大的离子键和共价键,所以其刚度远高于金属和高分子材料,比金属高数倍,比高分子材料高 2~4 个数量级 |
| | 硬度 | 硬度是各类材料中最高的,如特种陶瓷的硬度为 HV1 000~5 000,钢为 HV300~800,高分子材料不超过 HV20 |
| | 强度 | 陶瓷内部有大量气孔,故抗拉强度低。在受压时,气孔不会导致裂纹扩展,故抗压强度高,一般比抗拉强度高 10 倍。此外,陶瓷的高温强度一般比较高,高温抗蠕变的能力强,有很高的抗氧化性,适宜作高温材料 |
| | 塑性 | 在室温下几乎没有塑性,但在高温低速加载的条件下,滑移系增多,原子扩散能促进位错及晶界原子的迁移,特别是组织中存在玻璃相时,陶瓷也表现出一定的塑性 |
| | 韧性 | 受载时几乎不发生塑性变形且其抗拉强度较低,故韧性很低,冲击韧性常在 10 kJ/cm² 以下,断裂韧性大多比金属低一个数量级以上,是典型的脆性材料,阻碍了其作为工程结构材料被广泛应用。目前提高陶瓷材料韧性主要从以下几方面进行探索:预防在陶瓷中,特别是表面上产生缺陷;在陶瓷表面造成残余压应力;与金属组成复合材料 |
| 热性能 | 熔点 | 熔点一般很高,同时具有高硬度,极好的化学稳定性以及其他特殊性能,广泛作为高温材料使用 |
| | 热容 | 绝大多数陶瓷材料低温下热容小,高温下热容大,即陶瓷的热容随温度升高而增大,达到一定温度后与温度无关 |
| | 热膨胀 | 陶瓷的线膨胀系数比金属、高分子材料都小得多 |

续上表

| 性　能 | | 特　　点 |
|---|---|---|
| 热性能 | 导热性 | 热传导是在一定温度梯度下热量在材料中传递的速度。陶瓷的热传导主要靠原子的热振动来完成,由于没有电子的传热作用,陶瓷导热性比金属小。陶瓷中的气孔对热传导不利,故陶瓷多为绝热材料 |
| | 热稳定性 | 陶瓷的热稳定性就是抗热振性,指陶瓷在温度急剧变化时抵抗破坏的能力。陶瓷的抗热振性较差,常常在受热冲击时破坏,不适于在急冷急热条件下工作,这也是陶瓷材料在工程应用中的另一个主要缺点 |
| 电学性能 | | 由于离子晶体无自由电子,大多数陶瓷材料都是良好的绝缘体;但不少陶瓷既是离子导体,又有一定的电子导电性,例如氧化物 $ZnO$,$NiO$,$Fe_3O_4$ 等实际上是半导体,可见,陶瓷是很重要的半导体材料。此外,近年来出现的超导材料,大多数也是陶瓷材料 |
| 化学性能 | | 具有良好的抗氧化性和不可燃烧性,即使在1 000 ℃的高温下也不会被氧化。此外,对酸、碱、盐等腐蚀介质均有较强的抗蚀性,与许多金属熔体也不发生作用,是极好的耐蚀材料和坩埚材料 |
| 光学性能 | | 能够折射可见光和光的色散,可制造固体激光器、光导纤维材料、光存储材料等,这些材料的研究与应用,对通讯、摄影、计算机等具有重要的现实意义 |

### 三、常用工程陶瓷

#### (一)普通工程陶瓷

普通工程陶瓷按用途分为建筑陶瓷、卫生陶瓷、绝缘陶瓷和化工陶瓷等(见表7-10)。

**表7-10　普通工程陶瓷分类**

| 类　型 | 备　　注 |
|---|---|
| 建筑陶瓷 | 是以粘土为主要原料而得到的用于建筑上的陶瓷,如砖、瓦、陶管、盆罐以及日用器皿 |
| 卫生陶瓷 | 是以高岭土为主要原料,用于卫生设施的带釉陶瓷制品,如洗面器、浴盆、水箱以及存水弯管等 |
| 绝缘陶瓷 | 是以高温长石釉为主要釉料作为隔电、机械支持及连接用的瓷质绝缘器件 |
| 化工陶瓷 | 用于制作实验室器皿、耐蚀容器、管道、设备等,性能上要求耐酸、耐高温,一定的强度和热稳定性 |

#### (二)特种陶瓷

特种陶瓷是在普通陶瓷基础上发展起来的,但远远超出了普通陶瓷的范畴,工程上主要以氧化物陶瓷、非氧化物陶瓷和金属陶瓷为主。

**1. 氧化物陶瓷**

氧化物陶瓷主要是单相多晶体结构,熔点在2 000 ℃以上,随温度升高,氧化物陶瓷的强度降低,但在小于1 000 ℃时,强度变化不大。纯氧化物陶瓷在任何温度下都不会氧化,是很好的耐火材料。常用的如氧化铝陶瓷、氧化锆陶瓷、氧化镁陶瓷、氧化钙陶瓷、氧化铍陶瓷、氧化钍陶瓷、氧化铀陶瓷等。

(1)氧化铝陶瓷($Al_2O_3$)　是高熔点氧化物中研究得最成熟的一种,其主晶相是 $Al_2O_3$,又称刚玉瓷或高温铝瓷。

Al$_2$O$_3$陶瓷的熔点在2 000 ℃以上,耐高温,能在1 600 ℃左右长期使用。具有很高的硬度,仅次于金刚石、立方氮化硼、碳化硼和碳化硅,居第五位,并有较高的强度、高温强度和耐磨性。此外,还具有良好的绝缘性和化学稳定性,能耐各种酸碱的腐蚀,还能抵抗金属或玻璃熔体的侵蚀,广泛应用于冶金、机械、化工、纺织等行业,制造高速切削工具、量规、拉丝模、高温炉零件、空压机泵零件、内燃机火花塞等。

(2)氧化锆陶瓷(ZrO$_2$)　呈弱酸性或惰性,热导率小,是理想的高温绝热材料,并且化学稳定性好,抗腐蚀,能抵抗酸性或中性熔渣的侵蚀,因此可用作特种耐火材料、浇注口以及熔炼铂、钯、铑等的坩埚;硬度高,可以制成冷成形工具、整形模、拉丝模、切削刀具、温挤模具、高尔夫球棍头等;强度高,韧性好,可以用来制造发动机构件,如推杆、连杆、轴承、气缸内衬等;此外,具有敏感特性,可作气敏元件。

(3)氧化镁陶瓷(MgO)、氧化钙陶瓷(CaO)　耐高温,抗金属碱性熔渣腐蚀,可以制成冶炼高纯度 Fe,Mo,Cu,Mg 等金属的坩埚,浇注金属的模子,高温热电偶保护套及高温炉衬材料。

(4)氧化铍陶瓷(BeO)　导热性和金属相近,耐热冲击性能好,但强度高,具有消散高能辐射的能力和热中子阻尼系数大的特性,可作真空陶瓷、高频电炉的坩埚,还可用于吸热设备和有高温绝缘要求的电子元件,用作核反应堆的减速器和反射器中的材料。

(5)氧化钍陶瓷(ThO$_2$)、氧化铀陶瓷(UO$_2$)　具有高熔点、高密度和低热传导性,低挥发性,用来制作熔炼 Rh,Pt,Ag 和其他金属的坩埚、电炉构件及能源开发利用的高温材料,动力反应堆中的放热元件等。

2.非氧化物陶瓷

难熔非氧化物陶瓷的特点是高的耐火度、高硬度和高耐磨性,但脆性都很大,碳化物和硼化物的抗氧化温度为 900~1 000 ℃,氮化物略低些,硅化物的抗氧化温度为1 300~1 700 ℃,表面能形成氧化硅膜。

(1)碳化硅陶瓷(SiC)　具有高硬度和高温强度,在1 400 ℃高温下仍可保持相当高的抗弯强度,而其他陶瓷材料在1 200~1 400 ℃时高温强度即明显下降;SiC有很高的热传导能力,抗热震性高,抗蠕变性好,热稳定性好,对酸有很强的抵抗力,但不抗碱。主要用作高温材料,如火箭喷烧管的喷嘴、热电偶保护套管等高温零件,高温热交换器的材料、核燃料的包装材料等。此外,还可用作耐磨材料,如制作砂轮、磨料等。

(2)氮化硅陶瓷(Si$_3$N$_4$)　属立方晶系晶体,有 α-Si$_3$N$_4$ 和 β-Si$_3$N$_4$ 两种晶体。此陶瓷具有优良的抗氧化性、化学稳定性,除氢氟酸外,能耐所有无机酸和某些碱、熔融碱和盐的腐蚀;硬度高,抗热振性好,绝缘性好,可用来制作泵的密封环、高温轴承、热电偶保护管和炼钢生产上的铁液流量计等,应用非常广泛。

近年来,在 Si$_3$N$_4$ 陶瓷中添加 Al$_2$O$_3$ 制成赛纶(Sialon)新型陶瓷,采用常压烧结可得到热压 Si$_3$N$_4$ 陶瓷的性能,是目前强度最高的陶瓷,并具有良好的化学稳定性、热稳定性和耐磨性。

(3)氮化硼陶瓷(BN) 具有石墨型六方结构,又称为白石墨,导热性好,热膨胀系数小,抗热震性高,是优良的耐热材料;具有高温电绝缘性,是一种优质的电绝体;硬度低,有自润滑性,可进行机械加工;化学稳定性好,能抵抗许多熔融金属和玻璃的侵蚀,常用作高温轴衬、高温模具、耐热涂料和坩埚等。此外,立方 BN 的硬度却很高,主要用作磨料,制造精密磨轮和金属切削刀具,是优良的耐磨材料。

(4)碳化硼陶瓷(BC) 是一种混合晶体,硬度高,而脆性大,密度、热膨胀系数小,主要用作磨料及在核技术中作为吸收材料。

3. 金属陶瓷

金属陶瓷是由金属和陶瓷组成的复合材料,它具有金属的抗热振性、韧性好以及陶瓷的硬度高、耐热性好、耐蚀性强等优点,在机械工程材料中占有很重要的地位。

# 第三节 复合材料

## 一、概 述

### (一)复合材料的概念

在现实生活中,到处可见复合材料,例如钢筋混凝土是由水泥、砂子、石子和钢筋组成的复合材料,做家具的三合板、五合板等也是复合材料。对于复合材料的概念,材料学上有其特殊的规定。

由两种或两种以上物理、化学性质不同的物质组合起来而得到的一种多相固体材料称为复合材料,主要包括以下几方面的含义:

1. 组元是人们根据材料设计的基本原则有意识地选择的,它至少包括两种物理和力学性能不同的独立组元,其中每一组元的体积分数一般不低于 20%,第二组元通常为纤维、晶须或颗粒;

2. 复合材料是人工制造的,而不是天然形成的;

3. 复合材料的性质取决于组元性质的优化组合,它应优于独立组元的性质,特别是强度、刚度、韧性和高温性能。

### (二)复合材料的结构

复合材料中的组元又称为基体和增强体,一般将其中连续分布的组元称为基体,如聚合物基体、金属基体、陶瓷基体等,将纤维、颗粒、晶须等称为增强体。在工程应用上,复合材料主要是指为克服单一材料的某些弱点,充分发挥材料的综合性能,将一种或几种材料用人工方法均匀地与另一材料结合而成的一种工程材料。

### (三)复合材料的特性

近代复合材料的发展历史还不很长,人们对它的认识和了解也还很不充分,从目前的研究和应用情况来看,大多数是纤维增强复合材料,它是一种各向异性的材料,具有如下特性。

### 1. 比强度、比模量高

复合材料的比强度(强度极限/比重)与比模量(弹性模量/比重)比其他材料高得多,如碳纤维-环氧树脂复合材料的比强度高达 $1.03 \times 10^5$ m,比模量达 $0.97 \times 10^7$ m,超过一般的钢材和铝合金,这表明复合材料具有较高的承载能力,此外,它还具有重量轻的特点,因此,将此类材料用于动力设备,可大大提高效率。

### 2. 抗疲劳性能好

疲劳破坏是材料在交变载荷作用下,由于裂纹的形成和扩展而造成的低应力破坏,对于复合材料而言,由于疲劳破坏时裂纹的扩展需要经历非常曲折的复杂路径,因而具有高的疲劳强度。例如,碳纤维增强聚酯树脂的疲劳强度为其拉伸强度的 70% ~ 80%,而大多数金属材料只有其抗拉强度的 40% ~ 50%。

### 3. 破损安全性好

纤维增强复合材料是由大量单根纤维合成,受载后即使有少量纤维断裂,载荷也会迅速重新分布,由未断裂的纤维承担,这样可使构件丧失承载能力的过程延长,表明断裂安全性能较好。

### 4. 减振性能好

工程结构、机械及设备的自振频率除与本身的质量和形状有关外,还与材料的比模量的平方根成正比。复合材料具有高比模量,因此也具有高自振频率,这样可以有效地防止在工作状态下产生共振及由此引起的早期破坏。同时,复合材料中纤维和基体间的界面有较强的吸振能力,表明它有较高的振动阻尼,故振动衰减比其他材料快。

### 5. 耐热性能好

一般铝合金在400℃时,其强度大幅度下降,仅为室温时的 0.06~0.1 倍,而弹性模量几乎降为零,而用碳纤维或硼纤维增强铝,400℃时强度和弹性模量几乎与室温下保持同一水平。同样,树脂基复合材料耐热性要比相应的塑料有明显的提高,这表明复合材料的耐热性有明显的优势。

### 6. 成形工艺简单

复合材料可用模具采用一次成形制成各种构件,工艺简单,材料利用率高。

复合材料也有其不足之处,比如其断裂伸长率较小,抗冲击性低,横向拉伸和层间抗剪强度较低,同时,成本较高,价格比其他工程材料高得多等。尽管如此,由于复合材料具有上述特性,在国民经济及尖端科学技术上有广阔的应用前景,其中在航空、航天方面应用最早,可以说没有近代复合材料也就不可能有当今的宇航工业。

## 二、复合理论简介

### (一)复合材料的复合原则与复合增强机制

#### 1. 复合材料的复合原则

对于结构复合材料,复合的目的是获得最佳的力学性能,因而对基体和纤维或颗粒均有具体要求。

(1)增强材料应具有高的强度和弹性模量;

(2)增强材料与基体做到相互"润湿",具有足够的界面结合强度,使基体能将应力传递给纤维或颗粒;

(3)增强材料在基体中的几何排列要理想;

(4)增强材料与基体间的热膨胀系数要匹配;

(5)在高温状态下基体与增强材料之间不发生使纤维或颗粒性能降低的化学反应。

2. 复合材料的复合增强机制

复合材料的强度、刚度与增强材料密切相关。增强材料的形态,主要有粒子增强型和纤维增强型。粒子增强的复合材料主要由基体承受载荷,而纤维增强的复合材料,承受载荷的主要是增强纤维。

粒子增强复合材料,粒子相的作用是阻碍基体中位错运动(基体是金属时)或分子链运动(基体是高分子材料时)。增强效果与粒子相的体积含量、分布、直径、粒子间距等有关。

纤维增强复合材料,基体只是作为传递和分散载荷给纤维的媒介,复合材料的力学性能除与基体及纤维的力学性能和含量有关外,还和纤维与基体界面的粘接强度和状态、纤维的排列方向等有关,因而,在进行复合设计时,必须注意到以下几点:纤维比基体材料有更高的抗拉强度和弹性模量;纤维与基体有一定的结合强度;二者不会产生降低纤维性能的反应;受力方向应与纤维方向平行。

(二)复合材料设计的简单原则

1. 复合材料设计的概念

复合材料的特点是把结构设计和材料设计紧密地结合为一体。这与传统的工程材料选用程序有很大区别。这一方面给机器和结构设计者提供了更多的选择自由度,有助于新的设计思想和方案的实现。另一方面也要求设计者必须具有更高的材料科学知识水平。结构的可靠性和材料的可靠性是紧密地联系在一起的。要设计好复合材料构件,应注意以下几点:

(1)从组成材料(纤维和基体)的特性与几何形状的知识出发,得出具有代表性结构元件(如板、壳等)的宏观特性,并预测由这些元件组成复杂结构以后的性能。

(2)对于各种载荷条件和复合材料的性能指标,分析在材料内部载荷的分布、传递、扩散和产生的变形。特别重要的是应力作用的方向应与纤维平行,才能发挥纤维承载和增强的作用。所以不仅要考虑由哪些材料组成复合材料最合理,还要根据构件工作条件,合理地选择和确定纤维在构件中的分布和取向。排列方向可以是单向、十字交叉或按一定角度交错及三维空间编织。

(3)对可能破损、失效的现象要进行分析。

(4)在复合材料的价格和推广应用方面,由于复合材料的价格与其他传统材料相比还是贵一些,在设计中应扬长避短,合理利用,并对工艺进行优化,降低成本,发挥出最大的潜力。

**2.简单设计原则**

(1)设计时必须弄清结构件所承受的载荷的全部分布情况,避免在一些次要载荷方向上发生断裂。

(2)对复合材料可能出现的不足之处给予必要的设计弥补,如要求有较高刚性的产品,通常采用增加结构的横截面积或采用夹层结构的方法。

(3)成形方便。尽可能地合并结构元件,减少连接,减少安装工作量,减少模具,减轻结构重量,提高产品质量,从而降低成本。

(4)复合材料构件设计的安全系数必须规定。

复合材料及其结构是一门新兴学科,目前采用复合材料的结构设计制造主要还是靠实验结果。

### 三、复合材料的种类

近代科学技术的发展,特别是宇航、导弹火箭、原子能工业,都对材料提出了越来越高的性能要求,从而促进了复合材料的发展。20世纪50年代出现玻璃纤维增强塑料,60年代研制出许多高性能碳纤维、硼纤维,近年来在碳化硅等晶须的研究上又取得了很大成果,基体从树脂材料扩展到金属,甚至某些陶瓷。目前玻璃钢已应用在汽车、造船、压力容器罩壳、管、泵、传动件等许多方面。随着复合理论研究的深入、生产工艺水平的提高和成本的逐渐降低,复合材料的应用必将会越来越广泛。科学家们预言,21世纪将是复合材料的时代。

复合材料按性能分为结构复合材料和功能复合材料。其中结构复合材料研究得比较充分,也应用得较多,而功能复合材料尚处于探索阶段。

结构复合材料根据所用增强体和基体不同,可有许多种类,如表7-11所示。

**表7-11　结构复合材料的种类**

| 基体 / 增强体 | | 金属 | 无机非金属 | | | | 有机材料 | | |
|---|---|---|---|---|---|---|---|---|---|
| | | | 陶瓷 | 玻璃 | 水泥 | 炭素 | 木材 | 塑料 | 橡胶 |
| 金属 | | 金属基复合材料 | 陶瓷基复合材料 | 金属网嵌玻璃 | 钢筋水泥 | 无 | 无 | 金属丝增强塑料 | 金属丝增强橡胶 |
| 无机非金属 | 陶瓷 纤维/粒料 | 金属基超硬合金 | 增强陶瓷 | 陶瓷增强玻璃 | 增强水泥 | 无 | 无 | 陶瓷纤维增强塑料 | 陶瓷纤维增强橡胶 |
| | 炭素 纤维/粒料 | 碳纤维增强金属 | 增强陶瓷 | 陶瓷增强玻璃 | 增强水泥 | 碳纤维增强复合材料 | 无 | 碳纤维增强塑料 | 碳纤维增强橡胶 |
| | 玻璃 纤维/粒料 | 无 | 无 | 无 | 增强水泥 | 无 | 无 | 玻璃纤维增强塑料 | 玻璃纤维增强橡胶 |

| 基体 / 增强体 | 金属 | 无机非金属 | | | | 有机材料 | | |
|---|---|---|---|---|---|---|---|---|
| | | 陶瓷 | 玻璃 | 水泥 | 炭素 | 木材 | 塑料 | 橡胶 |
| 有机材料　木材 | 无 | 无 | 无 | 水泥木丝板 | 无 | 无 | 纤维板 | 无 |
| 高聚物纤维 | 无 | 无 | 无 | 增强水泥 | 无 | 塑料合板 | 高聚物纤维增强塑料 | 高聚物纤维增强橡胶 |
| 橡胶胶粒 | 无 | 无 | 无 | 无 | 无 | 橡胶合板 | 高聚物塑料 | 高聚物橡胶 |

## 四、常用复合材料

### (一)玻璃钢

第二次世界大战期间出现的用玻璃纤维增强工程塑料的复合材料,即为玻璃钢。其性能特点是强度高,弹性模量低,易老化。目前,玻璃钢作为一种新型工程材料已在建筑、造船等工业中得到广泛应用。依基体的类型不同,可将玻璃钢分为热塑性和热固性两种。

热塑性玻璃钢的基体为热塑性树脂,增强材料为玻璃纤维。热塑性树脂有尼龙、聚碳酸酯、聚烯烃类、聚苯乙烯类和热塑性聚酯五种,它们都具有较高的力学性能、介电性能、耐热性、抗老化性和好的工艺性能。

热塑性玻璃钢主要用于要求质量轻、强度高的零件,如航空、机车车辆、汽车、船舶和农机等方面的受力、受热的结构与传动零件,也有用于电机、电器上的绝缘零件。

玻璃纤维增强尼龙的刚度、强度和减摩性好,可代替有色金属制造轴承、轴承架、齿轮等精密机械零部件,还可制造电工部件、汽车仪表盘、前后灯等;玻璃纤维增强苯乙烯类树脂广泛应用于汽车内装制品、收音机壳体、磁带录音机底盘、照相机壳、空气调节器叶片等部件;玻璃纤维增强聚丙烯的强度、耐热性和抗蠕变性能好,耐水性优良,可以用作转矩变换器、干燥器壳体等。

热固性玻璃钢的基体为热固性树脂,增强材料为玻璃纤维。常用的热固性树脂有环氧树脂、酚醛树脂、不饱和聚酯树脂、氨基及有机硅树脂。热固性玻璃钢比强度高、成形工艺好,适宜于制成大型整体件及复杂形状的构件,但弹性模量的比模量低,刚性差,易老化,只能在300℃下使用。

热固性玻璃钢主要用于要求自重轻的受力结构件,如汽车、机车、拖拉机上的车顶、车身、车门、窗框、蓄电池壳、油箱等构件。也有用作直升机的旋翼、氧气瓶和耐海水腐蚀的结构件,以及轻型船体、石油化工上的管道、阀门等。另外,它的绝缘性好,可制造电机零件和各种电器。其应用越来越广,有不可取代的用途。

### (二)碳纤维复合材料

碳纤维复合材料是20世纪60年代迅速发展起来的,碳纤维较玻璃纤维具有更高的强度和弹性模量,且在2 000 ℃的高温下强度和弹性模量基本保持不变,－180 ℃的低温下也不变脆。比强度和模量是一切耐热纤维中最高的,是比较理想的增强材料,可用此增强塑料、金属和陶瓷。

碳纤维和环氧树脂、酚醛树脂、聚四氟乙烯等树脂结合可组成碳纤维树脂复合材料,其强度和弹性模量均超过铝合金,甚至接近高强度钢,而密度比玻璃钢小,是目前比强度和比模量最高的复合材料之一,同时在抗冲击、抗疲劳性能、减摩耐磨性能、润滑性能、耐腐蚀及耐热性等方面都有显著优点,可用作宇宙飞行器的外层材料,人造卫星、火箭的机架、壳体和天线构架,各种机器中的齿轮、轴承等受载磨损零件,活塞、密封圈等受摩擦件,也可用作化工容器等。

用碳或石墨作为基体,碳纤维或石墨纤维作为增强材料可组成碳碳复合材料。这是一种新型的特种工程材料,其特点是能承受极高的温度、极高的速度和具有极好的耐热冲击能力,尺寸稳定性和化学稳定性良好。目前已用于高温技术领域(如防热)、化工和热核反应装置中,在航空、航天中用于制造导弹鼻锥、飞船的前缘以及超音速飞机的制动装置。

此外,碳纤维和金属可组成碳纤维金属复合材料,和陶瓷结合可组成碳纤维陶瓷复合材料等,其中后者在陶瓷中加入纤维增强,克服了陶瓷冲击、热冲击强度低的缺点,强度大幅度提高,是优良的耐高温材料。

### (三)颗粒增强金属基复合材料

颗粒增强金属基复合材料是指金属基体与颗粒材料组成的复合材料,它克服了单一金属及其合金在性能上的某些缺点,与树脂基复合材料相比,具有高强度、高模量、高韧性,横向力学性能好和层间抗切强度高等特点,此外还具有工作温度高、耐磨、导电、导热、不吸湿、尺寸稳定、不老化和力学性能再现性好等方面的优点。

颗粒增强金属基复合材料的颗粒材料是悬浮在金属基体中的一种或多种颗粒,粒子直径在 $0.01 \sim 0.1\ \mu m$ 时,增强效果最佳。目前广泛应用的切削刀具材料中最主要的是一种以陶瓷粒子作增强材料的金属陶瓷复合材料,此材料是用韧性金属把具有耐热性好,硬度高但不耐冲击的陶瓷相粘接在一起,从而弥补了各自的缺点,突出了各自的优点,复合效果良好。金属陶瓷复合材料中,陶瓷相有氧化物(如 $Al_2O_3$,$ZrO_2$,$MgO$,$BeO$ 等)、碳化物(如 $TiC$,$WC$,$SiC$ 等)、硼化物(如 $TiB$,$ZrB_2$,$CrB_2$ 等)和氮化物(如 $TiN$,$BN$,$Si_3N_4$ 等),它们是金属陶瓷的基体或"骨架"。金属相主要有钛、铬、镍、钴及其合金,它们起粘结作用。陶瓷相和金属相的类型和相对数量将直接影响金属陶瓷的性能,以陶瓷相为主的多为工具材料,金属相含量较高时多为结构材料。

## 练 习 题

1. 塑料的含义是什么?其组成物通常有哪些?塑料有何特性,还存在哪些不足?
2. 橡胶最突出的性能是什么?其组成和加工方法有哪些?主要应用于哪些方面?

3. 试解释发生下列现象的原因：

(1)水龙头的橡胶垫片长时间使用后,不再密封。

(2)汽车加热器的胶皮管长时间使用后发生破裂。

(3)紧紧缠绕在某物体上的橡胶带,数月后即失去弹性并发生断裂。

4. 试述陶瓷材料的生产工艺,它有哪些较优越的性能,简述其原因。

5. 试比较氧化物瓷、碳化物瓷、氮化物瓷的性能特点。

6. 通常,纤维比细粒的增强效果好,例如,用排列整齐的 $Al_2O_3$ 纤维增强的玻璃比用 $Al_2O_3$ 细粒增强的玻璃硬得多,试说明原因。

# 第八章　材料选择基础

## 第一节　零件失效

每种机器零件都具有一定的功能——或完成规定的运动,或传递力、力矩或能量。当零部件丧失预定的功能时,即发生了零部件的失效。下述任何一种情况的发生,都可以认为零件已经失效:零件完全破坏,不能继续工作;零件严重损伤,不能保证工作安全;零件虽能安全工作,但工作低效。

零件失效所导致的经济损失是十分惊人的,零件失效还往往会导致重大事故的发生。因此对零件的失效进行分析,找出失效的原因,提出防止或延迟失效的措施,具有十分重要的意义。选材过程在很大程度上依赖于对以往使用经验的分析,特别是对失效原因和失效机制的分析,这些分析为零件设计、选材、制造和使用提供了实践经验和基础。

### 一、零件失效的基本形式

零件的失效是比较复杂的,根据零件破坏的特点、所受载荷的类型以及外在条件,零件失效的形式可归纳为变形失效、断裂失效和表面损伤失效三大类型。这三大类失效按失效的不同机理又可进一步分类(如图8-1所示),下面是零件最常见的失效形式。

图 8-1　零件失效方式分类

1. 弹性失稳　细长件或薄壁筒受轴向压缩时,如发生过大的侧向弹性弯曲变形,即产生弹性失稳,从而丧失工作能力,甚至引起大的塑性变形或断裂。

2.f 塑性变形　承受静载的零件由于过量的塑性(屈服)变形,与其他零件的相对位置发生变化,致使整个机器运转不良,导致失效。

3.蠕变断裂　零件在高温承受长时载荷,由于蠕变量超出规定范围,致使零件工作处于不安全状态甚至发生断裂。

4.快速断裂　承受单调载荷的零件可发生韧性断裂或脆性断裂。韧性断裂是一个缓慢的撕裂过程,应产生明显的宏观塑性变形;而脆性断裂常在低应力下突然发生,没有明显的塑性变形。脆断的诱因较复杂,无论是高温还是低温,静载还是冲击载荷,光滑还是缺口,构件均有可能发生,但最多的是有尖锐缺口或裂纹的构件在低温或受冲击时发生的低应力脆断。

5.疲劳断裂　零件在交变载荷作用下,工作应力远低于材料的抗拉强度,常在低于静载屈服强度时发生的突然断裂,由于疲劳断裂前无明显塑性变形,且对表面缺陷如划痕等很敏感,是一种危险的失效方式。

6.应力腐蚀断裂　零件在某些环境中承受载荷时,在应力和环境介质的联合作用下,发生的低应力脆性断裂。

7.磨损　当两个相互接触的机件表面相对运动时,由于发生磨损,使零件尺寸变化,精度降低,甚至发生咬合、剥落,而不能继续工作。

在以上失效形式中,弹性失稳、塑性变形、蠕变和磨损失效的发生是一个渐变的过程,在失效前一般都有尺寸的变化,有较明显的前兆,所以失效可以预防,断裂可以避免;而低应力脆断、疲劳断裂和应力腐蚀断裂往往事前无明显征兆,因此特别危险,是当今工程断裂事故的三大重要缘由。

同一种零件可能有几种不同的失效形式,不同的失效形式对应着不同的失效抗力。零件究竟以何种形式失效,取决于具体工作条件下零件的哪一种失效抗力最低。因此,一个零件的失效,总是由一种形式起主导作用,而多种因素的协同作用也可能组合成更复杂的失效形式,如腐蚀疲劳、磨蚀等(见表 8-1)。

**表 8-1　失效形式及其协同作用因素**

| 失效类型 | 主要因素 | 协助因素 | 失效形式 |
|---|---|---|---|
| 断裂 | 恒载 | — | 韧断或脆断 |
| | | 高温 | 蠕变断裂 |
| | | 化学 | 应力腐蚀断裂 |
| | 交变载荷 | 化学 | 腐蚀疲劳断裂 |
| | | — | 疲劳断裂 |
| 磨损 | 力学 | — | 磨损 |
| | | 化学 | 磨蚀 |

对于零件的失效,就安全运行而言,设计是主导,合理选材是基础,工艺是保证,设计和选材的指导思想无疑是至关重要的。设计中应将产品的功能设计、结构设计与零

部件工作的安全性原则结合起来加以考虑。确定合理的安全原则对于正确选择材料和工艺有着极其重要的意义,这取决于对使用条件的正确估价,需要把握零件工作状态的类型、重要程度以及环境的影响,并辅以对以往失效的正确分析。设计和选材过程中任何细节上的不当或失误,诸如计算错误、结构外形不合理、原材料质量控制不严等等,都可能成为失效的隐患。加工工艺不当同样是造成失效的重要原因。材料中的固有缺陷和制造过程中产生的缺陷常常成为失效发生的策源地,而使用维护不当,如过载、划伤、冲击、过冷、化学介质的微弱腐蚀都会加快失效的发生。因此,恰当的工艺和正确使用是零件正常运行的基本保障。

### 二、失效分析的主要方法

失效分析作为一门科学包括逻辑推理和实验研究两个方面。失效分析的目的就是揭示零件失效的根本原因,影响失效的因素是相当多的,需要利用各种宏观和微观的研究手段进行系统的分析。失效分析的基本环节及提高失效抗力的主要措施如图 8-2 所示。

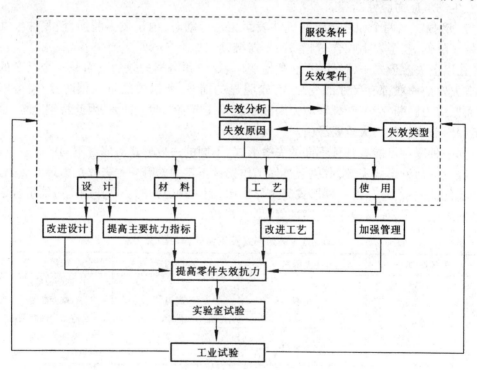

图 8-2　失效分析的基本环节及提高失效抗力的主要措施

常用的方法主要有:

1. 无损检测

无损检测是针对材料在冶金、加工、使用过程中产生的缺陷和裂纹用无损探伤法进行检查,以查清其状态及分布。失效分析和研究中最常见的无损检验有两类:一类是检查表面裂纹和不连续性缺陷的方法,如磁粉检验、液体渗透性检验、超声波检验和涡流检验;另一类则是检验内部缺陷的放射性检验、超声波检验等。

2.断口分析

断口分析是对断口进行全面的宏观(肉眼、低倍显微镜)及微观(高倍光学显微镜或电子显微镜)观察分析,确定裂纹的发源地、扩展区和最终断裂区,判断出断裂的性质和机理。对于破坏的顺序,如果在一个零件上有两条相交的裂纹〔见图 8-3(a)〕,后产生的裂纹是不能穿越先发生的裂纹的,这就是所谓 T 形法则。如在失效零件残骸拼凑时发现如图 8-3(b)所示的裂纹分叉的情况,分叉的裂纹产生在后。

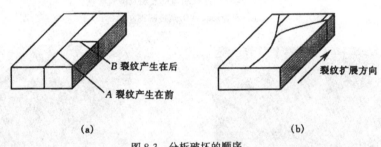

图 8-3　分析破坏的顺序

(a)T 形法则;(b)分叉法则。

(1)脆性断口　宏观形貌常呈放射状或结晶状,平齐而光亮,可根据人字纹路的走向和放射棱线汇聚方向确定裂纹源区(如图 8-4 所示)。脆性断裂大多为解理断裂,其断口在扫描电子显微镜(SEM)下,可以观察到平坦的解理台阶与河流花样(见图 8-5)。脆性断裂也可能沿晶界发生,因为晶界往往是析出物夹杂和元素偏析较集中的地方,使晶界强度受到削弱,例如 P 等元素沿奥氏体晶界偏聚引起的回火脆性可导致晶间断裂;很多金属在环境介质侵袭下也可发生脆性沿晶断裂,如应力腐蚀开裂、氢脆和液态金属脆化(见图 8-6)。

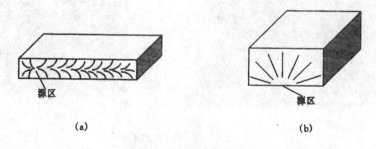

图 8-4　失效源分析

(a)　　　　　　　　　　　　　　　　　　　　　　　　(b)

图 8-5　脆性结晶状断口的宏观及微观形貌

(a)宏观形貌;(b)微观解理花样。

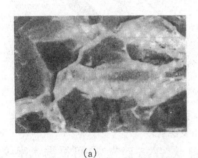

(a)　　　　　　　　　　　　　　　　　　　　　　　　(b)

图 8-6　脆性沿晶断裂断口

(a)回火脆性断口;(b)应力腐蚀断口。

(2)韧性断口　宏观常呈纤维状,色泽灰暗。微孔形成长大和聚合是韧性断裂的主要机制,在扫描电子显微镜下可观察到大小不等的韧窝(见图 8-7)。

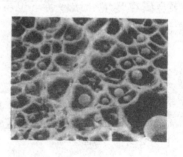

(a)　·　　　　　　　　　　　　　　　　　　　　　　(b)

图 8-7　韧性断口的宏观及微观形貌

(a)纤维状韧性宏观断口;(b)微观典型韧窝形貌。

(3)疲劳断口　根据宏观形态特征疲劳断口可分为三个区域〔如图 8-8(b)所示〕:疲劳源是疲劳破坏的起始点。疲劳断裂时,疲劳源可以是一个也可以是两个或多个;主要是在零件的表面,也可以是在零件的内部。因为零件表面往往存在各种缺陷和台阶,所以疲劳源常常出现在零件的表面。疲劳源区一般比较光滑。疲劳裂纹扩展区的特征反映了疲劳裂纹亚临界扩展的状态,常能观察到典型的"贝纹"状花样(常称贝纹线、疲劳条纹、疲劳线),并可在同心圆(弧)的圆心部位找到位于材料表面(或内部)的疲劳源〔见图 8-8(b)〕。瞬时断裂区是疲劳裂纹快速扩展直至断裂的区域,可由平断口和边缘的剪切唇组成。

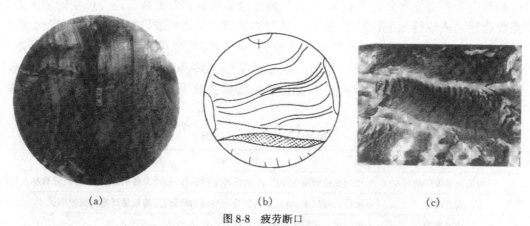

(a)　　　　　　　　　　　　(b)　　　　　　　　　　　　(c)

图 8-8　疲劳断口

(a)疲劳断口宏观形貌;(b)疲劳断口示意图;(c)疲劳条纹的微观图像。

### 3.金相分析

通过观察分析零件(特别是失效源周围)显微组织构成情况,如组织组成物的形态、粗细、数量、分布及其均匀性等,辨析各种组织缺陷及失效源周围组织的变化,对组织是否正常作出判断。应对失效部位的表面和纵、横剖面作低倍检验,以发现材料中冶金及加工缺陷(如冶金中的疏松、缩孔、气泡、白点、夹杂物等;加工中的划伤、锻造裂纹、过热、过烧、氧化、脱碳、淬火裂纹等),以便查清裂纹的性质,找出失效的原因。对于表面强化零件,还应对强化层厚度、质量等作出检测。

### 4.化学分析

检验材料整体或局部区域的成分是否符合设计要求。例如可采用剥层分析调查零件的化学成分沿截面的变化情况;或采用电子探针了解局部区域的化学成分是否异常。

### 5.力学分析

采用实验分析方法,检查分析失效零件的应力分布、承载能力以及脆断倾向等。

在失效分析中,应非常注意收集原始证物,如失效零件的残体、表面剥落物和腐蚀物,并尽最大努力保护断口表面以避免损坏而造成假象。对失效原因的推理判断应结合审查相关零件的设计、材料、加工、安装使用等方面的资料进行,并提出改进意见。

### 三、零件失效分析实例

不同零件的失效千差万别,即使是同一零件,由于材料的实际状态和具体工况条件的差别,其失效行为也会有很大不同。

1. 齿轮的失效

齿轮是机械设备中运用极广的传动零件,齿轮表面受到接触应力和摩擦力的作用,齿根部则受到交变弯曲应力的作用,此外由于过载和换挡时的冲击还会产生附加应力。因此齿轮的失效行为也较复杂,齿轮正常的失效形式是齿面的接触疲劳破坏,齿面剥落及磨损,以及齿根部的疲劳断裂或冲击断裂(见表 8-2);也可能由于设计、选材、制造、使用过程中的问题,出现断齿、疲劳断裂、塑性变形、崩裂和早期磨损等。表 8-3 显示疲劳断裂占失效齿轮总数的 1/3 以上,是齿轮失效的主要形式。齿轮的轮齿疲劳断裂失效宏观形貌如图 8-9 所示。

**表 8-2　齿轮的失效行为**

| 失效形式 | 失效的原因 |
| --- | --- |
| 齿面接触疲劳破坏 | 在交变接触应力作用下,齿面产生微裂纹,裂纹发展引起点状剥落(或称麻点) |
| 疲劳断裂 | 从齿根部发生,由过大的交变弯曲应力所致,是齿轮最严重的失效形式 |
| 齿面磨损 | 由于齿面接触区摩擦,使齿厚变小 |
| 过载断裂 | 主要是冲击载荷过大造成的断齿 |

**表 8-3　美国 931 个齿轮失效形式及原因的统计**

| 失效方式 | 统计结果(%) | 失效原因 | 统计结果(%) |
| --- | --- | --- | --- |
| 断裂,总计 | 61.2 | 使用不当,总计 | 74.7 |
| 　　疲劳断裂,轮齿 | 32.8 | 润滑不良 | 11.0 |
| 　　　　　　　轮 | 4.0 | 安装不良 | 21.2 |
| 　　过载断裂,轮齿 | 23.8 | 过载 | 38.9 |
| 　　　　　　　轮 | 0.6 | 其他 | 3.6 |
| 表面疲劳,总计 | 20.3 | 设计,总计 | 6.9 |
| 磨损,总计 | 13.2 | 设计不合理 | 2.8 |
| 　　磨粒磨损 | 10.3 | 选材不当 | 1.6 |
| 　　粘着磨损 | 2.9 | 热处理条件规定不当 | 2.5 |
| 塑性变形,总计 | 5.3 | 热处理 | 16.2 |
| | | 其他 | 1.4 |

### 2. 机车车辆车轴的失效

(a)　　　　　　　　　　　　　　　　　　　　　(b)

图 8-9　齿轮的轮齿疲劳断裂

　　车轴是支撑机车车辆荷重,传递扭矩的重要部件,直接关系到行车安全,因此车轴应是一种具有高的安全可靠性、长寿命的部件。车轴的失效形式主要有过度变形、早期断裂失效及轴颈磨损,其中早期断裂对于铁路运输安全威胁更大。车辆轴的早期断裂失效主要为热切和冷切。热切是由于轴承的故障而发热,导致车轴强度下降、变形缩颈、拉长拧成椎形麻花状而断裂。所以防止热切的重点是提高轴承的质量及对轴承故障的及时诊断。而冷切多是由于车轴的某些质量指标未达到规定的要求或外部的条件超过了额定的允许值,在交变载荷的作用下,车轴的薄弱区域疲劳积累损伤诱发疲劳裂纹,进而裂纹扩展,最终导致断裂,车轴的使用寿命被极大地缩短。由于这种断裂发生在常温,断裂部分没有明显的塑性变形,承受载荷不太大,断裂突然发生,因而极具危险性。

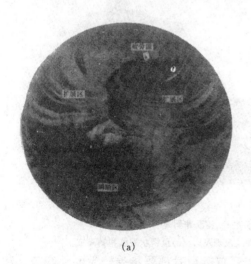

(a)　　　　　　　　　　　　　　　　　　　　　(b)

图 8-10　车轴疲劳断口

(a)疲劳源在轴内部,由严重冶金缺陷引起裂纹萌生;

(b)疲劳源在轴表面,由表面加工缺陷引起缺口效应,致使裂纹萌生。

　　车轴在运行时承受着旋转弯曲和扭转载荷,车轴材料通常具有较好韧塑性,其形状又有很好的对称性,所以车轴具有疲劳断裂的完整过程(疲劳裂纹形成、裂纹扩展、最终瞬时断裂),其断口见图 8-10。

　　车轴的疲劳断裂失效分析如图 8-11 所示。

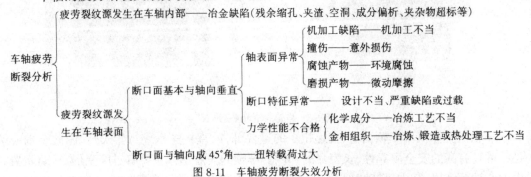

图 8-11　车轴疲劳断裂失效分析

### 3. 铁路钢轨的失效

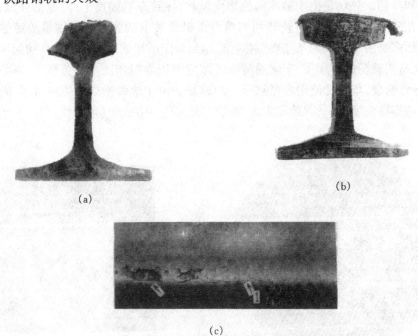

(a)

(b)

(c)

图 8-12　钢轨轨头磨耗、压溃和剥离

(a)轨头侧面磨耗;(b)轨头踏面被压溃及出现飞边;(c)鱼鳞状裂纹和剥离坑。

　　无论是机车车辆还是铁路工程结构,在列车运行时都要承受较大的动载荷。铁路全天候运行,行程长、工作条件较恶劣,磨耗、腐蚀、疲劳断裂是其主要失效方式。钢轨作为引导列车行驶及承受不稳定重复荷载的铁路线路最重要的上部构件,可视为一个弹性支座上的连续梁,它的使用寿命和伤损直接关系到铁路运输的畅通和行车安全。

随着铁路运输业的发展,列车的轴重、行车密度和速度在不断增长,这无疑加大了钢轨的负荷,而不断出现伤损钢轨以及随之而来的行车事故,更引起了人们的高度重视。钢轨的伤损主要包括:压溃,轨头表面金属碎裂或剥离,轨头表面压陷或磨耗,核伤(接触疲劳伤损),轨头、轨腰、轨底疲劳裂纹或折断、擦伤、锈蚀等(见表8-4)。造成伤损的原因主要与钢轨制造、使用、维修有关。钢轨在使用初期出现的纵向劈裂和裂纹等主要与钢轨的内部和表面质量有关(冶金、轧制、焊接缺陷等),如非金属夹杂物、白点、偏析、残余缩孔、翻皮、折叠等引起的核伤如图8-13(a)所示。表面损伤(表面剥离、压溃、擦伤、机械碰伤等)、钢轨结构(螺栓孔等)引起的局部高应力则可能导致疲劳裂纹甚至折断。轨头严重磨耗、压溃等则主要与钢轨的强度与负荷有关,如图8-13(b)所示。

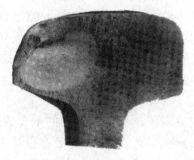 

(a) (b)

图8-13 钢轨在交变接触应力作用下产生的核伤

(a)夹杂物引起的核伤断口(白核);(b)表面剥离引起的核伤断口。

**表8-4 钢轨伤损的主要形式**

| 失效形式 | 失 效 的 原 因 |
|---|---|
| 磨耗 | 钢轨与车轮接触面表层发生磨损 |
| 压溃 | 轮轨接触压应力使钢轨表面发生塑性变形 |
| 剥离 | 交变接触应力使疲劳裂纹在钢轨表层(次表层)形成扩展至剥落 |
| 疲劳裂纹或折断 | 交变应力引起疲劳裂纹的萌生,并可能进一步扩展至断裂 |
| 擦伤 | 轮轨接触面发生热机械作用,导致组织产生相变由珠光体组织转变成马氏体组织 |
| 锈蚀 | 腐蚀环境作用 |

# 第二节 材料选择概述

机械设计和机械制造的根本任务,就是提供高性能、长寿命、低消耗以及价格相对低廉的优质产品。机械产品成功与否和材料的正确选用密切相关。

### 一、材料选用在机械工程中的地位

在机械工程所涉及的设计、制造、使用和失效诸个环节中,材料的选用都占据着极其重要的地位。选材的提出可出于不同的动机,如:首次开发生产一种新产品、新零件或新装置;现有产品的改进和更新换代;零件过早失效甚至灾难性事故发生后,需改变用材。

(一)材料选用与机械设计

首先应建立这样一个观点,选材是整个设计过程中不可分割的一部分,它会影响整个设计过程的每个部分,完全不考虑选材的设计是不可想像的。

传统的设计观念认为,选材主要是在对设计对象作出决定的阶段起作用,从而把选材归入设计过程的后期,其原因在于:①以前的大多数设计中创新部分很少;②设计的理论基础很不完善,设计中存在着许多未知因素。在这种情况下,设计人员主要依靠前人的经验进行设计和选材。设计中往往采用过大的安全系数,或过分依赖手册,或倾向于选用所谓"万能材料"等等。很难想像这样一种保守而又充满了不确定性的选材方式总是能够带来令人满意的产品。

正是设计过程本身的性质和进行设计的方式决定了选材在设计中的重要的地位。任何一项设计都包括如下基本内容:功能、结构、外观、工艺、成本。显然在设计中首先必须解决功能的具体化,也就是要明确规定设计对象应起的作用,并寻求能在一定满意程度下达到功能要求的基本设计思想。它要求具有一定的建设性和创造性。对产品功能性的追求,一方面必然促使新材料、新工艺的开发和应用;另一方面也必然受到材料、工艺、成本等因素的制约。因此对于任何一项有创新精神的设计,只有在设计的最初阶段就充分认识到选材的重要意义才能成功。

随着设计理论的完善和设计过程的计算机化,设计的安全系数越来越小,材料在更加接近失效极限的范围内使用,选材的重要性也日趋明显,其难度也越来越大。可是相当多的设计人员对所选用材料的特性常常不太有兴趣了解,总想把材料看成一种抽象的性能,它在设计中可表示成一定的数值,以便在计算时加以引用,天真地把它想像成独立的不受设计乃至制造方式影响的一个或一组数据。例如强度经常作为选择钢材的重要依据之一,在承受载荷的大小及零件的结构尺寸一经设计确定后,选材就似乎只需在材料手册上查找满意的数据了。然而事实上需淬火的零件,其力学性能与零件设计尺寸是密切相关的(见表8-5)。同样,由于零件结构设计上常会有台阶、孔洞、键槽、过渡圆角等,使零件的性能有可能低于实验室所测的性能。因此,设计人员在选择材料时,首先应该咨询了解材料各种性能和设计的关系,在设计中如何恰当地考虑和应用材料的哪些性能指标,设计中怎样改变结构、工艺以及外在因素,材料性能如何变化等。其次是了解各种材料的基本特性和应用范围,只有将两者结合起来,才能作出正确选择。

**表 8-5　中碳钢(0.4％C)不同尺寸毛坯的力学性能**

| 热处理条件 | 毛坯尺寸(mm) | $\sigma_b$(MPa) | $\delta$(％) | $A_k$(J) |
|---|---|---|---|---|
| 850 淬火 | 5 | 800 | 16 | 120 |
| | 30 | 750 | 15 | 80 |
| 500 回火 | 50 | 700 | 15 | 56 |
| | 100 | 600 | 13 | 40 |

**(二)材料选用与机械制造**

机械制造过程,实际上是采用适当的工艺方法,改变材料的形状和性质,获得合格的零件并加以合理组装的过程。制造过程所要达到的基本目的有三个:一定的形状和尺寸、一定的性能、一定的精度。零件的形状和尺寸目前主要利用流动成形、切削成形、连接成形三种基本方法获得。工程零件的性能主要是由所选用材料的基本性质决定的,但是在制造过程中的各个阶段其性能会有一定的变化,并可借助于热处理及表面改性处理进行性能的重塑。

生产中不仅要注意零件的外形尺寸是否合乎设计图纸规定的要求,还应充分了解加工过程对材料表面和内部组织结构以及性能的影响,并加以控制,以获得更适于应用的性能。在制造中合理控制力学性能的方向性就是一个很好的例子。锻造曲轴可以通过控制合理流线分布,保证曲轴工作时所受的最大拉应力与流线一致,而外加剪切应力与流线垂直,使曲轴不易断裂。切削加工制成的曲轴,由于流线分布不合理,易沿轴肩发生断裂。

制造过程是把设计者的设想变成实际产品的过程。设计中所作出的选材决定必然会影响到整个生产过程的技术要求,因此选材在某种程度上“决定”了制造方法。然而如果一旦发现不能很经济地将选用的材料加工成所要求的形状,那么已选定的材料将变得毫无意义。因此选材和选择制造方法常常是不可分割的。

大多数零件都要经历若干个工艺过程才能制成,为保证加工质量,提高效率,降低成本,各工序之间需要相互协调。所以选材与加工方法的选择应同时进行,并设法使材料与加工方法相适应,以保证机械产品及零件使用时可靠、高效、长寿命,制造时高效率、低成本。因此,设计者和制造者不仅对制造过程中的诸工艺要有足够的了解,还应了解被加工材料的加工性能,加工过程对材料性能及表面和内部结构的影响,以及被加工材料对加工机械、工具等的作用。

综上所述,材料的选用在机械设计和制造过程中占据着非常重要的地位。正确的选材是零部件安全正常运转的可靠保证,是提高产品质量、降低成本、增强功能、延长寿命的重要途径。

**二、材料选用原则**

选用的材料必须保证零件在使用过程中具有良好的工作能力和安全性;必须保证

零件便于加工;必须保证零件总成本最低。这些要求就构成选材的最基本的原则。

(一)使用性能原则

材料的使用性能是保证零件完成规定功能的必要条件,是保证工作安全可靠、经久耐用的必要条件,满足使用性能要求是选材必须遵循的首要原则。零件使用性能的要求,一般是在分析零件工作条件和失效形式的基础上提出来的。

1. 分析零件的工作条件

零件的工作条件包括三个方面:其一为受力状况,主要是载荷的类型(如静载、动载、循环载荷或单调载荷等)、载荷的作用形式(如拉伸、压缩、弯曲或扭转等)、载荷的大小以及分布特点(如均布载荷或集中载荷);其二为环境状况,主要是温度(如低温、高温、常温或变温)及介质情况(如有无腐蚀或摩擦作用);其三为特殊功能,如要求导电性、磁性、热膨胀性、比重、外观等。

首先应判断零件在工作中所受载荷的性质和大小,计算载荷引起的应力分布。载荷的性质是决定材料使用性能的主要依据之一。例如:载荷为持久作用的静载时,则材料对弹性变形或塑性变形的抗力是最主要的使用性能;在不能避免尖锐缺口或有裂纹等缺陷存在时,缺口敏感性与断裂韧性则可能成为重要的性能要求;如果零件承受的是交变载荷,则疲劳抗力又成为主要的使用性能。计算应力是确定材料使用性能的数量依据。由工作应力、使用寿命或安全性与力学性能指标的关系,确定出性能的具体数值。零件的工作环境同样是需考虑的重要因素。例如高温工作的零件、抗蠕变能力及高温稳定性是其性能要求的重要方面,而对于在低温工作的零件,材料的低温脆性又成了不可忽视的因素。环境介质不但会直接对材料造成腐蚀,从而提出材料耐蚀性能要求;而且会与零件的力学状态综合作用,从而提出更为复杂的性能要求,如抗应力腐蚀断裂的能力。最后还应充分考虑材料的某些特殊要求。例如为提高运输效率而降低运输车辆自重的设计,就要求综合考虑材料的性能与材料比重。

2. 进行失效分析

造成零件失效的原因是多方面的,其中材料是重要的因素之一。不同的失效形式总是对应着不同的失效抗力,而失效抗力则取决于材料的性能,其中总有一个性能因素起着主导作用。因此分析零件的失效可以获得大量有关材料使用性能的信息,对零件主要失效形式的分析常常可以综合出零件所要求的主要使用性能。表8-6中列出了几种常用零件的工作条件、失效形式和要求的主要力学性能指标。

零件的失效可能是正常失效,也可能是非正常的早期失效,零件的设计使用寿命常常依赖于对正常失效的控制,通过对正常失效形式的分析常常可以归纳出影响零件寿命的主要性能要求。例如精密机床主轴正常情况下常常由于过度变形、不能保证加工精度而失效,所以必须考虑主轴的刚度和强度。通常曲轴的寿命是由轴颈磨损超过规定的限度决定的,因此合理选定轴颈处的耐磨性要求,对保证曲轴的使用寿命具有重要意义。另一方面,零件在使用寿命期限内发生的早期失效对其使用安全性构成了极大威胁,为保证安全,应严格防止早期失效的发生。因此针对零件早期失效的可能方式,可以总结出零件安全工作所需的主要性能要求。例如在压力容器的选材中必须综合考虑材料的断裂韧性和强度以保障安全。

表 8-6　几种常用零件的工作条件和失效形式

| 零件 | 工作条件 | | | 常用失效形式 | 性能要求 |
|---|---|---|---|---|---|
| | 应力种类 | 载荷性质 | 受载状态 | | |
| 螺栓 | 拉、剪 | 静载 | — | 过量变形,断裂 | 强度,塑性 |
| 传动轴 | 弯、扭 | 循环,冲击 | 轴颈摩擦 | 疲劳断裂,过量变形,轴颈磨损 | 综合力学性能 |
| 传动齿轮 | 压、弯 | 循环,冲击 | 摩擦,振动 | 断齿,磨损,疲劳断裂,接触疲劳 | 表面高强度及疲劳极限,心部强度及韧性 |
| 弹簧 | 扭、弯 | 交变,冲击 | 振动 | 弹性失稳,疲劳破坏 | 弹性极限,屈强比,疲劳极限 |

通过对零件工作条件和失效形式的全面分析,确定零件对使用性能的要求,并将其具体转化为实验室力学性能指标(如强度、韧性、塑性、硬度等);再根据工作应力、使用寿命或安全性确定性能指标的具体数值,这是选材中相当关键而困难的一步。如屈服强度是在强度设计中应用最多的性能指标,设计中规定零件的工作应力 $\sigma$ 必须小于许用应力$[\sigma]$,即 $\sigma \leqslant [\sigma]=\sigma_s/k$,式中 $k$ 为安全系数。按此式似乎材料的屈服强度越高,承载能力越大,零件寿命越长,实际上不能一概而论。对于纯剪纯拉的零件如螺钉或螺栓,上式可直接作为设计依据,并可取 $k=1.1\sim1.3$。对于承受弯曲和扭转载荷的零件,由于表层的工作应力最高,心部趋于零,因此对心部的屈服强度不需作过高要求。

传统的零件设计方法首先是以材料的强度指标 $\sigma_s$、$\sigma_b$、$\sigma_{-1}$ 作为依据进行强度计算,然后考虑零件在局部的应力集中和工作中会遇到的过载和冲击,再凭经验对材料的塑性和韧性提出一定要求。通常材料的强度与塑性、韧性是互相矛盾的,强度高则塑性、韧性低。大多数情况下,出于对零件脆断的担心,设计人员通常规定较高的 $\delta$、$\Psi$、$a_k$ 或 $A_k$ 值而牺牲强度。但过高的塑性、韧性未必能保证零件安全,因为大多数零件的断裂是由高周疲劳引起的,因强度不足而发生早期疲劳断裂时,往往塑性和韧性尚有余。例如用 35 CrMo 制造的 1 t、5 t、10 t 模锻锤锤杆,过去因考虑需承受较大的冲击载荷而追求高塑性、韧性,采用调质处理,然而使用中因发生疲劳断裂寿命很低,后改为淬火和中温回火,表面硬度由 HRC26 提高到了 HRC40～45,寿命提高 3～20 倍以上。显然在性能指标化的过程中,应综合考虑塑性、韧性和强度指标,并加以合理的配合。既不可出现上述因塑性、韧性过剩而降低零件寿命的情况;也不可认为强度越高越好而将零件置于低应力脆断的危险中,特别是对于在低温工作的或含裂纹的工件,这将是极其危险的。

对于以高周疲劳断裂为主要危险的零件,在 $\sigma_b < 1\ 400\ \text{MPa}$ 范围内,材料的强度越

高,疲劳强度亦高,因此提高强度,适当降低塑性、韧性将有利于提高零件的寿命。而中低强度材料的断裂韧性较高,一般也不易发生低应力脆断(低温工作或大尺寸零件除外)。若 $\sigma_b > 1\,400$ MPa,材料的疲劳寿命随强度的增加反而降低,再用提高强度的方法提高疲劳寿命则是行不通的。对于以低应力脆断为主要危险的零件,如气轮机转子、低温或高压容器、火箭发动机壳体等,应该以断裂韧性选材,在制订主要性能指标时,韧性比强度更为重要,增加塑性和韧性,适当牺牲强度,将有利于提高零件的寿命。

零件性能要求的指标化完成后,即可进入具体选材的阶段。但是在利用具体性能指标时,必须注意以下几个问题:第一,材料的性能指标各有其物理意义,有的相当具体,可直接用于设计计算,例如屈服强度 $\sigma_s$,疲劳强度 $\sigma_{-1}$,断裂韧性 $K_{IC}$ 等;有些则不能直接应用于设计计算,其选择依赖于经验,如冲击韧性及塑性指标。第二,对于在复杂条件下工作的零件,必须采用特殊实验室性能指标作选材依据,如高温强度、抗磨蚀性等。这类性能的数据积累较少。因此人们总结出了一些从一般性能推算特殊性能的经验关系式,但在应用时必须相当谨慎,因为它们大多是从有限材料的试验中得到的,并不具有普遍意义。第三,材料的性能不能简单等同于手册上的某一个确定的数值,它不单与材料的化学成分有关,也和加工处理后的状态有关,尤其是金属材料更是如此,因此一个性能的具体值只对应于具体的加工处理条件。当然由于化学成分、加工工艺参数本身就有一定的波动范围,性能数据也是在一定范围内波动的。此外,材料的性能往往是在实验室条件下对标准化的试样(一定的形状尺寸)进行测试获得的,因此对性能的适当修正也是必要的。

(二)工艺性能原则

任何零件都是通过一系列加工工艺制造出来的,因此材料的工艺性能即材料加工的难易程度,自然应是选材必须考虑的重要问题,它直接影响到零件的加工质量和费用。与使用性能比较,工艺性能处于较次要的地位;但它又是确保产品质量,提高生产效率,降低成本的重要条件之一,在工业生产中应予以足够的重视。另外在某些特殊情况下,材料的工艺性能也会上升为选材的重要依据,因为一种材料即使使用性能很好,但若加工极困难,或者加工费用太高,其实用价值就会大打折扣。

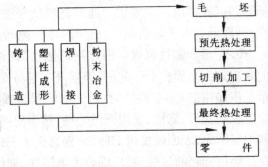

图 8-14  金属零件的加工工艺路线

1. 金属材料的工艺性能

金属零件的加工工艺路线简示于图8-14。可以看出,金属零件的加工工艺过程复杂,变化多。选择不同的加工工艺,不仅影响零件的成形,而且对零件的最终性能、质量和成本等带来不同程度的影响。

不同性能与质量要求的零件所经历的加工工艺过程会有很大差别,对所选材料的工艺性能也会有不同的要求。①性能与质量要求不高的零件,采用的工艺路线较为简单,毛坯—→正火或退火—→切削加工—→零件。所选材料多为较通用的普通材料,如铸铁或碳钢,只要注意采用适宜的毛坯制造方法,其工艺性能均能满足要求。②性能要求较高的零件,如轴、齿轮等,经历的工艺过程较为复杂,毛坯—→预先热处理(正火、退火)—→粗加工—→最终热处理(淬火+回火,固溶时效,渗碳处理等)—→精加工—→零件。金属零件用材多为碳钢、合金钢、高强铝合金等,其中有些材料的加工性能存在问题,如高合金钢的可锻性、可焊性和切削加工性能都较差,还有较大的淬裂倾向,因此选材时应注意对其工艺性能的分析。③性能和质量要求极高的零件,如精密丝杠,这类零件不但要求有较高的使用性能,而且要求达到很高的尺寸精度和表面光洁度,因此需进行一次或多次精加工及尺寸稳定化处理,毛坯—→预先热处理(正火、退火)—→粗加工—→最终热处理(淬火+低温回火,固溶时效或渗碳)—→半精加工—→稳定化处理(或氮化)—→精加工—→稳定化处理—→零件。由于加工路线复杂,加工精度和质量要求高,在选材时应务必保证材料的工艺性能。

一般说来,铸造和锻压是两种最主要的毛坯成形方法。通常认为铸件的性能与质量不如同种材料的锻压件,尽管有更先进的特种铸造方法,可以生产出足以和同类锻件相媲美的高性能、高质量的铸件,但因费用太高而主要限制应用于航空和航天方面,因此在选材过程中应充分地考虑两种成形方法的特点。

选用压力加工性能好的材料,一般有两个主要原因:其一是锻件的力学性能水平一般都比较高,均匀性比较好而且可靠;其二则是许多产品用压力加工方法比铸造更方便。例如内燃机的连杆、曲轴更多地倾向于采用锻造,就是出于第一个原因。又如铝锅,尽管强度要求不高,但要求很薄,采用压力加工无疑是因为第二个原因。

选用铸造性能好的材料比较适合如下几种情形:对强度要求不高,一般铸造方法可满足要求;设计时主要不是依据抗拉强度,而是依据刚度、尺寸或减轻重量等因素;零件的形状复杂,用其他方法不经济甚至不可能;节约生产时间;铸造方法更能节省成本。

焊接是最常用的连接方法,因此材料的焊接性能对于某些构件特别是桥梁、船舶及压力容器的选材具有极其重要的意义。焊接的主要对象是钢材,铝合金在焊接时则存在较多的问题,灰口铸铁基本上不能焊接。一般钢中碳含量和合金元素含量越高,焊接性能越差。如在制造潜艇时,为了保证焊接性能和质量,所选材料的含碳量限制在0.15%以下。

金属材料特别是钢的热处理工艺性能也是选材中需要考虑的重要因素,因为大多数金属零件是在热处理之后使用的。通常选择一种钢的同时即意谓着选定了相应的热处理工艺,钢的淬透性是选材和制定热处理工艺的重要依据。淬火后零件性能的"尺寸效益"直接与材料的淬透性有关。对于截面较大或形状较复杂,以及受力条件较苛刻的零件,为了保证整个截面力学性能的均匀,多采用淬透性较高的合金钢,通常合金含量越高，钢的变形及淬裂倾向越严重，因此在选择合金钢时，应选择具有足够而不是过剩淬透性的材料，在尽量保证材料淬透性的前提下，选择合金含量相对低的钢。

2. 高分子材料的工艺性能

高分子材料的工艺路线比较简单(如图 8-15)，其中成形工艺主要有热压、注塑、挤压、喷射、真空成形等，它们在应用中有各自不同的特点，见表 8-7。高分子材料同金属一样可以进行切削加工，但由于高分子材料导热性差，切削过程中不易散热，应注意不使工件过热。

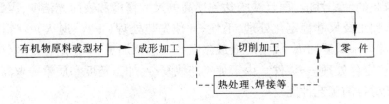

图 8-15　高分子材料的加工工艺路线

表 8-7　高分子材料主要成形工艺特点

| 工 艺 | 适用材料 | 形 状 | 表面光洁度 | 尺寸精度 | 模具费用 | 生产率 |
|---|---|---|---|---|---|---|
| 热压成形 | 范围较广 | 复杂形状 | 很好 | 好 | 高 | 中等 |
| 喷射成形 | 热塑性塑料 | 复杂形状 | 很好 | 非常好 | 很高 | 高 |
| 热挤成形 | 热塑性塑料 | 棒类 | 好 | 一般 | 低 | 高 |
| 真空成形 | 热塑性塑料 | 棒类 | 一般 | 一般 | 低 | 低 |

3. 陶瓷材料的工艺性能

从图 8-16 所示的陶瓷材料加工工艺路线可以看出，其中主要工艺就是成形加工，成形后，受陶瓷加工性能的局限，除了可以用碳化硅或金刚石砂轮磨削加工外，几乎不能进行任何其他加工。因此陶瓷材料的应用在很大程度上也受其加工性能的限制。

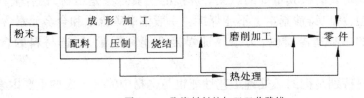

图 8-16　陶瓷材料的加工工艺路线

(三)经济性原则

市场上的产品，其根本任务就是满足社会需求，获取经济利益，因此如何在保证使用要求的前提下，采用相对廉价的材料和加工制造方法，以降低总成本，提高产品的竞争力,始终是选材的根本原则。

一个产品从制造到投入使用,其总消费成本由几个部分构成,见图8-17。为达到降低消费产品总成本的目标。在这方面,降低使用成本和降低产品购置价格是同等重要的。例如,新材料的选用会大幅度延长使用寿命,尽管购置价格会有所提高,但就长期的消费支出而言,无疑是经济的。然而对于一般工业品而言,降低购置价格更受到重视,因为对于某些产品来说,这是增加销售量最简单和最直接的方法。虽然降低使用成本对消费者也同样有利,但常常受重视不够,因为这通常要增加基本的买入价格。尽管从长远来看在合理的寿命期内,使用成本的降低会大于增加的购买价格,这就是为什么有些材料在使用上具有先进性却又不受欢迎的原因。有一个典型的例子就是汽车的排气装置,在这里使用不锈钢的长期经济性是不容置疑的,但在许多情况下,对增加原始投资一般是不容易接受的。

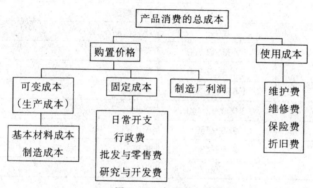

图8-17　产品成本分析

零件选用的材料应该保证生产和使用的总成本最低。零件的成本 $T$ 与其使用寿命 $l$,重量 $w$、加工费 $p$、研究费用 $r$、维修费用 $a$ 及材料价格 $m$ 有关,即 $T = f(l, w, p, a, m)$。由于改变选材对上述诸因素 $l, w, p, r, a, m$ 都有影响,所以也将对成本 $T$ 带来很大程度的影响,只有准确地知道了零件成本与上述因素的关系,才可能对选材的影响作精确的分析,并选出使成本最低的材料,因而在选材时应依据上述思路,利用资料逐项进行分析,以确保零件成本的降低。

1. 基本材料的成本

材料的价格在产品的总成本中占有较大的份额。据有关统计显示,在许多工业产品中,材料的价格约占产品价格的 $30\% \sim 70\%$,所以在确保产品的功能、质量、寿命等基本使用价值的前提下,应尽量降低材料的价格,换取产品更高的性能价格比,以提高产品的竞争力,因此设计人员要十分关心材料的市场价格。表8-8 和表8-9 列有常见工程材料的国际市场价格及我国常用金属材料的相对价格,从中可以获得一些对材料价格的基本认识。

基本材料的价格受许多因素的影响,主要有以下几个方面:

(1)提炼和制取的成本。如对金属而言,含有这种元素的化合物越稳定,则将这种化合物还原成有用金属所消耗的能量就越多,成本也就越高。人类使用金属的历史也正与这一点有关,从矿石中还原铜、铅要相对容易些。

表 8-8　常见工程材料价格

| 材　料 | 价格(美元/t) | 材　料 | 价格(美元/t) |
|---|---|---|---|
| 铂 | 26 000 000 | 工业金刚石 | 900 000 000 |
| 金 | 19 100 000 | 硼-环氧树脂复合材料 | 330 000 |
| 银 | 1 140 000 | 碳纤维复合材料(CFRP) | 200 000 |
| 硬质合金 | 66 000 | 玻璃纤维复合材料(GFRP) | 2 400~3 300 |
| 钨 | 26 000 | 有机玻璃 | 5 300 |
| 钛合金 | 10 190~12 720 | 尼龙66 | 3 289 |
| 镍 | 7 031 | 聚碳酸酯 | 2 550 |
| 高速钢 | 3 995 | 环氧树脂 | 1 650 |
| 不锈钢 | 2 400~3 100 | 天然橡胶 | 1 430 |
| 铜(型材) | 2 253~2 990 | 聚丙烯 | 1 280 |
| 黄铜(型材) | 1 650~2 336 | 聚乙烯 | 1 210~1 250 |
| 铝合金(型材) | 2 000~2 440 | MgO | 1 990 |
| 低合金钢 | 385~550 | $Al_2O_3$ | 1 100~1 760 |
| 低碳钢(型材) | 440~480 | 玻璃 | 1 500 |
| 铸铁 | 260 | SiC | 440~700 |

表 8-9　我国常用金属材料的相对价格

| 材　料 | 相对价格 | 材　料 | 相对价格 |
|---|---|---|---|
| 普通碳素结构钢 | 1 | 铬不锈钢 | 5 |
| 普通低合金结构钢 | 1.25 | 铬镍不锈钢 | 15 |
| 优质碳素结构钢 | 1.3~1.5 | 灰口铸铁 | ~1.4 |
| 合金结构钢(Cr-Ni 钢除外) | 1.7~2.5 | 球墨铸铁 | ~1.8 |
| 铬镍合金结构钢(中合金钢) | 5 | 可锻铸铁 | 2~2.2 |
| 滚珠轴承钢 | 3 | 铸造铝合金、铜合金 | 8~10 |
| 碳素工具钢 | 1.6 | 普通黄铜 | 13~17 |
| 低合金工具钢 | 3~4 | 锡青铜、铝青铜 | 19 |
| 高速钢 | 16~20 | 钛合金 | 50~80 |
| 硬质合金 | 150~200 | (工程塑料) | 5~15 |

(2)矿物资源的储量、开采成本、矿石品位等。例如从氧化物中还原铁比还原铜所消耗的能量要多些,但因铁有品位最高的矿石,所以它是最便宜的金属(见表 8-10)。

(3)材料的提纯、合金化(合成)成本。材料的纯度越高,价格越贵。例如普通铝合金铸件比飞机用高强度铝合金铸件允许有较高的杂质含量,基体金属纯度较低,价格亦较低(约为前者的 1/2 或 2/3)。如果在合金化中采用的合金元素的成本高于基体金属,则合金价格亦高于基体金属;反之,合金的价格则低于基体金属。因此,合金钢的价格高于普通碳钢,而黄铜的价格则比铜低(见表 8-9)。

(4)加工增值成本。加工过程越复杂,材料变更程度越大,增值成本越高。例如对低碳钢这种低成本材料来说,形状复杂型材的轧制成本可以接近于所需原料钢的价格。

(5)供求关系所造成的价格波动。

表 8-10    常见金属矿物资源的品位

| 矿石品种 | 品 位 | 矿石品种 | 品 位 |
|---|---|---|---|
| 典型铁矿石 | 60% ~ 65% Fe | 典型铀矿石 | 0.2% U |
| 典型铜矿石 | 1% ~ 1.5% Cu | 典型金矿石 | 0.000 1% ~ 0.001% Au |

零件用材的价格无疑应该尽量低。钢铁材料作为机械行业的主导材料,其经济性也是重要的原因之一,从表 8-8 中可以看出尽管碳纤维复合材料性能好,但价格是玻璃纤维复合材料的 80 倍,这就是前者应用较少的原因。如铝合金作为轻质材料广泛应用于航空零构件及轻型车辆,而钛合金虽然许多性能优于铝合金,但价格比铝合金高 5 倍,因此钛合金也只有在工作条件极其苛刻或性能要求高度可靠的特殊场合下应用,如飞机发动机、战斗机机翼、航天器等。

选择更为廉价的材料是降低产品成本的重要手段之一,但是这一作法常常会与产品的性能优化相冲突。因此提高材料的利用程度,降低制造过程中的材料消耗量,无疑是一种更实际的选择。目前在机械制造业中,我国钢材利用率平均为 65%,而美国达到 80%。我国材料费用在机械产品成本中占的比例,普遍高于国外同类产品的比例。因此通过采用少、无切屑工艺,大幅度降低材料消耗的成本,对于我国制造业而言具有尤为重要的意义。

2. 制造成本

加工成本约占零件成本的 30% 左右,生产批量越少,这一比例越高。生产数量对成本的影响可以按下述方法分析:总成本 $P = T + xN$,其中 $T$ 为工具与设备费用,$x$ 代表每件产品的成本,$N$ 为生产批量(件/批)。不同工艺的 $T$ 值会有很大的变化,例如金属铸造用的木模与砂箱费用相当少,而制造注塑热塑性塑料制品的模具费用可达前者的 200 倍以上。当然,采用更为昂贵的加工机械($T$ 会增加)的动机应当是它能够使产品的平均成本 $x$ 降低。

如有 $A$,$B$ 两种加工工艺,用工艺 $B$ 加工每件产品的成本明显低于工艺 $A$($x_B <$ $x_A$),那么是否选用工艺 $B$ 就一定经济呢? 由于工艺 $B$ 需要昂贵的设备投资($T_B >$ $T_A$),只有在生产批量足够大的情形下,选用 $B$ 才是经济的。而在生产批量较小时,选择 $A$ 反而更经济。图 8-18 中 $A$,$B$ 两曲线上的交点就指出了值得用工艺 $B$ 代替工艺

$A$ 的最小批量 $N_c$。例如,在制造某些变速箱体时,通常会采用铸铁,但在单件或批量非常少的情况下,选用钢板焊接反而更经济,原因是可省去制造模具的费用。又如,低碳钢渗碳与中碳钢感应加热表面淬火相比,两种钢材成本相差无几,但前者的加工费用要高得多。再如,尺寸很大的 45 钢工件,正火和调质所能达到的力学性能相近,正火则远比调质经济,故常采用正火。此外,将热处理与切削加工的工序配合好,可因材料切削加工性能提高而降低加工成本。

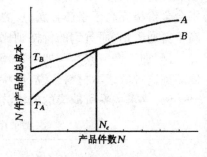

图 8-18　产量对制造成本的影响

在制造过程中,应尽量降低加工费用。例如,尽管机械加工具有把大批量与高质量结合起来的优势,但它在能源和人力方面的代价昂贵,基本资源浪费严重,而且需要大量昂贵的基本装备。因此,机械加工本质上并不是很经济的加工方法。

在任何情况下,只要能达到类似的性能,不同材料之间的选择最终可能都要根据成本来决定。当然成本与性能的关系应有一个变动的范围,其一端是应用时追求高性能的产品,另一端是追求低成本的产品。追求高性能的产品的典型例子就是先进武器系统和宇宙飞船,其最主要的要求是使用中要绝对可靠,也就是说一旦决定制造,则成本考虑往往是次要的。而小汽车和洗衣机等大众消费品则追求低成本。所以只要性能达到最基本的要求,即一旦确定了某种产品设计是可行的,接下去就是根据要求的价格去确定经济上最合理的而不是最好的性能水平。由于被称为消费性社会的确定,产品寿命越来越短的趋势似乎是不可逆转的。公众可以接受平均寿命为 10 年的小汽车和寿命为 8 年的彩电,对于低成本的追求无疑是合理而现实的,但几十年后的情况也许会有很大的不同,由于环境的破坏和地球资源的有限,将来的制造业经济学观点与现在的观点会有很大的变化。

(四)环境与资源原则

材料的使用形式正在不断变化,而且变化的速度也在不断加快。但迄今为止决定某种材料能否使用的准则仍只包括材料的可用性以及可以接受的成本加以制造的工艺技巧,即材料的使用性(功)能、工艺性能及经济性能。

现代工业文明的一个重要特征就是通过大规模的工业生产向大众提供廉价而性能优异的工业产品。与此相应的材料生产——使用——废弃的过程,可以说是一种将大量资源提取出来,再将大量废弃物排回到环境中去的恶性循环过程。工业化社会的高效率、高消费对于环境而言则是高索取和高负荷。可以设想,随着地球资源的日益枯竭、环境的日益恶化,以及人们对于“宇宙飞船似的大地”认识的日益觉醒,材料的环境和资源准则在今后会变得日益重要。这一准则要求材料在生产——使用——废弃的全过程中,对能源和资源的消耗少,对生态环境影响小,可以完全再生利用或废弃时完全降解。

### 1. 能源和资源消耗少

表 8-11 列举了世界主要矿物能源的储量、主要产地和开采年限。据已发表的"2010 年世界能源展望"的资料显示,世界一次能源的总需求将以年均 5% 以上的增长率大幅度增加,由此可见,能源的枯竭是不可避免的。而中国的人均能源消耗(折合石油)由 1971 年的 0.28 t,达到 1990 年的 0.56 t,20 年翻了一番,年均增长 5%,因此中国所面临的能源紧缺的压力也会日益加大。

**表 8-11　世界能源储藏量**

|  | 石　油 | 天然气 | 煤 | 铀 |
|---|---|---|---|---|
| 可开采储量 | 9 970 亿桶 | 138 万亿 m³ | 1 039 272 t | 200 万 t |
| 可开采年限 | 45.5 年 | 64 年 | 219 年 | 74 年 |
| 主要产地及储量比例 | 中东 66.4% | 前苏联、中东 70% | 美、苏、中、澳,>70% | |

材料的资源可分为天然和再生资源两类。世界的天然金属矿物资源日趋枯竭,表 8-12 列出了重要金属的世界储量及可供开采的年限。与此同时,材料使用后的废弃量则逐年增加,而金属再生利用的水平还较低,鲜见再生利用率达到 50% 的情况。

**表 8-12　重要金属的世界储量**

|  | 储量($10^6$ t) | 可用年数 | 再生率(%) |
|---|---|---|---|
| Fe | $1 \times 10^6$ | 109 | 31.7 |
| Al | 1170 | 35 | 16.9 |
| Cu | 308 | 24 | 40.9 |
| Zn | 123 | 18 | 21.2 |
| Mo | 5.4 | 36 | |
| Ag | 0.2 | 14 | 41.0 |
| Cr | 775 | 112 | |
| Ti | 147 | 51 | |

资源的危机必然限制和引导材料的生产和使用。例如,1973 年石油禁运所导致的能源危机,迫使美国政府以法律规定了汽车耗油量的上限,因而促进了高强度低合金钢、铝合金、塑料、复合材料等在汽车中的应用。又如,第二次世界大战时,美国进口钨受到限制,被迫限制使用钨系高速钢,促进了钨钼系高速钢的研究和应用。

在选材时必须考虑降低资源的消耗。例如通过产品的小型化和材料轻量化,减少材料的绝对使用量;通过零件的长寿命化和再利用,减少材料的相对使用量;通过易分解及可再生循环材料的利用,降低对天然资源的依赖;选用能耗低的材料及加工工艺。

### 2. 环境污染小

　　材料的生产、使用在导致能量和物质消耗的同时,若不能有效地将放出的能量和排出的物质纳入自然循环中,就会对大气、水、土壤、生存空间造成污染,从而加重环境的负荷。20 世纪 90 年代,瑞典的沃尔沃汽车公司在报纸上登出了"我们的产品既制造公害,又制造噪声,还产生垃圾"的广告,表明随着环境污染的日益严重,人们的环境意识也日益增强。例如:针对日益严重的空气污染,一些国家的政府相继制定了限制汽车排气的规定,从而导致了汽车的轻型化和用材的革新。显然,环境准则必将成为选材的重要依据之一,即要求材料在生产——使用——废弃的全过程中具有与环境的协调性,充分降低对环境造成的负荷。如采用能耗少、污染小的材料,节能无害化的生产、制造工艺,选择可再生循环性好的材料(材质单纯,化学组成简单,便于提纯,通用性强),降低废弃物环境负荷,选择以再生资源为原料的材料。

　　例如汽车的轻型化是降低油耗、减少污染的重要措施,从而促进了汽车用材的革新。用铝材和塑料代替钢,可以大幅度降低汽车重量,有人曾乐观地估计,汽车中钢铁材料用量将要锐减,但是由于高强度钢和表面处理工艺的开发,汽车用钢量虽略有下降,却仍一直保持在 70% 以上,这主要是由于铝材的高成本和塑料的性能局限。但另一方面,从环境准则出发,铝材生产中的高能耗及污染,塑料制品低回收利用率将会成为未来阻碍其应用的重要障碍。

　　表 8-13 列举了一些材料的生产能耗及排碳量。混凝土虽能耗低但几乎不能回收、降解;木材不但能耗低,还能充分回收,并可以降解;多数塑料回收率很低;金属材料能耗高但可较容易地回收,其中铝的回收价值尤其高,扩大对再生铝的利用,具有相当大的环境意义。表 8-14 为对应于一定性能水平($\sigma_b$)的材料能耗($E\rho/\sigma_b$)。

表 8-13　生产各种材料消耗的能量及碳的排放量

| 材　料 | 矿物燃料能耗 | | 排　碳　量 | |
|---|---|---|---|---|
| | MJ/kg | MJ/m³ | kg/t | kg/m³ |
| 木　材 | 1.5~2.8 | 750~1 390 | 30~56 | 15~28 |
| 混凝土 | 2.0 | 4 800 | 50 | 120 |
| 钢　材 | 35 | 266 000 | 700 | 5 320 |
| 一次铝 | 435 | 1 100 000 | 8 700 | 22 000 |
| 再生铝 | 13 | 33 000 | | |

表 8-14　一定性能水平下的材料能耗

| | 木　材 | 混凝土 | 钢 | 塑　料 | 铝、镁及钛合金 |
|---|---|---|---|---|---|
| $E\rho/\sigma_b$ | 24 | 145 | 100~500 | 475~1 002 | 710~1 029 |

注:$E$——生产每公斤材料的能耗;$\rho$——材料密度;$\sigma_b$——抗拉强度。

由此可见,木材、混凝土、钢材作为主要结构材料仍有可能维持更长的时期;对于传统结构材料的充分利用和进一步开发,仍然是持久的课题。

### 三、材料选用方法

材料的选择首先应遵循以下两条重要原则:其一选材应该是设计过程的一个主要部分;其二选材应定量计算。选材是多目标的决策问题,这些目标包括性能与成本两类。设计者在进行选材时,面临的几乎是无数种可能的结果,要在省时、省力而又确保没忽略任何一种可能性的基础上做出选择,就必须对选材程序进行系统化。

(一)选材的一般程序

1. 基于对具体零件的工作条件和失效形式的分析,以及对同类零件现有状况(所用材料、使用寿命、失效形式以及供应情况)的调研,再结合力学计算或试验确定零件应具有的力学性能指标和理化性能指标。

2. 对若干备选材料的性能指标和制造工艺进行综合分析和筛选,初步选定材料的牌号、规格及制造工艺。

3. 进行实验室试验以检验选用材料是否达到各项性能要求,并进行小批试生产以检验材料制造过程中工艺性是否满足要求。小批试验产品质量合格后,选材方案即可确定下来。

上述选材步骤只是一般的程序,其工作量和耗费都是相当大的。因此,对不太重要的零件,单件或小批量生产的产品,以及设备维修中的材料选择,通常在第 2 步即可确定选材方案,投入正式生产。对于某些重要零件的选材,如果与同类产品基本相似,又有丰富的经验可循,也可在第 2 步后直接进入小批量试生产而不必进行大量的耗时、费钱的基础性试验。

(二)选材的定量方法简介

1. 固定效果选材法——单位性质成本法

在选择材料最简单的情况下,一种材料性能被突出地作为最关键的工作要求。在这种情况下,可以估算不同的材料达到这种要求(固定效果)所需的成本。

若材料的抗拉强度 $\sigma_b$ 作为选材的最主要标准时,可采用式(8-1)计算购买1 MPa的强度的成本 $C$:

$$C = \frac{P \times \rho}{\sigma_b} \tag{8-1}$$

式中 $P$ 是单位重量的材料价格,$\rho$ 是材料密度。

如果以弹性模量、疲劳强度、蠕变强度等性能为基础比较各种材料,还可写出与(8-1)式相类似的方程式。$C$ 值越低,材料越好。既然材料之间的比较是材料选择的基本方式,那么可以选择一种基准材料,将其他候选材料与其进行比较,因而引入单位性质相对成本的概念,即

$$RC = \frac{p_i}{p_a} \times \frac{\rho_i}{\rho_a} \times \frac{\sigma_i}{\sigma_a} \tag{8-2}$$

(8-2)式中 $RC$ 是单位性质的相对成本,$i$ 代表候选材料,$a$ 代表基准材料。当 $RC < 1$ 时,表明候选材料优于基准材料。对不同的材料选择和不同的加载方式都可写出与(8-2)式相类似的公式。

虽然单位性质成本法在某些方面是有用的,但它只把一个性能当作关键性质,而忽略了其他性能,这是它的缺点,也是其使用的局限所在。在许多工程应用场合,情况要复杂得多,要求材料的重要性质并非只有一个。

**【例】** 单轴拉伸的实心圆柱零件选材分析。

①等强度判据分析

在等强度的判据下,可以知道材料的屈服强度 $\sigma_s$ 越大,则所需截面尺寸 $D$ 值越小,即

$$D \propto (1/\sigma_s)^{1/2} \tag{8-3}$$

或者

$$\frac{D_2}{D_1} = \left( \frac{\sigma_{s1}}{\sigma_{s2}} \right)^{1/2} \tag{8-4}$$

材料的成本 $C = W \times$ 单位质量的价格 $p$($W$ 为材料重量),则材料的等强度相对成本 $RC_\sigma$ 为

$$RC_\sigma = \left( \frac{p_2}{p_1} \right) \left( \frac{\rho_2}{\rho_1} \right) \left( \frac{\sigma_{s1}}{\sigma_{s2}} \right) \tag{8-5}$$

②等刚度判据分析

根据胡克定律,在等刚度的判据下,有

$$D \propto (1/E)^{1/2} \tag{8-6}$$

则等刚度相对成本为

$$RC_E = \left( \frac{E_1}{E_2} \right) \left( \frac{\rho_2}{\rho_1} \right) \left( \frac{p_2}{p_1} \right) \tag{8-7}$$

③综合分析

对于碳素结构钢和低合金结构钢,$E_1 \approx E_2$,$\rho_1 \approx \rho_2$,则(8-5)、(8-7)式可分别简化为

$$RC_\sigma = \left( \frac{\sigma_{s1}}{\sigma_{s2}} \right) \left( \frac{p_2}{p_1} \right) \tag{8-8}$$

$$RC_E = \frac{p_2}{p_1} \tag{8-9}$$

如此时有两种备选材料,碳素结构钢 Q235($\sigma_{s1} = 235 \text{ MN/m}^2$,相对成本 $p_1 = 1$)、低合金结构钢 16 Mn($\sigma_{s2} = 350 \text{ MN/m}^2$,相对成本 $p_2 = 1.25$),$E_1 \approx E_2 \approx 200\ 000 \text{ MN/m}^2$。在等刚度判据下,根据式(8-9)应选择成本较低的 Q235,因为构件的

刚度主要取决与它的承载面积及材料的弹性模量,盲目选择高强度的低合金钢只会使成本增加。若采用等强度判据,由于16 Mn的屈服强度高于 Q235,则构件的承载面积可减少〔如式(8-4)〕,从而节约钢材用量;但是否经济,要取决于式(8-8)的计算结果,结果应选择 16Mn。

从上面的分析,显然可以得出如下结论:用低合金高强度钢代替碳钢,屈服强度提高了,在等强度判据下,可以节约钢材。考虑结构和载荷形式的不同,钢材节约的程度不同。是否有经济效益,取决于屈服强度的比值与钢材价格的比值〔式(8-8)〕。若采用等刚度判据,使用强度高的钢种则不能节约钢材,只会增加成本〔式(8-9)〕。对于交通运输,例如车辆、船舶等用钢,为了减少运输费用,增加运输量,应考虑用式(8-5)选材;对于固定结构,例如桥梁、厂房等,则应使用式(8-9)和式(8-7)选材。

2. 加权性质法

加权性质法可用于评价各种材料和各种性能的复杂组合。用这种方法时,根据每种性质的重要性都分配给它们一定的加权值。材料性能的数值乘加权因子($a$)得到加权后的性质值,然后把每种材料单个的加权性质值相加,得出对比材料的性能指数($\gamma$),$\gamma$ 值最高的材料被认为是最好的材料。

加权性质法的形式简单,其缺点是必须把不同量纲单位组合为一体,这样会产生一些无理结果。当把数值相差很大的不同的物理性质、化学性质和力学性质组合在一起时,更是如此。数值较大的性质的影响比其加权因子认定的影响大,引入定标因子能克服这个缺点。将每个性质定标,其定标最高数值不超过 100。当评价一组候选材料时,一次考虑一个性质,一组候选材料中最好的性质定为 100,其他性质的数值按比例定标。引用一个定标因子,便于把材料的真实性质的数值转换成无量纲因子值。对于一种给定的候选材料的某个已知性质的定标值 $\beta$ 等于:

$$\beta = \frac{性质的数值 \times 100}{一组材料中最高的性质数值} \tag{8-10}$$

通过这个步骤使每个性质都有相等的重要性,并只根据加权因子影响对比材料的性能指数($\gamma$)。

【例】 表 8-15 列出了可用作飞机机翼的几种材料。由于机翼在飞行时必须承受整个飞机的重量,因此机翼承受的应力最高,应力变化也最复杂,其要求的最主要性能为:$\sigma_s/\rho$,$E^{1/3}/\rho$,$K_{IC}$。

首先确定各性质的定标值,再根据加权因子计算备选材料的性能指数 $\gamma$,计算结果见表 8-16。

如认为各性能都是同等重要的,$a_{1,2,3,4}=1$,则选择倾向于铝合金 I,铝合金 II 次之,钛合金排在最后。事实上即使是民用客机,其安全性也是极其重要的,并直接影响到生产企业的商业利益,因此应适当降低成本的加权系数,$a_{1,2,3}=10$,$a_4=1$,选材仍倾向于铝合金,钛合金先于低价材料不锈钢。材料的实际应用状况也正是这样,目前铝合金一直占据着制造民用飞机机翼的最主要材料的地位。钛合金由于价格太高而丧失竞争力。但是对于高速军用飞机而言,成本往往并不是最重要的因素。军用飞机特别是战斗机,不仅飞行速度高,而且要求能够快速起飞,在空中进行高速机动飞行并完成复杂的技术动作。高速飞行必然使飞机表面温度上升,几乎所有的铝合金在150 ℃以上都要迅速失去强度,因此多数民用飞机的速度限制在马赫数 2.5 以下,而钛合金和不锈钢具有更高的耐高温性能,尤其是对于马赫数为 3 的高速飞机而言,有一定应用价值,见表 8-17 和表 8-18。高速飞行同时会使结构受到不稳定加热,热应力的影响应引起足够的重视,此时大小与主应力相当的热应力有可能叠加在主应力上,在加上军用飞机的机动性带来的应力波动,材料的强度对于主要承载件——机翼将变得更为重要,钛合金与铝合金相比可在更高的载荷下保持弹性状态,因此钛合金适用于高速高载荷的情况。故引入工作温度极限并适当地调整加权系数进行选材,$a_1 = 10$, $a_{2,3,4} = 5$, $a_5 = 1$。显然,重新分析的结果倾向于选择钛合金,铝合金 I 次之(见表 8-19),事实上钛合金确曾用作旋风、美洲豹、鹞式及美 YF12 战斗机的框架和蒙皮材料。

表 8-15　几种飞机机翼材料的性能

| 材　料 | $[\sigma_s/\rho]$ 〔MPa/(t·m$^{-3}$)〕 | $[K_{IC}^2/\sigma_s^2]$ (mm) | $[E^{1/3}/\rho]$ 〔GPa$^{1/3}$/(t·m$^{-3}$)〕 | 相对成本 $q$ |
|---|---|---|---|---|
| 铝合金 I | 130 | 16.5 | 1.50 | 1.18 |
| 铝合金 II | 204 | 2.1 | 1.50 | 1.40 |
| 钛合金 | 196 | 4.6 | 1.06 | 8.00 |
| 不锈钢 | 115 | 12.3 | 0.75 | 1.00 |

表 8-16　几种机翼备选材料性能的定标值及性能指数

| 材　料 | $\beta_1$ $\sigma_s/\rho$ | $\beta_2$ $K_{IC}^2/\sigma_s^2$ | $\beta_3$ $E^{1/3}/\rho$ | $\beta_4$ 相对成本 | $\gamma$ $a_{1,2,3,4}=1$ | $\gamma$ $a_{1,2,3}=10, a_4=1$ |
|---|---|---|---|---|---|---|
| 铝合金 I | 64 | 100 | 100 | 85 | 349 | 2 725 |
| 铝合金 II | 100 | 13 | 100 | 82 | 295 | 2 217 |
| 钛合金 | 96 | 27 | 71 | 0 | 194 | 1 940 |
| 不锈钢 | 56 | 75 | 50 | 87 | 268 | 1 897 |

注:$\beta_i(i=1,2,3,4)$为材料某一性质的定标值,$\beta_i = q_i/q_{max}\times100(i=1,2,3)$,$\beta_4=(1-q_4/q_{max})\times100$。其中 $q_i$ 为材料的性质,$q_{max}$ 为一组材料性质中的最高数值。

表 8-17　飞行速度与飞机蒙皮表面饱和温度

| 马　赫　数 | 2.0 | 2.5 | 3.0 | 3.5 | 4.0 |
|---|---|---|---|---|---|
| 表面饱和温度(℃) | 100 | 150 | 200 | 300 | 370 |

表 8-18　备选材料的工作温度极限

| 材　料 | 铝合金 I | 铝合金 II | 钛合金 | 不锈钢 |
|---|---|---|---|---|
| 温度极限(℃) | 150 | 150 | ≈400 | ≥400 |

表 8-19　军用高速飞机机翼备选材料性能的定标值及性能指数

| 材　料 | $\beta_1$ | $\beta_2$ | $\beta_3$ | $\beta_4$ | $\beta_5$ | $\gamma$ |
|---|---|---|---|---|---|---|
| | $\sigma_s/\rho$ | $K_{IC}^2/\sigma_s^2$ | $E^{1/3}/\rho$ | 温度极限 | 相对成本 | $a_1=10, a_{2,3,4}=5, a_4=1$ |
| 铝合金 I | 64 | 100 | 100 | 38 | 85 | 1 915 |
| 铝合金 II | 100 | 13 | 100 | 38 | 82 | 1 837 |
| 钛合金 | 96 | 27 | 71 | 100 | 0 | 1 950 |
| 不锈钢 | 56 | 75 | 50 | 100 | 87 | 1 772 |

　　能用数字表示的材料性质采用上述步骤是很方便的,但是,像耐磨性、耐蚀性、工作寿命、可焊性等一类性质很少有数值,在这种情况下,必须根据试验数据和过去的经验导出材料性质的定标值。应当指出,在某些应用场合,希望某些性质数值低一些,例如密度、电阻率、氧化增重等等,对于这些性质来说,应当把最小值,而不是把最大值标定为 100。

　　在规定了许多材料性质,而各种性质的相对重要性又不明显的情况下,加权因子(a)的决定可能是直观的,因而降低了这种方法的可靠性。采用系统法确定加权因子可以解决这个问题。为了提高以数字逻辑法为依据的判断精度,可以用由 0 至 3 变化的分级标志来改变是否判定——重要性无差别的以 0 标志,重要性差别很大的以 3 标志。在这种情况下,把单个的分级标志相加,得到每个选择标准的累计分级标志。把这些累计的分级过渡标志除以它们的总数得到加权因子(a)。

　　毛坯材料成本和加工成本可以看作是一种性质,并给予适当的加权因子(a),但是,在规定的性质数目很多的情况下,单独把成本考虑为材料性能指数(γ)的变种,可以强调成本的重要性。

　　一种材料的优良指数(M)可定义为

$$M = \frac{\gamma}{Q \times \rho} \tag{8-11}$$

式中 $\rho$ 为材料密度;$Q$ 是零件总成本,它包括以单位重量表示的毛坯材料成本加制造成本。

　　当要求把一组已知的材料相对于基准材料进行定级时,通过计算相对优良指数(RM)就可把材料分级。

$$RM = \frac{M_i}{M_b} \tag{8-12}$$

式中 $M_i$ 和 $M_b$ 分别为候选材料和基准材料的优良指数。

如果 $RM>1$,则候选材料比基准材料更合适。当 $M_b$ 代表最低要求时,$RM<1$ 的任何候选材料都不合适,均要被淘汰。

当对具有许多规定性质的多种材料进行评价时,上述方法会有大量烦琐的计算,在这种情况下,应用电子计算机能简化选择过程。工程师们可以把加权性质法的各个阶段编成简单的计算机程序,以便从指定的存储单元中选择材料。此时输入的数据包括规定的不同性质及其加权因子($a$),可以要求计算机按优良指数的顺序列出候选材料的目录表,或者要求只选出最好的三个候选材料。

3. 增益回转法

在某些应用场合,经常发生这样的情况,即几种材料都能满足一个指定用途的最低要求。如果把这些材料都加工,则可以设想,最终构件的性能水平与被比较材料的性能指数($\gamma$)成比例。也可预计每个构件的成本将随加工成本和材料成本而成比例的变化。如果要求在最合理的增益成本条件下选择能提供最好增益性能的构件,则可以应用如下方法:

以成本最低的材料(No.1)作为基准材料并和成本次最低的材料(No.2)相比。计算对比材料的增益性能指数($\Delta\gamma$)和单位体积的增益成本($\Delta P$),这些参数定义如下:

$$\Delta\gamma = \gamma_2 - \gamma_1 \tag{8-13}$$

$$\Delta P\rho = P_2\rho_2 - P\rho_1 \tag{8-14}$$

式中,$\gamma$,$P$ 和 $\rho$ 的定义和前面的一样,右下角标 1 和 2 是指提到的 No.1 和 No.2 材料,如果 $\Delta\gamma/(\Delta P\rho)<1$,则 No.1 比 No.2 好,材料 No.2 要被淘汰,再在 No.1 和 No.3 材料之间进行比较。如果 $\Delta\gamma/(\Delta P\rho)>1$,则材料 No.1 被淘汰,那么,No.3 成为现在新的最好材料,即基准材料。然后在 No.4 和 No.3 材料之间进行比较,过程一直重复到所有的、可供选择的材料都被淘汰,只保留一个被认为是最佳的材料。

4. 性质极限法

评价材料的性质极限法把对材料的规定要求分成三个范畴:下限性质、上限性质和欲达目标值。例如,倘若希望选用结实的轻质材料,那么就规定强度性质为下限性质,材料密度为上限性质。一种性质被规定为上限性质还是下限性质都取决于其用途。材料的导电率或导热率就是一个实例。当选择绝缘材料时,应当把这些性质规定为上限性质,当选择导电材料时,它们应当被规定为下限性质。

在这种方法中也给每个材料性质分配一定的加权因子($a$),如前面已讨论过的那样,$a$ 值可用数字逻辑法来确定。

对于规定的材料性质来说,$Y_{l_1}$,$Y_{l_2}$,$Y_{l_3}$,……代表下限性质 1,2,3;而 $Y_{u_1}$,$Y_{u_2}$,$Y_{u_3}$,……代表上限性质;$Y_{t_1}$,$Y_{t_2}$,$Y_{t_3}$,……代表欲达目标值。候选材料 J 的相应性质是:$X_{l_1J}$,$X_{l_2J}$,$X_{l_3J}$,……;$X_{u_1J}$,$X_{u_2J}$,$X_{u_3J}$,……;$X_{t_1J}$,$X_{t_2J}$,$X_{t_3J}$,……。

对于下限性质来说,如果 $Y_i/X_i\leqslant1$,那么材料就可以接受,对上限性质来说,如果

$X_u/Y_u \leqslant 1$，材料也可以接受。候选材料违背这些限制中的任何一个都会被淘汰。通过初步筛选的材料再按照优值参数($\delta$)的计算进行分极，$\delta$的定义为

$$\delta = \sum_{i=1}^{n_l} a_{li} \frac{Y_{li}}{X_{li}} + \sum_{i=1}^{n_u} a_{li} \frac{X_{ul}}{X_{ul}} + \sum_{i=1}^{n_t} \left| \frac{X_{ti}}{Y_{ti}} - 1 \right| \tag{8-15}$$

式中 $n_l$，$n_u$ 和 $n_t$ 分别代表下限性质、上限性质和欲达目标值的数目。优值参数 $\delta$ 的值越低，材料越好。

　　采用性质极限法，对毛坯材料的成本和加工成本可以有两种处理方法。第一种方法是把所有的成本要素都看成是一个具有适当加权因子($a$)的上限性质。$a$ 的数值取决于材料的设计应用场合和工业类型。例如，消费产品的($a$)值预计比航天系统所采用的值大。但是，在规定的材料性质的数目很多的情况下，把所有的成本要素作为一个性质可能掩盖毛坯材料成本和加工成本对选材的影响。在大量生产的情况下更是这样，因为此时材料成本占产品总成本的一大部分。在这个条件下，可以采用第二种方法来处理材料成本和加工成本，即成本修正优值参数 $\Delta$，$\Delta$ 的定义为

$$\Delta = \frac{X_0}{Y_0} \times \delta \tag{8-16}$$

式中 $Y_0$ 是按规定的上限材料的成本和加工成本，$X_0$ 是候选材料相应的成本。方程式(8-16)中的 $\delta$ 的计算和前面不考虑成本的情况所讨论的一样。如果 $X_0/Y_0 > 1$，候选材料将要被淘汰，$\Delta$ 最低的材料被认为是最理想的材料。

　　评价材料的性质极限法适合于方便地采用电子计算机从数据储存单元中选择材料。和加权性质法一样，输入数据包括各种规定的性能及其加权因子($a$)，输出可以是三个最好的候选材料，甚至是所有可能的材料按照它们的优值顺序排列的一个完整的明细表。

## 练 习 题

　　1. 什么是零件的失效？它有哪些主要类型？其中哪些失效形式最具危险性？

　　2. 一项合理的选材应满足哪些基本要求？遵循怎样的基本程序进行？

　　3. 如何确定零件使用性能要求？在利用具体性能指标进行选材时应注意哪些问题？

　　4. 机械产品的总消费成本由哪几部分组成？如何在选材时控制生产环节的成本？

　　5. 提出环境与资源原则的自然、社会背景是什么？这一原则对材料的选用提出了哪些要求？

　　6. 什么是零件的尺寸效应？其实质是什么？对材料的选用有什么影响？

　　7. 试从车轴的工作条件和失效形式分析主要使用性能要求。

　　8. 不同的机械产品，如大众消费品、工业设备、先进武器，在选材时如何权衡产品的性能要求与经济性？

9. 图 8-19 所示零件在使用中从 A 处断裂。经检查材料和热处理都无问题,请指出断裂原因,并提出改进意见。

10. 试分析常用手工工具改锥的性能要求,并选择锥杆和锥柄的材料。

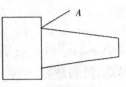

图 8-19  习题 9 图

11. 一承受单向拉伸载荷($P = 110$ mm),长度为 1 m 的实心圆柱零件。有两种被选材料:Q345(相对成本 1),16Mn(相对成本为 1.25)。请定量分析:①如只考虑零件的刚度,应选哪种材料?②如只考虑零件的强度,应选哪种材料?可节约多少成本(相对值)?

12. 某火箭发动机壳体的工作应力 $\sigma_1 = 1\,300$ MN/m$^2$,探伤测得壳体中最大裂纹的半长 $a = 1$ mm,已知裂纹的形状因子 $Y = 1.4$,现有两种高强钢 $A$,$B$:

| 材料 | 材 料 性 能 | |
| --- | --- | --- |
| 高强钢 $A$ | $\sigma_s = 2\,000$ MN/m$^2$ | $K_{IC} = 47$ MN/m$^{3/2}$ |
| 高强钢 $B$ | $\sigma_s = 1\,600$ MN/m$^2$ | $K_{IC} = 75$ MN/m$^{3/2}$ |

如从安全性考虑应选择哪种材料?

# 第九章 机械零件设计中的材料选择

## 第一节 考虑刚度的材料选择

刚度是材料受力时抵抗弹性变形的能力,当构件的尺寸一定时,其大小用弹性变形范围内的应力与应变的比值(即弹性模量)表示。弹性模量反映的是材料弹性变形的难易程度,其本质是材料内部原子结合力的大小。各种工程材料的弹性模量数值有很大差别,主要是因为材料具有不同的结合键和键能,化学键越强材料的弹性模量越高。热处理、压力加工等因素,对其的影响很小。因此,弹性模量是材料最稳定的性质之一,是一个组织不敏感的力学性能指标。

绝大多数材料是在弹性范围内使用的,因此学习根据刚度选材的准则,对合理选用材料有重要意义。

### 一、梁的选材准则

在弹性范围内,各种梁在外力作用下产生的挠度($\delta$)可以用材料力学知识求出。以悬臂梁(如图 9-1 所示)为例,其挠度 $\delta$ 为

$$\delta = \frac{Pl^3}{3EI} \tag{9-1}$$

式中,$P$ 为悬臂梁承受的外载;$I$ 为梁的惯性矩;$E$ 为弹性模量;$l$ 为梁的长度。

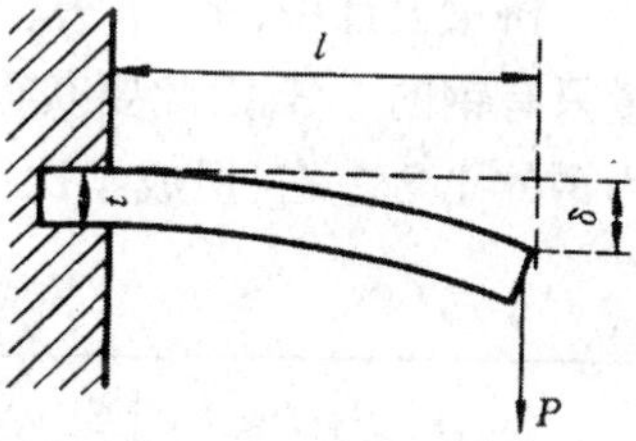

以刚度作为选材的主要依据时,可以引入结构效率的概念。结构件的结构效率可取构件所承受的载荷与其重量之比,即

$$结构效率 = \frac{载荷}{重量} = \frac{P}{W} \tag{9-2}$$

如果梁为正方形截面,其宽度为 $b$,$I = b^4/12$,则式(9-1)可改写为

图 9-1 承受载荷的悬臂梁

$$b = \left( \frac{4l^3}{E} \cdot \frac{P}{\delta} \right)^{1/4} \tag{9-3}$$

而梁的重量($\rho$ 为材料密度)为

$$W = lb^2\rho = l\rho \left( \frac{4l^3}{E} \cdot \frac{P}{\delta} \right)^{1/2} = 2l^{5/2} \left( \frac{P}{\delta} \right)^{1/2} \frac{\rho}{E^{1/2}} \tag{9-4}$$

因此,

$$结构效率 = \frac{P}{W} = \frac{(P\delta)^{1/2}E^{1/2}}{2l^{-5/2}\rho} \tag{9-5}$$

对于给定的刚度,当$[E^{1/2}/\rho]$最大时,梁的重量最小,结构效率最高。于是$[E^{1/2}/\rho]$便是选材的准则。

同样道理,对于承受单向压缩载荷的细长结构件(即压杆)和受压实心平板等构件可以利用材料力学的知识,推导它们的结构效率公式,从而可以导出基于刚度的选材准则。对于压杆其选材准则为$[E^{1/2}/\rho]$,而平板挠曲的选材准则为$[E^{1/3}/\rho]$。

## 二、梁的选材分析

从(9-5)式可见,对于最轻质量的梁而言,碳纤维复合材料是最佳的,但价格昂贵,这就限制了它的广泛使用,目前只用于飞行器或高级运动设备,但随着复合材料工业的发展,它的价格将逐渐降低,那时将可应用于高速列车和汽车制造,以减轻车体重量,并节约燃料,在很多场合下可能与金属材料竞争。木头虽然比碳纤维复合材料的质量大1倍左右,但由于其价格低廉,所以是理想的选用材料,这就是为什么木头广泛用于小型建筑物的梁、网球拍竿、撑竿跳高的竿,甚至可用于制造飞机的原因。如表9-1所示,在相同刚度下,水泥和木头是最便宜的材料。过去自行车曾用木头制造,现在已被金属(钢)所取代,这并不是由于钢的弹性性能优于木头,而是钢可以方便地加工成管材,管形梁在弯曲时的刚度要比相同重量的实心梁大得多。钢的价格虽然贵一些,但它能制成各种截面的钢材,有较高的刚度/质量比,这就补偿了钢的成本较高的缺点。尽管泡沫材料很轻,但用它作梁时,其质量竟接近于混凝土梁,所以泡沫材料是不理想的选用对象。

桥梁设计中,钢、木头、混凝土都是可供选择的不相上下的材料。铝合金的弹性模量只有钢的1/3,因此要获得相同刚度,铝合金梁的截面应大一些;铝合金梁的质量仅为钢的1/2左右,但成本比钢高5倍,故应用较少。

表 9-1　在给定刚度下各种梁的数据

| 材　　料 | $(\rho/E^{1/2}) \times 10^3$ ($N^{1/2}m^{-3/2}$) | $p_m$ (美元/t) | $p_m \cdot (\rho/E^{1/2}) \times 10^3$ (美元 $N^{-1/2}m^{-2}$) |
|---|---|---|---|
| 混凝土 | 12 | 290 | 305 |
| 木　头 | 5.5 | 431 | 204 |
| 钢 | 17 | 453 | 7.7 |
| 铝 | 10 | 2 330 | 24 |
| 玻璃纤维/树脂 | 10 | 3 300 | 33 |
| 碳纤维/树脂 | 2.9 | 198 000 | 574 |
| 泡沫聚氨脂 | 13 | 1 100 | 14 |

# 第二节　强韧化材料选择

在机械制造、交通运输车辆以及各种技术装备的工程技术发展中,有一个几乎完全一致的要求,即在保证安全使用时,尽可能减轻自身重量、减小结构体积、节约能源和材料,以降低成本。提高材料强度或比强度是使零部件减轻自重,提高功效的最简易而又有效的途径之一。随着工程技术各领域对高强材料的要求不断提高,新型高强材料也在不断地出现和发展。钢材从普通低碳钢发展为低合金高强钢和双相钢,随着火箭发动机等的发展需要,又逐步形成了低合金、中合金和高合金超高强度钢。同时还研制了新型的陶瓷、复合材料等新材料以适应各种不同的需要。

但是,在发展和应用高强材料,尤其是高强度钢的过程中,曾因强度提高、塑性和韧性不足而出现构件脆断,造成了巨大的损失。其中既有船舶和桥梁的断裂,也有火箭发动机壳体、火炮身管等部件的重大爆炸事故。

材料的强度与塑性、韧性之间往往是相互矛盾的。在不改变成分和生产工艺的情况下,提高强度往往会造成韧性的降低。同时,材料本身存在着可能成为裂纹源的缺陷。随着材料强度的提高,尤其是达到很高的强度水平时,在裂纹前沿应力集中程度急剧增高,直至超过许用应力而引起裂纹扩展。

从技术经济角度来看,研究钢的强韧化,可以充分挖掘现有材料的性能潜力,可以大量节约材料和建设经费,降低产品的成本。因此,发展钢的强韧化可以获得巨大的经济效益和社会效益。

## 一、材料静强度选材准则

### (一)选材准则

静强度是材料承受室温短时稳态载荷的能力,它是一种可外延的性能,即在承受较高的载荷时,当材料强度不够时,只需加大构件的截面尺寸就可以满足。因此,进行大载荷设计时,最简单的方法就是加大截面尺寸,而不一定非要选择高强度材料。但是有三个原因必须选用高强度材料:减小体积;减轻重量;降低成本,节约材料。如果容纳空间很小时就应考虑上述第一条;在交通运输系统,减轻重量的重要性和取得的效益是不言而喻的。

以静强度作为选材的主要依据时,同样可以引入结构效率的概念。对于简单的拉杆的结构效率[(9-2)式]可改写为

$$结构效率 = \frac{载荷}{重量} = \frac{P}{W} = \frac{[\sigma]A}{LA\rho} = \frac{[\sigma]}{L\rho} \tag{9-6}$$

式中,$L$ 为简单拉伸构件的长度;$A$ 为杆的截面积;$\rho$ 为材料密度;$P$ 为外加载荷;$W$ 为杆的重量;$[\sigma]$ 为设计时的许用应力。若引入载荷系数 $f$(安全系数),则有 $[\sigma] = \sigma_s / f$;

于是,

$$结构效率 = \frac{\sigma_s}{\rho} \cdot \frac{1}{fL} \tag{9-7}$$

显然,静强度的最大结构效率的选材准则为:$[\sigma_s/\rho]$。考虑单位重量的材料成本 $p_m$,则选材准则为$[(\sigma_s/\rho) \cdot p_m]$。上述表达式是从简单拉杆导出的,当承载体的结构复杂和载荷类型变化时,选材准则应有相应变化。

**(二)汽车车身选材分析**

随着燃料费日益上涨,如何减少汽车行驶中的燃料消耗已成为汽车设计和制造业面临的重要问题。研究表明,汽车行驶中的燃料消耗与汽车自重有关,汽车自重减少,就可节约燃料,而汽车车身的重量约占总重量的 60% ,因此减小车身尺寸和选用质量较轻的材料可有效减小汽车自重。

车身设计时必须满足刚度和强度要求。图 9-2 为车身在受力时弹性变形和塑性变形的情况。

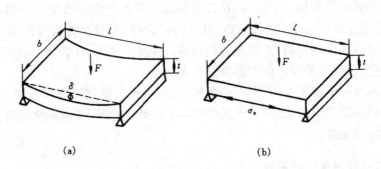

(a)　　　　　　　　　　(b)

图 9-2　车身弹性变形和塑性变形示意图
(a)弹性变形;(b)塑性变形。

设车身长为 $l$,宽度为 $b$,在力 $F$ 作用下允许的最大弹性翘曲为 $\delta_c$。以刚度为设计依据时,规定 $\delta_{max} \leqslant \delta_c$。由材料力学知识可知:

$$\delta_{max} = \frac{Fl^3}{4Ebt^3} \leqslant \delta_c \tag{9-8}$$

由此可求出车身厚度 $t$ 为

$$t = (\frac{Fl^3}{4b\delta_c})^{1/3} \cdot E^{-1/3} \tag{9-9}$$

由于(9-9)式中 $F,l,b,\delta_c$ 由设计技术要求决定,为固定值,因此车身厚度$(t)$仅与材料弹性模量$(E)$有关。

车身重量$(M)$为

$$M = btl\rho = (\frac{Fb^2 l^6}{4\delta_c})^{1/3} E^{-1/3} \rho \tag{9-10}$$

式中 $\rho$ 为材料密度。可见,车身重量($M$)与弹性模量($E$)和密度($\rho$)有关,即 $M$ 与 $E^{-1/3}\rho$ 成正比。

以强度为设计依据时,规定 $\sigma_{\max}\leqslant[\sigma]=\sigma_s$。根据材料力学知识,车身所受最大应力 $\sigma_{\max}$ 为

$$\sigma_{\max}=\frac{3Fl}{2bt^2}\leqslant\sigma_s \tag{9-11}$$

由此可求出车身厚度($t$)为

$$t=(\frac{3Fl}{2b})^{1/2}\sigma_s^{-1/2} \tag{9-12}$$

车身重量($M$)为

$$M=btl\rho=(\frac{3Fbl^3}{2})^{1/2}\sigma_s^{-1/2}\rho \tag{9-13}$$

可见,车身厚度($t$)只与屈服点($\sigma_s$)有关;车身重量($M$)与屈服点($\sigma_s$)和密度($\rho$)有关,即 $M$ 与 $\sigma_s^{-1/2}\rho$ 成正比。

综上分析,若要车身厚度小,应尽量选用 $E$ 和 $\sigma_s$ 高的材料;若要车身轻,则应尽量选用 $E^{-1/3}\rho$ 或 $\sigma_s^{-1/2}\rho$ 小的材料。

## 二、轴类零件的选材分析

根据轴的工作条件和失效方式,对轴用材料应提出如下要求:①良好的综合力学性能,为减少应力集中效应和缺口敏感性,防止轴在工作中的突然断裂,需要轴的强度和塑性、韧性有良好配合;②高的疲劳强度,防止疲劳断裂;③良好的耐磨性,防止轴颈磨损。

### (一)轴类零件的选材分析

轴类零件是典型的疲劳失效零件,但由于疲劳极限难以测定,除少数要求比较高的轴类零件按疲劳设计外,目前一般是通过建立疲劳与普通拉伸性能之间的经验关系来加以解决。

通常钢的强度指标 $\sigma_b$ 与 $\sigma_s$ 愈高,疲劳极限 $\sigma_{-1}$ 也愈高,而且还与钢中的第二相质点(包括非金属夹杂物)的形状、大小、数量和分布有关。第二相质点往往是疲劳源的形成处,因此要用 $\sigma_b$ 表示 $\sigma_{-1}$,为了更精确些,还应考虑与第二相质点有关的塑性性能指标(断面收缩率 $\Psi_k$)。一般有

$$\sigma_{-1}=0.25(1+1.35\Psi_k)\sigma_b \tag{9-14}$$

(9-14)式适用于低、中强度级别的钢。从(9-14)式可以看出,要求钢有较高的疲劳极限,也就是要求钢有较高的强韧性配合。此外,材料的弯曲疲劳极限($\sigma_{-1}$)和抗压疲劳极限($\sigma_{-1p}$)以及扭转疲劳极限($\tau_{-1}$)之间还有下列经验关系,可用于估算不同载荷类型下的疲劳极限。

$$\sigma_{-1p} = 0.85\sigma_{-1} \qquad (钢) \qquad\qquad (9\text{-}15)$$

$$\sigma_{-1p} = 0.65\sigma_{-1} \qquad (铸铁) \qquad\qquad (9\text{-}16)$$

$$\tau_{-1p} = 0.55\sigma_{-1} \qquad (钢及轻合金) \qquad (9\text{-}17)$$

$$\tau_{-1} = 0.8\sigma_{-1} \qquad (铸铁) \qquad\qquad (9\text{-}18)$$

因此,为了兼顾强度和韧性,同时考虑疲劳抗力,轴一般用中碳钢或中碳合金调质钢(主要有 45,40Cr,40MnB,30CrMnSi,35CrMo 和 40CrNiMo 等)制造。具体来说,选材料原则为:

1. 受力较小,不重要的轴一般选用普通碳素钢。

2. 受弯扭交变载荷的一般轴广泛使用中碳钢,经调质或正火处理。要求轴颈等处耐磨时,可局部表面淬火。

3. 同时承受轴向和弯扭交变载荷,又承受一定冲击的较重要的轴,可选用合金调质钢,如 40Cr,40MnB,40CrNiMo 等,经调质和表面淬火。

4. 承受较重交变载荷、冲击载荷和强烈摩擦的轴,可选用低合金渗碳钢渗碳淬火回火,如 20Cr,20CrMnTi,20MnVB 等。

5. 承受较重交变载荷和强烈摩擦,转速高、精度要求高的重要轴,可选用氮化钢(如 38CrMoAl)调质后氮化处理。

6. 对主要经受交变扭转载荷、冲击较小、要求耐磨而又结构复杂的轴,可选用球墨铸铁;对大型低速轴可采用铸钢。

(二)轴类零件选材方法

1. 方法一

对强韧性要求高的整体淬火回火轴,当所要求的强度($\sigma_s$ 和 $\sigma_b$)已知时,可由图 9-3 和图 9-4 确定所应要求的硬度和最低含碳量,在满足强度的前提下,保留较高的塑性和韧性。例如,当要求 $\sigma_s \approx 1\,340$ MPa时,由图 9-3 可知回火后的硬度应为 HRC48。图 9-3 给出的 95% 马氏体的硬度为钢刚淬火后的硬度,因为钢回火后的硬度比刚淬火后的硬度要低,因此需通过图 9-4 的对应关系找出回火后硬度(HRC48)所对应的刚淬火后的硬度,由图 9-4 可知淬火硬度为 HRC53。故可选择的钢的最低含

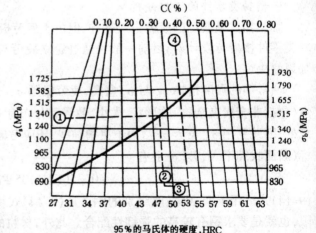

图 9-3　强度要求和材料最低含碳量及硬度要求的关系

碳量为 0.4%（选择过程为图 9-3 的 ① → ② → ③ → ④）。

## 2．方法二

这种方法适用于主要承受弯曲载荷、扭转载荷和轴向载荷的轴类零件。

（1）弯曲载荷的轴内应力分布为

$$\sigma = kEy \qquad (9-19)$$

式中，$\sigma$ 为法向应力；$k$ 为曲率，在一定载荷下纯弯曲时为常数；$E$ 为弹性模量；$y$ 为离中性轴线的距离。所以最大应力值在外表面上。

（2）承受扭转载荷的轴内应力分布为

$$\tau = E\rho\theta \qquad (9-20)$$

式中，$\tau$ 为剪应力；$G$ 为剪切模量；$\rho$ 为距圆心的径向距；$\theta$ 为扭转角，在一定载荷下纯扭转时为常数，所以应力的最大值也在外表面上。

（3）对于轴向载荷，轴截面上应力分布均匀。

所以，主要受扭转、弯曲的轴，可以不必用淬透性很高的钢种，而受轴向载荷的轴，由于心部受力也较大，选用的钢应具有较高的淬透性。图 9-5 提供了一个帮助选择轴

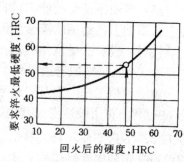

图 9-4　回火硬度对淬火硬度得最低要求

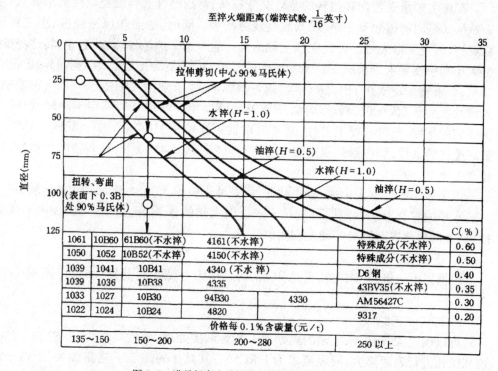

图 9-5　满足规定力学性能的轴用钢种的选择

的材料的方法。在图中,从横轴上轴的直径数值处引水平线,根据轴的主要载荷形式(受扭转、弯曲还是受拉伸、剪切)和拟用的淬火冷却方式,与相应的曲线相交。由交点在上边横轴上找到钢的淬透性大小,在下边找到可选用的钢种及其价格。

【例】　设有一受拉伸的轴,结构设计确定其直径为 $\phi37.5$,工作应力为700 MPa,安全系数 $k=2$,试选取合适材料。

**解**　根据工作应力及安全系数,所选钢的屈服强度应为1 400 MPa,相应的硬度约为 HRC48。再由硬度考虑其他因素,确定所选钢的碳含量。按淬硬性公式(淬透的硬度 $HRC=60\sqrt{C\%}+16$),算出钢的碳含量小于 0.30% 时,淬火后硬度达不到 HRC48,因此所选钢的碳含量应在 0.3% 以上。由于回火时硬度要降低,加之实际淬火难以达到理论硬度值,所以假定低温回火后硬度比理论值低约 HRC5。这样,即使采用低温回火工艺,钢的含碳量也不应低于 0.4%。如采用更高碳含量,钢的强度未显著提高,但韧性变坏,所以钢的含碳量以 0.4% ~0.45% 为宜。然后再由图 9-5 确定具体钢种。受拉轴的应力分布均匀,要求轴中心淬透。为了避免变形,采用油淬。按照这样的分析,如图中箭头线所示,给定轴可采用 10B41 钢(即我国的 40B 钢)制造。

(三)车床主轴选材分析

1. 工况与性能要求分析

车床主轴承受弯曲和扭转的复合交变载荷,对耐磨性和精度稳定性要求高,其主要失效形式是因磨损而丧失精度,其次是疲劳断裂。同时,也必须保证强度、刚度和尺寸稳定性,避免变形失效。因此机床主轴的选材应考虑摩擦条件、载荷轻重、转速高低、冲击大小和精度要求等情况。对承受摩擦的轴颈,其硬度要求视轴承类别而异;巴氏合金轴承,要求轴颈硬度在 HRC50 以上,锡青铜轴承,要求硬度在 HRC56 以上;钢质轴承,要求硬度大于 HV900。转速增高,所要求的硬度相应增加。若采用滚动轴承,则为了保证装配精度,改善装配工艺性,通常要求轴颈淬硬至 HRC40~50。某些主轴需经常装卸配件的部位,如内锥孔或外锥度处,应淬硬度 HRC45 以上,对高精度的机床,应淬硬至 HRC56 以上。

由于该车床主轴为中速、轻中载荷,所受冲击也不大,且在滚动轴承中运转,所以一般水平的综合力学性能即可满足要求。但大端的轴颈、锥孔和卡盘、顶尖之间有摩擦,这些部位要求有较高的硬度和耐磨性。

2. 选材

根据以上分析,车床主轴可选用 45 钢。车床主轴的载荷较大时,可用 40Cr 钢制造。

3. 加工工艺路线

可以确定 45 钢机床主轴的热处理工艺为调质处理,硬度要求为 HBS220~250;轴颈和锥孔进行表面淬火,硬度要求为 HRC52。其具体的加工工艺路线为:下料→锻造→正火→粗车→调质→精车→轴颈、锥孔表面淬火→低温回火→磨削加工→成品。

（四）内燃机曲轴选材分析

曲轴是内燃机中把往复运动变为旋转运动的关键零件,承受周期变化的惯性力、扭转和弯曲应力,在主轴颈与连杆颈处产生摩擦,在高速内燃机中还要承受扭振的作用。对曲轴性能要求是高强度、一定的弯曲和扭转疲劳强度、适当的冲击韧性、轴颈处高硬度以保证耐磨性能。

人们在实践中发现,疲劳强度是曲轴最重要的使用性能,冲击韧性不需很高。许多著名的厂家都用球墨铸铁制造曲轴,收到很好的技术经济效果。球墨铸铁曲轴比锻钢曲轴工艺简单、生产周期短、材料利用率高(切削量少),成本只有锻钢曲轴的 20% ～ 40%。目前普遍倾向于只有强化的内燃机曲轴或结构紧凑的内燃机限制曲轴尺寸时才用锻钢。此外,由于大断面球墨铸铁球化困难,易产生畸变石墨使性能降低,所以大功率内燃机的大断面曲轴多用合金钢制造。下面简述锻钢和球墨铸铁两类曲轴的工艺过程及性能特点。

1. 合金钢曲轴

东方红型内燃机车曲轴采用全纤维锻造工艺,使曲轴的纤维组织完全按照力线分布。12V180 型曲轴选用 42CrMoA 钢。全长 2 048 mm,净重 415 kg,曲轴的性能要求为:①强度:$\sigma_b \geqslant 950$ MPa,$\sigma_s \geqslant 750$ MPa;②塑性:$\delta \geqslant 12\%$,$\Psi \geqslant 45\%$;③冲击韧性:$a_k \geqslant 70$ J/cm$^2$;④硬度:整体 HRC30～35,轴颈表面 HRC58～63,硬化层深 3～8 mm。

42 CrMoA 钢曲轴生产工艺过程为:下料→锻造→退火(消除白点及锻造内应力)→粗车→调质→细车→低温退火(消除内应力)→精车→探伤→表面淬火→低温回火→热校直→低温去应力→探伤→镗孔→粗磨→精磨→探伤。

2. 球墨铸铁曲轴

130 型汽车球铁曲轴选用 QT600-2 球墨铸铁,技术要求为:①强度:$\sigma_b \geqslant 600$ MPa;②塑性:$\delta \geqslant 2\%$;③冲击韧性:$a_k \geqslant 15$ J/cm$^2$;④硬度:HBS250～300;⑤金属基体金相组织中珠光体占 80%～90%。其加工路线为:熔铸(含球化处理)→正火→切削加工→表面处理(表面淬火或软氮化或圆角滚压强化)→成品。

**三、齿轮类零件的选材分析**

根据第八章齿轮失效分析,可以知道齿轮的性能要求是:高的弯曲疲劳强度;高的接触疲劳强度和耐磨性;较高的强度和冲击韧性;较好的热处理工艺性能,使热处理变形小或变形有一定规律。

齿轮类零件根据不同使用要求,主要可以分为四类。

（一）低速齿轮

1. 低速大型从动齿轮　如矿山机械中的低速大型从动齿轮,由于尺寸很大带来尺寸效应,淬火不可能淬透。这类齿轮通常不做淬火处理,可选用 ZG45 钢等,在铸态或正火状态下使用。

2. **低速轻载齿轮**　如低转速传动齿轮(转动线速度约为 1~6 m/s),一般情况下选用 40、50 钢,负荷稍大的可选用 40Cr 与 38CrSi 等钢,经调质后使用,齿面硬度通常为 HBS200~300。其加工工艺路线为:下料→锻造→正火→粗加工→调质→齿形加工。对于要求很低的该类齿轮,可用灰口铸铁或普通碳素结构钢来制造,热处理可用正火替代调质。

(二)中速齿轮

如内燃机车变速箱齿轮和普通机床变速箱齿轮,转速中等(转动线速度 6~10 m/s)、载荷中等,可选用 45,40Cr,42CrMo 等钢经调质和表面淬火后制成,硬度一般 HRC50 以上,其加工工艺路线为:下料→锻造→正火→粗加工→调质→精加工→表面淬火→低温回火→磨削。

例如,东风型内燃机车从动牵引齿轮选用 42CrMo,其加工工艺路线为:下料→锻造→880 ℃正火→粗车→860~870 ℃淬火(油淬)→620 ℃高温回火+油冷→精加工→中频淬火→180~200 ℃低温回火→磨齿→检验,最终组织为表面回火马氏体,心部回火索氏体,最终齿面硬度 HRC54~58。

(三)高速齿轮

1. **高速中载受冲击齿轮**　如汽车变速箱齿轮、柴油机燃油泵齿轮,速度较高,负荷也较大,承受较大冲击,一般可用 20 或 20Cr 钢经渗碳热处理制成,渗碳层厚约 0.8~1.2 mm,表面硬度 HRC58~63,其加工工艺路线为:下料→锻造→正火→机械加工→渗碳→淬火→低温回火→磨削。

2. **高速重载大冲击动力传动齿轮**　如内燃机车的动力牵引齿轮、汽车驱动桥主从动齿轮等,由于速度很大(转动线速度>10 m/s),传递很大的扭矩、载荷很重,受冲击也大,因此对强度,韧性和耐磨性,抗疲劳性能要求很高,采用高淬透性的合金渗碳钢。一般材料可选用 20CrMnTi,20CrMnMo,12CrNi3A 及 12Cr2Ni4A 等钢。其加工工艺路线为:下料→锻造→正火→机械加工→渗碳→淬火→低温回火→磨削。

例如,东风₄型内燃机车主动牵引齿轮选用 20CrMnMo,其加工工艺路线为:下料→锻造→880 ℃退火→粗、精加工→930 ℃气体渗碳/11 h→空冷至800 ℃在硝盐中保温 30 min并在油中分级淬火→180 ℃低温回火/5 h,空冷→磨齿→检验。最终组织为表面是碳化物+高碳回火马氏体+残余奥氏体,心部是低碳回火马氏体,齿面硬度 HRC60~64。

(四)特殊用途齿轮

1. **精密齿轮**　如高速精密齿轮或工作温度较高的齿轮,要求热处理变形较小,耐磨性极好,一般选用 38CrMoAl 与 42CrMo 等氮化钢,经氮化处理后制成。加工工艺路线为:下料→锻造→正火→粗加工→调质→精加工→去应力退火→粗磨→氮化→精磨。

2. **仪表齿轮或轻载齿轮**　在仪表中的或接触腐蚀介质的轻载齿轮,常用一些抗蚀、耐磨的有色金属型材制造,常见的有黄铜(如 CuZn38,CuZn40Pb2)、铝青铜(如

CuAl9Mn2,CuAl10Fe3)、硅青铜(CuSi3Mn)、锡青铜(CuSn6P)。硬铝和超硬铝(如LY12,LC4)可制作重量轻的齿轮。

3. 轻载无润滑齿轮　在轻载、无润滑条件下工作的小型齿轮,可以选用工程塑料制造,常用的有尼龙、聚碳酸酯、夹布层压热固性树脂等。工程塑料具有重量轻、摩擦系数小、减振、工作噪音小等特点,故适于制造仪表、小型机械的无润滑、轻载齿轮。其缺点是强度低,工作温度不能太高,所以不能用作较大载荷的齿轮。

# 第三节　抗断裂材料选择

## 一、抗断裂材料设计准则

随着高强度钢和大型焊接结构的广泛应用,低应力脆断事故不断发生,引起了政府部门的重视,许多国家都投入大量人力物力进行研究。经多方研究表明:断裂是由长度 $0.1\sim 1$ mm的裂纹所引起,裂纹源可能是咬边、焊裂、夹杂和晶界开裂等。

(一)抗断裂材料设计准则

材料的断裂韧性 $K_{IC}$ 值,可用于高强度钢、超高强度钢或大尺寸零件的设计计算。如:

1. 当已探测出零件中的裂纹形状和尺寸,可根据材料的 $K_{IC}$ 值计算判定零件工作是否安全。断裂的判据:当 $K_I \geqslant K_{IC}$ ,裂纹失稳扩展;

2. 根据材料内部宏观裂纹尺寸 $(a)$ ,计算零件不产生脆断所能承受的最大内应力 $(\sigma_c)$ ;而设计的许用应力,应该以所求断裂应力值除一定的安全系数,这样构件就可认为是安全的了。

3. 根据材料所承受载荷的大小,计算不产生脆断所允许的内部宏观裂纹。

(二)断裂力学在选材中的应用举例

已知铝合金薄板,厚度为6 mm,裂纹长度 $2a = 30$ mm,应力场强度因子的表达式为 $K_I = 1.12\sigma\sqrt{\pi a}$ ,可供选择的铝合金性能参数如表9-2所示。

表9-2　几种铝合金的 $\sigma_s$ 和 $K_{IC}$ 值

| 铝　合　金 | $\sigma_s$(MPa) | $K_{IC}$(MPa·m$^{1/2}$) |
|:---:|:---:|:---:|
| LY12-T3 | 276 | 121 |
| LC3 | 448 | 41 |
| LY12-T8 | 400 | 70 |
| LC4-T7 | 386 | 82 |

根据 $K_I$ 表达式,有: $\sigma_f = K_{IC}/1.12 \cdot \sqrt{\pi a} \approx K_{IC}/0.24$ ,若设计应力 $[\sigma] = \sigma_s/f$ ( $f$ 为安全系数),可将各种材料下的设计应力和断裂应力作一比较,如表9-3所示。

由表9-3可见,对LY12-T3合金,设计应力远低于断裂应力,这自然是安全的,但显然不经济。但 LC3 合金是绝对不可选用的,设计应力大大超过了该材料的断裂应力。对于后两种合金,从安全的角度似乎 LC4-T7 更合适一些。究竟选择哪一种,还应从其他角度进行分析,比如考虑材料的腐蚀抗力、疲劳裂纹的扩展速率以及成本等。

表 9-3　几种铝合金薄板的设计应力与断裂应力的比较

| 铝　合　金 | 设计应力 $[\sigma]$ (MPa) | 断裂应力 $\sigma_f$ (MPa) | $f = \sigma_f / [\sigma]$ |
|---|---|---|---|
| LY12-T3 | 172.5 | 504 | 2.9 |
| LC3 | 280 | 171 | 0.6 |
| LY12-T8 | 250 | 292 | 1.2 |
| LC4-T7 | 241 | 342 | 1.4 |

### 二、压力容器选材分析

压力容器的种类繁多,包括小型贮气罐、化工设备中的各种反应器、核反应堆的压力壳以及火箭和宇宙飞船的外壳等。尽管压力容器内的介质、压力和温度有很大差异,但是所有压力容器都可能在内部压力作用下发生过量塑性变形,器壁减薄而失效,这是压力容器设计时应考虑的首要问题。

压力容器为防止突然爆裂和引起灾难性事故,进行安全设计的做法是:对小压力容器,常用断裂前保证材料整体屈服的方法;对于大型压力容器,则保证断裂前容器内先有液体或气体渗漏出来,一旦检验到溢出液体或气体,便可及时补修,以杜绝容器突然爆破的事故发生。

图 9-6 示出了压力容器的破坏方式。图中纵坐标为容器的工作应力,以最大切向应力 $\sigma_t$ 表示($r$ 为容器半径,$t$ 为容器壁厚),横坐标为容器壁上的裂纹尺寸 $a$。按 $K_I = \sigma \sqrt{\pi a}$,可以求出快速断裂压力 $\sigma$ 与裂纹尺寸 $a$ 的关系,如图中曲线所示:

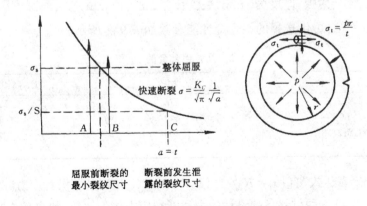

图 9-6　圆柱形压力容器的断裂方式

(1)裂纹尺寸处于位置 $A$,则 $\sigma_s < \sigma$,材料先发生屈服;

（2）裂纹尺寸处于位置 $B$，则 $\sigma_s > \sigma$，此时将发生突然爆裂；

（3）裂纹尺寸处于位置 $C(a \geqslant t)$，裂纹扩展的临界尺寸 $a_c$ 大于或等于容器壁厚，容器在断裂前，会先有液体或气体溢出。

显然，为了防止突然破坏事故，可选用较低的工作应力，压力容器设计时常使其工作应力 $[\sigma]$ 为 $\sigma_s/f$，$f$ 为安全系数，降低工作应力 $[\sigma]$，可以通过减小容器内压或增大壁厚来实现。$[\sigma]$ 降低就可使裂纹临界尺寸移至 $C$ 位置。当然也可选用高韧性材料，使其在规定工作压力下，临界裂纹尺寸大于或等于容器壁厚，防止爆裂事故。

因此，对于小型容器，为保证断裂前材料整体屈服，应选用 $K_{IC}/\sigma_s$ 较大的材料；对于大型容器，为保证断裂前有渗漏发生，最好选用 $K_{IC}^2/\sigma_s$ 较大的材料，故压力容器多用低合金高强钢。对于不同用途的压力容器还应考虑其他因素，如耐蚀性、抗疲劳裂纹扩展能力、蠕变等。

# 第四节　抗疲劳材料选择

## 一、影响材料疲劳性能的因素

疲劳断裂是工件在变动载荷（指载荷大小或大小和方向随时间按一定规律呈周期性变化或呈无规则随机变化的载荷）作用下，经过长时间工作发生的断裂现象。承受疲劳载荷的零部件，如飞机飞行时机翼受到不同大小气流的冲击；活塞式发动机的曲轴旋转时受到周期变化的弯曲与扭转载荷，而连杆受到交替变化的拉、压载荷；汽车、火车运行时，板簧或圆簧经受反复弯曲。疲劳破断是工程构件中最常见的失效原因，80% 以上的零部件失效与疲劳有关。

疲劳断裂常常是从零部件表面的某些缺陷造成的应力集中处开始，因而材料的疲劳极限不仅对材料的组织结构敏感，而且对工作条件、加工处理条件等外因也很敏感。现将可能影响疲劳极限的一些因素归纳如下：

### 1. 材料的冶金质量的影响

冶炼、浇注及成材过程中可能引起化学成分不均、夹杂物、气体、疏松及各种缺陷组织等材质问题，其中夹杂物对疲劳性能的影响最大。钢中夹杂物使疲劳性能明显下降，材料的强度水平越高，夹杂物的影响越大，它不仅可以作为疲劳裂纹的核心，还会使裂纹扩展的速率增快。减少夹杂物的含量能够明显改善疲劳性能，因此，对于重要零件的用材，在一般熔炼基础上，还应采用真空熔炼、真空除气甚至电渣重熔等工艺，以降低材料的夹杂物含量。

### 2. 构件的应力集中

实际零件不可避免地带有多种形式的缺口，如台阶、键槽、螺纹、孔等。缺口造成应力集中，使疲劳极限降低。缺口越尖锐，$\sigma_{-1}$ 下降越多。所以防止疲劳失效的最简单方案是尽量减少不必要的应力集中。粗糙的加工表面也会引起应力集中,同一材料经不同切削加工工艺(车、铣、刨、磨、抛光等)后,表面粗糙度相差很大,因此疲劳寿命也差别甚大。例如抗拉强度为 980 MPa 的 CrMo 钢,抛光后的 $\sigma_{-1}$ 为 540 MPa,磨削则为 500 MPa,精车为 400 MPa,粗车后仅为 351 MPa。对于带有裂纹的构件,裂纹的发展起了支配作用,构件的应力集中或表面粗糙度就不再影响疲劳性能。

3. 表面处理及表面应力状态

疲劳源多产生于零件表面,因此采用表面强化处理是提高疲劳强度的有效途径。通常对零件进行的表面处理,有表面滚压、喷丸、表面淬火、渗碳、渗氮、碳氮共渗以及激光热处理、离子注入等。这些处理一方面提高了材料表层强度,推迟裂纹萌生,另一方面,可能是更重要的,在表层形成有利的残余压应力。

图 9-7(a)给出了构件表面处理后的残余应力分布,当构件受到外加拉应力时,残余应力与之叠加,如图 9-7(b)所示,两者叠加后,表层实际应力仍为压缩应力而不是拉应力。疲劳过程中,拉应力是裂纹发生和扩展的重要因素,降低拉应力水平甚至转变为压应力,形成有利的残余应力分布可使疲劳过程大大减缓,例如汽车板弹簧热处理后再经表面喷丸处理,使用寿命可以提高 2～3 倍。

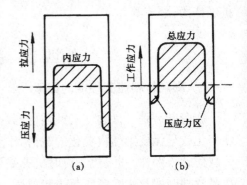

图 9-7 残余应力分布及与工作应力叠加后分布
(a)残余应力分布;
(b)工作应力和残余应力叠加后的分布。

4. 合金的成分与组织

碳是影响结构钢疲劳极限的主要因素。合金钢中合金元素是通过提高钢的淬透性和改善组织来提高疲劳极限的。固溶于奥氏体中的合金元素能提高淬透性,改善钢的韧性,从而提高疲劳极限。

细化晶粒可以提高疲劳极限,因为晶界是裂纹扩展的一种障碍。组织均匀性好的回火马氏体和回火屈氏体,其疲劳极限较高,但淬火组织中的未溶铁素体和过多的残余奥氏体等非马氏体组织将使疲劳极限下降。

## 二、疲劳裂纹扩展速率与寿命估算

金属疲劳的总寿命($N_f$)可以认为是无裂纹寿命($N_0$,即疲劳裂纹形核寿命)和裂纹扩展寿命($N_p$)组成。研究发现,$N_0/N_f$ 比值很小,如 $N_f = 10^6$,$N_0/N_f$ 仅为 0.05 或 0.1,即疲劳裂纹扩展寿命($N_p$)占总寿命的绝大部分。因此,研究疲劳裂纹扩展速率对于发挥材料的使用潜力,估算机件的剩余寿命都有重要意义。

疲劳裂纹在亚临界扩展阶段内,每一个应力循环裂纹沿垂直于拉应力方向扩展的距离,定义为疲劳裂纹扩展速率,以 $da/dN$ 表示。决定 $da/dN$ 的主要力学参量是应

力场强度因子幅 $\Delta K$。$\Delta K$ 是交变应力的最大应力和最小应力所对应的应力场强度因子之差,即

$$\Delta K = K_{I\max} - K_{I\min} = Y\Delta\sigma\sqrt{a} = Y(\sigma_{\max} - \sigma_{\min})\sqrt{a} \tag{9-21}$$

在空气下进行疲劳试验时,$da/dN$ 与 $\Delta K_I$ 之间存在图 9-8 所示的关系,可见该图可以分为三个区四个直线阶段:

Ⅰ区——疲劳裂纹不扩展区:直线很陡。将直线外延到相当于 $da/dN = 10^{-6} \sim 10^{-7}$ mm/次所对应的 $\Delta K_I$ 值,称为疲劳裂纹不扩展的应力场强度因子幅门槛值,以 $\Delta K_{th}$ 表示。$\Delta K_I$ 小于 $\Delta K_{th}$ 时,疲劳裂纹不扩展。

Ⅱ区——疲劳裂纹亚临界扩展区或裂纹线形扩展区:图 9-8 中Ⅱ区有 $AB$、$BC$ 两直线阶段,但通常将两段的试验数据放在一起处理,得到一条直线,用帕里斯(P.C.Paris)公式表示:

$$\frac{da}{dN} = A(\Delta K_I)^n \tag{9-22}$$

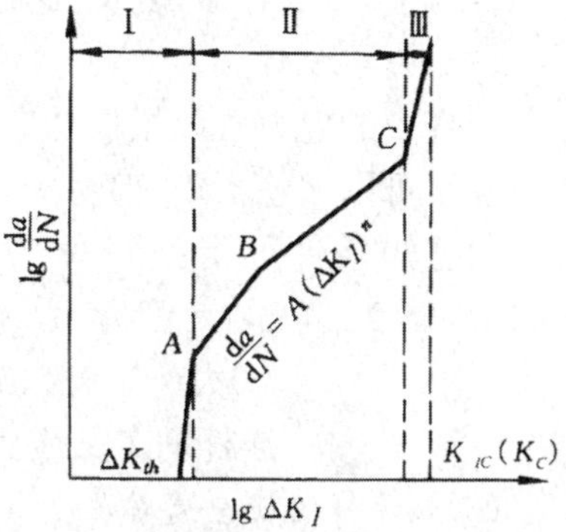

图 9-8　$da/dN$ 与 $\Delta K_I$ 的双对数关系

式中,$n$ 为直线的斜率,$A$ 为直线的截距。$n$ 和 $A$ 均为材料常数,可由实验确定。

Ⅲ区——疲劳裂纹失稳扩展区:在 $C$ 点以后,$da/dN$ 随 $\Delta K_I$ 增加急剧增大。当裂纹尖端附近的应力场强度因子 $\Delta K_{I\max}$ 或 $\Delta K_{\max}$ 达到材料的断裂韧性 $\Delta K_{IC}$ 或 $\Delta K_C$ 时,裂纹迅速失稳扩展,并引起最后断裂。

由式(9-22)可知,疲劳裂纹扩展速率主要决定于应力场强度因子幅 $\Delta K_I$,只要测出材料常数 $n$ 和 $A$,根据裂纹尖端附近 $\Delta K_I$ 值,便可计算材料的疲劳裂纹扩展速率,进而可估算出机件的疲劳寿命:

$$N_f = \int dN = \int_{a_0}^{a_C} \frac{da}{A(\Delta K_I)^n} \tag{9-23}$$

式中,$a_0$ 为疲劳裂纹的初始长度,$a_C$ 为疲劳裂纹失稳扩展的临界长度。

一般条件下,$K_I = Y\sigma\sqrt{a}$,$\Delta K_I = Y\Delta\sigma\sqrt{a}$,代入(9-23)式,得

$$N_f = \int_{a_0}^{a_C} \frac{da}{A(Y\Delta\sigma)^n \cdot a^{n/2}} \tag{9-24}$$

假定在裂纹扩展过程中,$Y$ 不变,由积分式(9-24)就可获得裂纹自初始尺寸 $a_0$ 扩展至临界尺寸 $a_C$ 所需的循环周次,即疲劳寿命为

$$N_f = \frac{2}{A(Y\Delta\sigma)^n(n-2)}\left[\frac{1}{a_0^{\frac{n-2}{2}}} - \frac{1}{a_C^{\frac{n-2}{2}}}\right] \quad (n \neq 2) \tag{9-25}$$

$$N_{\mathrm{f}} = \frac{2}{A(Y\Delta\sigma)^{n}}(\ln a_{C} - \ln a_{0}) \quad (n=2) \tag{9-26}$$

### 三、实例分析——连杆安全寿命估算

已知:某蒸汽发动机最大功率为77 227.4 W≈7.8×10$^4$ W,转速为15 r/min,每次转动可以举起30 t重的重量。发现其铸铁连杆(连杆的尺寸为长0.61 m,截面为0.04 m$^2$)中有2 cm长的裂纹,这种情况下,该蒸汽发动机还能工作多久?

(一)力学分析

连杆中的应力可以根据功率和速度加以计算,当然这种近似计算的误差很大,所得数值甚至可以相差1倍,但对于问题的结论没有多大影响。

由已知条件可得:功率 = 7.8×10$^4$ W,转速 = 15 r/min = 0.25 r/s,行程 = 4×0.61 m/r = 2.44 m/r。因为:力×2×行程×转速≈功率,故

$$力 \approx 7.8\times10^{4}/(2\times2.44\times0.25) \approx 6.4\times10^{4} \text{ N} \tag{9-27}$$

$$连杆的名义应力 \approx F/A = 6.4\times10^{4}/0.04 \approx 1.6 \text{ MPa} \tag{9-28}$$

(二)连杆的安全寿命

已知铸铁的 $K_C$ = 18 MN·m$^{-3/2}$,连杆的应力场强度因子是

$$K = \sigma\sqrt{\pi a} = 1.6\sqrt{\pi\times0.02} \approx 0.40 \text{ MN·m}^{-3/2} \tag{9-29}$$

此值远低于材料的 $K_C$ 值,所以连杆暂时不存在快速断裂的危险性,它的主要失效方式是裂纹在疲劳载荷下的逐渐发展而引起的疲劳断裂。

疲劳裂纹的扩展可用(9-22)式表示:

对于铸铁,$A = 4.3\times10^{8}$ m(MN·m$^{-3/2}$)$^{-4}$,$n = 4$

又　　　　　　　　　　　　　$$\Delta K = \Delta\sigma\sqrt{\pi a} \tag{9-30}$$

将上述关系代入裂纹扩展方程,积分得到裂纹从 $a_1$ 生长至 $a_2$ 时所需要的周次

$$N_{\mathrm{f}} = \frac{1}{A\Delta\sigma^{4}\pi^{2}}\left(\frac{1}{a_{1}} - \frac{1}{a_{2}}\right) \tag{9-31}$$

上式可在很大的裂纹尺寸范围内适用。

现在来计算裂纹从2 cm生长至3 cm所要的周次

$$N_{\mathrm{f}} = \frac{1}{4.3\times10^{-8}\times3.2^{4}\times\pi^{2}}\left(\frac{1}{0.02} - \frac{1}{0.03}\right) \approx 3.7\times10^{5} \tag{9-32}$$

从以上分析可以判断,蒸汽机在 $3.7\times10^5$ 次循环内工作是安全的。当运行功率小于7.8×10$^4$ W时,寿命会更长,由(9-30)式可知,3 cm长的裂纹也远小于它的不安全尺寸,即使再工作 $3.7\times10^5$ 次也是安全的。

应该指出,对结构总寿命的估计是很复杂的,因为随着裂纹的生长,裂纹的几何特征将明显改变,计算时应考虑这些问题,实际上,必须定期检测裂纹长度,才能决定是否能继续使用,或者采用更为复杂的分析方法。另外,材质的均匀性、介质、温度波动和应

力变化频谱等因素都对疲劳裂纹扩展有影响。因此,上述计算方法还不能直接用于指导生产。

# 第五节　耐磨损材料选择

磨损是缩短机械零部件寿命的主要因素之一。磨损不仅是机械零部件的一种失效形式,也是引起其他后来的失效的最初原因;磨损的碎屑会造成其他零件表面的损伤、润滑油的污染与油路的堵塞;零件配合因磨损而使间隙加大时,会增加机械的振动、冲击和疲劳,同时又加剧磨损,最终导致机械失效,或者即使不失效,也会使力学性能降低、精度和产品质量降低。

对机械零部件进行抗磨损设计,不仅可以提高机械设备的可靠性和寿命,而且可以大量节约能源和原材料,其社会经济效益是非常大的。

## 一、材料的磨损

两个摩擦表面在法向力作用下相对运动时所产生的磨损过程是十分复杂的,它涉及弹塑性力学、材料科学、表面物理和化学等多门学科。

(一)磨损的基本过程

磨损的基本过程大致可以分为以下三个阶段:

(1)摩擦表面相互作用　包括机械作用和分子作用两种。机械作用可以是两表面粗糙峰直接啮合所形成的二体磨损,也可以是表面间夹有外界磨粒的三体磨损。当分子作用力小时,两表面相互吸引;而分子作用力大时,则发生粘着现象。

(2)表层变化　由于接触表形、摩擦温度和环境条件等的影响,摩擦过程表层将产生复杂的变化。表面接触中的塑性变形将使金属冷作硬化而变脆,当表层发生反复的弹性变形时,将产生疲劳破坏。接触高温和温度条件能使表层组织结构发生变化,从而改变材料表层的性质。

(3)表层破坏　摩擦表面的破坏表现为材料微粒的脱落,磨损类型决定于微粒尺寸和表层破坏性质。

(二)磨损的分类

现在比较通用的分类方法是按磨损机制划分,即:粘着磨损、磨粒磨损、疲劳磨损、微动磨损和腐蚀磨损。事实上,一种磨损形式,经常是由一种或多种磨损机制所决定的,而同一种机制,由于工况条件的不同可能产生不同的磨损形式,因此正确的分类应把形式与本质区分开来,即把磨损失效的形貌特征与造成这种特征的磨损机制区分开来,明确形式-机制-条件三者的关系,如图9-9所示。

## 二、抗磨损材料的选材原则

影响材料耐磨性的因素很多,相互间的关系也很复杂。要提高材料的耐磨性主要可从以下三个方面入手:

(1)改善摩擦副之间的接触状态。使用润滑剂使在摩擦副表面形成润滑介质膜、表面吸附膜或表面反应膜,可以达到减轻磨损的目的;严格控制摩擦副表面几何形貌,也可以减少磨损。

(2)选择适当的材料配合。

(3)对摩擦副表面进行表面强化,提高耐磨性的效果十分显著。

但由于材料的耐磨性是一种系统性能,所以,某些类型的耐磨材料常常只适用于一定的工况条件,条件变了,这种类型的耐磨材料就不一定适宜了。另外,对于某种工况条件,可考虑选用几种不同的耐磨材料。因此选材时,应综合考虑耐磨材料的特性、零件工作特点、经济因素、资源条件等多方面的因素进行最佳选择。

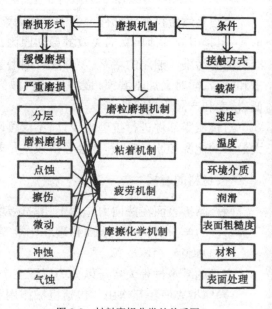

图 9-9　材料磨损分类的关系图

例如高锰钢是一种常用的耐磨材料,但是它只有在经受高冲击或高压力条件下才能得到充分的加工硬化,而获得较好的耐磨性能。又如,白口铸铁是一种很硬的耐磨材料,但由于它的脆性大,限制了它在某些工况条件下(如承受冲击或振动)的应用。至于有些特殊工况(如高真空、高温、低温等),就更要仔细地了解在这种条件下的磨损类型和特性,然后才能达到合理选择材料的目的。

一般来说,一个完整的选材过程应包括以下四个步骤:

(1)分析摩擦副的工况条件(包括确定其载荷、应力、环境温度、滚动或滑动速度、周围介质情况、使用要求、经济性、工艺等),明确其磨损类型;

(2)预选摩擦副材料;

(3)校核摩擦副的强度、摩擦特性(包括摩擦力和力矩的大小和变化规律,热应力大小等),验算尺寸、寿命、应力和变形等;

(4)根据实验室试验、实物试验或工业试验,修改确定材料的选配方案。

表 9-4 列出了各种磨损类型对材料作出的性能要求。

下面就不同磨损类型介绍它们各自的材料选配规律。

## 表9-4　各种磨损类型要求材料具备的性能

| 磨损类型 | 要求材料具备的性质 |
|---|---|
| 粘着磨损 | 互相接触的相配材料相互溶解度应较低;在工作表面温度下抗热软化能力好;表面能低 |
| 磨粒磨损 | 有比磨粒更硬的表面;较高的加工硬化能力 |
| 冲蚀磨损 | 在小角度冲击时材料要有高硬度;大角度冲击时有高韧性 |
| 接触疲劳 | 高硬度高韧性;精加工时加工性能好;流线性好;要去除硬的非金属夹杂物;表面无微裂纹 |
| 腐蚀磨损 | 无钝化作用时*,要提高其抗腐蚀介质侵蚀能力,兼有抗蚀和耐磨性能 |
| 微动磨损 | 提高抗环境腐蚀的能力;高的耐磨粒磨损性能;使耐磨时形成软的腐蚀产物;同相配表面具有不相容性 |
| 高温磨损 | 在加热时仍具备高的热硬性;能形成硬而韧的玻璃状氧化表面;在更高温度时有抗快速氧化能力,热传导能力强 |
| 高速磨损 | 有高的导热能力;良好的耐热冲击性能;热膨胀系数小;高熔点 |

*某些耐蚀合金的钝化膜因磨粒磨损会加重被侵蚀的程度。

### (一)抗粘着磨损

在摩擦过程中,两摩擦表面的实际接触部位由于粘着效应而形成粘结点(冷焊点)。滑动时粘结点发生剪切断裂,使接触表面的材料由一个表面转移至另一个表面,这种现象称为粘着磨损。粘着磨损的主要特征是出现材料转移,同时沿滑动方向不存在不同程度的磨痕。

粘着的形成,是因为摩擦表面的实际接触面积只占名义接触面积很小的比例。这样,接触峰点压力很高,并产生塑性变形,引起表面局部温升。而由于摩擦副主体较大,一旦脱离接触,表面温度便迅速下降,高温持续时间一般只有几毫秒。接触峰点处于这种状态下,润滑膜或其他表面膜就会破坏,在表面力作用下接触峰点形成粘接点。随后,在滑动中粘结点破坏。如此粘着——破坏——再粘着的循环过程就构成粘着磨损。

抗粘着磨损的材料的匹配应遵循以下规律:

1.两种材料的固态互溶性低,不易粘着。一般晶格类型相近、晶格常数相近的材料互溶性较大,最典型的就是相同材料间很易粘着。可把材料(纯物质)与钢匹配时抗粘着磨损能力分为优、良、可、差四类,即:

(1)优——锗、银、镉、铟、锡、锑、铊、铅、铋;

(2)良——碳、铜、硒、镉、碲;

(3)可——镁、铝、铜、钡、锌、钨;

(4)差(立即咬死)——铍、硅、钙、钛、铬、铁、钴、镍、锆、铌、钼、铑、钯、钕、钽、铱、铂、金、钍、铀。

2.两种材料间形成金属间化合物,可减少粘着效应,因为金属间化合物具有脆弱的共价键。

3.塑性材料比脆性材料易粘着。

4．材料熔点、再结晶温度、临界回火温度愈高，或表面能愈低，愈不易粘着。

5．多相组织比单相组织不易粘着。例如珠光体就比奥氏体或铁素体不易粘着。

6．金属与非金属的匹配优于金属与金属的匹配。

7．提高材料表面硬度，表面不易塑性变形，因而不易粘着。对于钢 HV700（HRC70）以上不会产生粘着。

8．合金钢中各种合金碳化物具有不同的抗粘着性能，大约为 Cr∶W∶Mo∶V≈2∶5∶10∶40。

9．各种金属材料，当压力 $p > 1/3$(HB)时开始塑性变形，因此摩擦副表面压强 $p \approx 1/3$(HB)时出现粘着现象，大大加速磨损。

10．奥氏体不锈钢互配极易粘合；钢轴与含 Sn，Pb 的轴承合金相配，具有良好抗粘着能力；轴瓦表面镀 Ag，In 有利于抗粘着；脆性灰口铸铁，抗粘着性能优于钢；聚四氟乙烯（PTFE）与钢匹配很耐粘着，且摩擦系数低、表面温度低；耐热的热固性塑料（聚酰亚胺、环氧树脂、酚醛树脂等）较热塑性塑料为好，后者怕热，易软化。

（二）抗磨粒磨损

外界硬颗粒或硬表面的粗糙峰在载荷作用下嵌入摩擦表面，滑动中引起表面材料脱落的现象，统称磨粒磨损。它的特征是表面沿滑动方向形成刻痕。磨粒磨损是最普遍的磨损形式，据统计其损失占整个磨损损失的一半左右。例如掘土机铲齿、犁耙、球磨机衬板等都是常见的磨粒磨损；机床导轨表面由于切屑存在也会引起磨粒磨损；水轮机叶片和船舶螺旋桨等与泥沙之间的冲蚀现象等也属磨粒磨损。

抗磨粒磨损的材料的匹配应遵循如下规律：

1．纯金属和未经热处理的钢（退火钢），其耐磨性与硬度成正比。

2．通过热处理提高材料硬度能提高耐磨性。

3．冷作硬化提高硬度，也能提高耐磨性，尤其是塑性材料和较软材料。

4．对于淬硬钢，如果硬度相同，则含碳量高的钢耐磨性好。

5．马氏体耐磨性优于珠光体，珠光体又优于铁素体；回火马氏体耐磨性比不回火的高；下贝氏体可与马氏体耐磨性相当；低碳马氏体有良好耐磨性；马氏体中的碳化物细小均匀分布比粗大为好；网状碳化物不好。

6．单相组织不如多相组织耐磨。

7．同样硬度值，合金碳化物比渗碳体耐磨；碳化物的合金元素原子愈多就愈耐磨。

8．钢中加入碳化物形成元素，有利于提高耐磨性。若合金元素仅溶于铁素体中则不起作用。

9．对三体磨损（所谓三体，就是指磨屑，由磨屑参加的磨粒磨损通常称为三体磨损），当表面硬度（$H_m$）约为 1.4 倍介质颗粒硬度（$H_a$）时效果最佳，再高则无效；当 $H_m < 0.6H_a$ 时，提高 $H_m$ 无效；$H_a$ 低于 500～1 000HV 或者高于 2 000HV 时均好；$H_a$ 在 1 500HV 左右时磨损率最高。三体磨损的介质粒度小于100 $\mu m$时，越小则表面磨损率

越低;粒度大于100 μm时,粒度与磨损率无关。

10．关于动、静件的硬度匹配关系,动件硬度是最主要的,但太脆却不耐磨。

11．一些常用的抗磨粒磨损的材料有:

(1)低碳低合金钢(如 16Mn,15MnMoVN 等)淬成低碳马氏体,在低于 100～150 ℃下使用,耐磨性高于低碳钢,而工艺、价格相近。

(2)中碳钢(40、45 钢)和中碳低合金钢(40Cr,42CrMo 等)具有较好的强度和耐磨性,常用作齿轮、轴等。

(3)高碳低合金钢 GCr15 和 CrWMn 等更为耐磨,常作柴油机柱塞泵的喷油嘴以及其他对耐磨性要求比较高的零件。

(4)如果要求耐磨和耐锈蚀性,可用马氏体不锈钢(3Cr13,4Cr13)淬火后低温回火的组织,在液体介质中工作的泵或叶轮等可用 ZGCr8CuMo 等。

(5)高碳高合金钢常用于对耐磨性要求极高的零件,如挖掘机的斗齿,颚式破碎机衬板、坦克拖拉机履带等常用 ZGMn13,这种钢有很强的加工硬化能力。

(6)铸造石墨钢耐磨性优于 ZGMn13,且价廉,兼有铸钢和铸铁的性能,可用作球磨机衬板等,但导热性差。

(7)耐磨铸铁耐磨性好,经济性佳,但比合金钢脆,强度也差。适合于矿山、水泥、煤粉、农机等耐磨件。

(8)硬质合金、人造金刚石等烧结材料,价高,但极坚硬,常用于高速切削工具或特殊轴承。

(三)抗接触疲劳(磨损)

两个相对滚动或滚动兼滑动的摩擦表面,在交变接触压应力长期作用下,使得材料表面因疲劳损伤导致局部区域产生小片(块)剥落使物质损失的磨损现象,称为接触疲劳或疲劳磨损。其宏观特征是在接触表面上出现许多小针状或痘状凹坑,有时凹坑很深,呈贝纹状,有疲劳裂纹发展线的痕迹。一般接触疲劳破坏分为麻点剥落(点蚀)、浅层剥落和深层剥落等三类。

抗接触疲劳(磨损)的材料的匹配应遵循以下规律:

1．表面硬度与抗接触疲劳能力大体呈正比关系,故提高硬度有利于抗接触疲劳。若硬度过高,太脆,反而使接触疲劳寿命下降。滚珠轴承钢硬度为 HRC62 时,接触疲劳抗力最高。

2．对于软表面(低于 HBS350),摩擦副之间硬度差为 HBS50～70 时,两表面易于磨合、服贴,有利于抗接触疲劳。例如齿轮传动,小齿轮调质,大齿轮正火,其接触疲劳抗力明显优于调质对调质的匹配。

3．为严格控制初始裂纹和非金属夹杂,需严格控制冶炼和轧制过程。

4．钢中碳化物宜细小、分布均匀;当钢含碳量高于 0.53% 时,马氏体易粗大,脆性增加。

5. 锰钢做齿轮抗接触疲劳性能好,具有良好淬透性,表面硬度高,晶粒细;铬钢、钒钢也有防止晶粒长大、淬透性好等优点;需要抗腐蚀时,宜用马氏体不锈钢,有较好的耐磨性及耐接触疲劳性;灰口铸铁虽然硬度低于中碳钢,但由于石墨片状不定向,且摩擦系数低,故有较好的接触疲劳抗力;陶瓷材料具有高硬度和良好的抗接触疲劳能力,而且高温性能好,但多数不耐冲击,性脆。

（四）抗微动磨损

所谓微动是指一种紧配合接触表面间反复的、周期的、相对滑动距离极小（微米量级）的动作和运动状态。微动造成的损伤称为微动损伤,可分为三种形式:(1)微动磨损,是指接触表面间的相对位移由外界振动所引起,试件不受任何预应力作用的一种微动模式;(2)微动疲劳,是接触表面的相对运动由外界交变疲劳应力引起的微动模式;(3)微动腐蚀,是在腐蚀介质中发生的微动模式。微动磨损、微动疲劳和微动腐蚀实质上是微动的三种模式,并非是有人认为的三种不同损伤机制。

微动磨损常发生在名义上相对静止的两接触表面之间。用螺钉或铆钉联接的两搭接板之间的接触表面,在交变工作载荷作用下会产生微小相对滑动,引起微动磨损。类似地,在轮盘和轴的静配合表面、叶片榫头和轮盘上榫槽的配合表面、键联接的接触表面、多股钢丝绞成的钢缆绳中的钢丝之间的接触表面等,都可能产生微动磨损。

一般来说,适于抗粘着磨损的材料匹配也适于抗微动磨损,此外抗蚀性好,可形成软的氧化屑或磨屑,抗磨粒磨损好,都能有利于抗微动磨损。实践证明:灰口铸铁与不锈钢匹配（加 $MoS_2$ 润滑）,灰口铸铁对铜、灰口铸铁对灰口铸铁（加 $MoS_2$ 润滑）,以及工具钢对工具钢,钢对聚四氟乙烯等都有很好的抗微动磨损能力;而铝对灰口铸铁、铝对不锈钢、镀铬表面对镀铬表面、工具钢对不锈钢等匹配性质较差。

（五）抗腐蚀磨损

在摩擦过程中,接触表面与环境介质发生化学或电化学反应形成腐蚀产物,腐蚀产物的形成和脱落引起腐蚀磨损,它是摩擦化学与机械作用共同作用的结果。典型的腐蚀磨损有氧化磨损和特殊介质腐蚀磨损两种。

1. 氧化磨损　任何存在于大气中的机件表面总有一层氧的吸附层。当摩擦副作相对运动时,产生塑性变形,塑性变形加速了氧向金属内部扩散,从而形成氧化膜。由于形成的氧化膜强度低,在摩擦副继续作相对运动时,氧化膜被凸起部所磨破,裸露出新表面,从而又发生氧化,随后又再被磨去。如此氧化膜形成又除去,机件表面逐渐被磨损,这就是氧化磨损过程。氧化磨损的宏观特征是在摩擦面上沿滑动方向呈匀细磨痕,其磨损产物为红褐色 $Fe_2O_3$,或为灰黑色 $Fe_3O_4$（指钢铁材料）。

2. 特殊介质腐蚀磨损　化工设备中的摩擦副,由于金属与酸、碱、盐等介质作用而形成腐蚀磨损。其机理与氧化磨损类似,但磨痕较深,磨损量也较大,磨屑呈颗粒状和丝状,是酸、碱、盐的金属间化合物。

抗腐蚀磨损应选用耐腐蚀的材料,尤其是在其表面形成的氧化膜能与基体结合牢固,氧化膜韧性好且致密的材料,具有优越的抗腐蚀磨损能力。

按照耐磨的要求选择材料,是一个很重要的问题,它首先要根据磨损的类型,考虑材料本身的性质及配件材料的性质,材料匹配的相容性有时还与环境条件以及工作参数有关,在一种工况下相容的材料,在另一种工况下可能不相容。所以,选材问题是很具体的,不宜笼统认为"换好材料"或"提高硬度"对抗磨均有利。表 9-5 列举了按磨损机制推荐的抗磨材料。表 9-6 列出了根据工况和需要的性能推荐的抗磨材料。

表 9-5　推荐的抗磨材料

| 材　料 | 粘着磨损 | | 疲劳磨损 | | 冲击磨损 | 液体冲蚀磨损 | 滚动磨粒磨损 | 滑动磨粒磨损 | 三体磨粒磨损 | 固体冲蚀磨损 | 滴落冲蚀磨损 | 气蚀磨损 |
|---|---|---|---|---|---|---|---|---|---|---|---|---|
| | 无润滑 | 有润滑 | 无润滑 | 有润滑 | | | | | | | | |
| 结构合金 | | | | | | | | | | | | |
| 　表面处理 | ☆ | ☆ | | | | | ☆ | ☆ | ☆ | | | |
| 　硬表面涂层 | ☆ | | | | ☆ | | ☆ | ☆ | ☆ | ☆ | ☆ | |
| 　软涂层 | ☆ | ☆ | | | | | | | | | | |
| 合金钢 | | ☆ | ☆ | ☆ | ☆ | | ☆ | ☆ | ☆ | ☆ | ☆ | |
| 工具钢 | ☆ | ☆ | ☆ | ☆ | ☆ | | | ☆ | ☆ | | | ☆ |
| 不锈钢 | | | | | | | | | | | | |
| 　沉淀硬化 | | | ☆ | ☆ | | ☆ | | | | | | |
| 　马氏体硬化 | | ☆ | ☆ | ☆ | | ☆ | | | ☆ | ☆ | | |
| 铸铁 | | | | | | | | | | | | |
| 　石墨型 | ☆ | ☆ | ☆ | | | | ☆ | ☆ | ☆ | | | |
| 　白口 | ☆ | | | | | | ☆ | ☆ | ☆ | | | |
| 高温合金 | | | | | | | | | | | | |
| 　难熔材料 | ☆ | ☆ | | | ☆ | | | | ☆ | | | |
| 　超合金 | | ☆ | ☆ | | | ☆ | | | | | ☆ | ☆ |
| 铜合金 | | | | | | | | | | | | |
| 　青铜 | | ☆ | | | | ☆ | | | | | | |
| 　铍青铜 | | ☆ | | | ☆ | | | | | | | |
| 锡基轴承合金 | | ☆ | | | | | | | | | | |
| 碳化物 | ☆ | | ☆ | | | | | | ☆ | ☆ | ☆ | |
| 陶瓷 | ☆ | | | | | ☆ | ☆ | ☆ | ☆ | | | |
| 聚合物 | | | | | | | | | | | | |
| 　热固性 | ☆ | | | | | | | | | | | |
| 　热塑性 | ☆ | ☆ | | | | | | | | | ☆ | |
| 　弹性材料 | | ☆ | | | | | ☆ | ☆ | | ☆ | ☆ | ☆ |
| 碳 | ☆ | | | | | | | | | | | |
| 润滑复合材料 | ☆ | ☆ | | | | | | | | | | |

表 9-6　根据工况和需要的性能推荐的材料和性质

| 工　况 | 推　荐　的　材　料　和　性　质 |
| --- | --- |
| 高应力 + 冲击 | 高锰钢、韧性、冷加工硬化性 |
| 低应力 + 滑动 | 韧性不重要、淬硬钢、合金铸铁、硬表面层材料、混凝土、陶瓷 |
| 高耐磨性，成本可高 | 硬质合金 |
| 耐蚀 | 不锈钢、橡胶、塑料 |
| 耐磨 + 低摩擦系数 | 强化的聚合物 |
| 高温下耐磨 + 抗热裂 + 抗热冲击 | 高铬合金铸铁、高铬合金钢、某些陶瓷 |

### 三、滑动轴承的选材分析

(一)滑动轴承的主要失效形式

当轴旋转时,轴瓦和轴发生强烈的摩擦,并承受轴颈传给的交变载荷。

滑动轴承的损坏反映在轴承温度的升高、振动与噪声的增大以及运转精度的丧失上。主要失效形式有:磨损、疲劳、腐蚀和冲蚀等。这些失效形式往往会同时出现或互为因果,相互转化。

1. 磨损　这里指粘着磨损和磨粒磨损。轴承过载(包括偏载)、过热和缺乏润滑剂或边界膜的破坏都会造成不同程度的粘着磨损。进展性粘着磨损又会导致轴承过热,严重时产生胶合或咬死。此外,因轴承与轴颈材料热膨胀不同而引起轴承间隙的减小,甚至过盈,也会造成咬死。磨粒磨损主要是由于外来硬颗粒物质在轴承表面上的犁刨或刮削,其现象是沿滑动方向呈现许多犁沟或划痕。磨损的程度与磨粒的硬度、形状、大小、锐度以及载荷和磨粒滑动的距离有关。

2. 疲劳　变载、振动和轴承结构的挠曲所引起的交变应力会使轴承金属产生疲劳裂纹。

3. 腐蚀　一般情形下润滑剂变质生成的酸性化合物对轴承表面会产生腐蚀。含铅的轴承易受油内酸性物质的腐蚀,在轴承表面上呈现墨色斑点,逐渐扩展呈小块剥落。

4. 冲蚀与气蚀　对于高转速轴承,在油孔、油沟、油室或轴承部分表面处,流体束对轴承的冲击强烈,甚至产生旋涡,造成金属材料的脱落,构成冲蚀。变载和润滑油通过轴承流动压力的波动会引起气泡或油蒸气泡,特别是蒸气泡能迅速形成和崩溃,崩溃时产生很高的压力,造成轴承表面的气蚀。

(二)滑动轴承的性能要求

根据滑动轴承的受力特点、工况和失效方式,对它可以提出如下性能要求:①足够的强度和硬度,以承受轴颈较大的单位压力;②足够的塑性和韧性,高的疲劳强度,以承受轴颈的周期性载荷,并抵抗冲击和振动;③良好的磨合能力,使其与轴能较好地紧密配合;④高的耐磨性,与轴的摩擦系数小,并能保留润滑油,减轻磨损;⑤良好的耐蚀性、导热性、较小的膨胀系数,防止摩擦升温而发生咬合。

(三)滑动轴承对材料的要求

选择轴承和轴颈的材料配合时应考虑材料的以下性质:

1.相容性　指轴承与轴颈材料匹配的抗粘着磨损或抗咬合的能力。两同种金属相容性较差,它们的粘着效应大;而钢与锡、铅等合金匹配粘着效应就大有改善;非金属材料与金属匹配的粘着效应较小。

2.顺应性　是指材料适应轴的偏斜和其他几何误差的能力。弹性模量低的材料具有良好的顺应性。

3.嵌藏性　是指材料嵌藏外来硬颗粒而不外露,从而防止磨粒磨损的能力。一般顺应性好的材料,其嵌藏性也好。

4.润滑性　是指材料对润滑剂有较大的亲和力,而在材料表面上形成均匀附着油膜的能力。

5.磨合性　是指材料降低表面粗糙度而使轴承工作表面与轴颈表面相互吻合的能力。对钢轴来说,铅基合金的磨合性最好,锡基合金、铅青铜、锡青铜等依序次之。

所以,轴瓦材料不能选用高硬度金属,以免轴颈受到磨损;也不能选用软金属,否则承载能力过低易发生粘着。轴承合金应既软又硬,组织的特点是,在软基体上分布硬质点,或者在硬基体上分布软质点。若轴承合金的组织是软基体上分布硬质点,则运转时软基体受磨损而凹陷,硬质点将凸出于基体上,使轴和轴瓦的接触面积减小,而凹坑能储存润滑油,降低轴和轴瓦之间的摩擦系数,减少轴和轴承的磨损。另外,软基体能承受冲击和震动,使轴和轴瓦能很好的结合,并能起嵌藏外来小硬物的作用,保证轴颈不被擦伤。轴承合金的组织是硬基体上分布软质点时,也可达到上述同样目的。

常用的轴承合金按主要成分可分为锡基、铅基、铝基、铜基等数类,前两类统称巴氏合金。锡基和铅基巴氏合金、铝基轴承合金都是软基体硬质点类型的轴承合金,而铜基轴承合金则是硬基体软质点类型。

# 练　习　题

1.材料刚度设计的选材思想是什么?

2.金属材料的强化机制有哪几种?它们的强化原理分别是什么?

3.请分别针对本书介绍的金属材料强化机制各举2个实例。

4.影响材料韧性的因素有哪些?

5.提高材料强韧化水平的方法有哪些?

6.试述轴类零件的选材原理。

7.试述齿轮类零件的选材原理。

8.有 T10A,65Mn,42CrMo,Q235A,H68 等材料,请选择一种材料制造一内燃机车曲轴(已知:曲轴最大外径 $\phi280$,要求心部 $\sigma_s \geqslant 800$ MPa,$a_k \geqslant 56$ J/cm$^2$,轴体 HBS240

～300,轴颈 HRC58～60),并写出该曲轴的加工工艺路线,说明每道热处理工艺的作用和所获得的组织。

9. 有 T10A,65Mn,20Cr,Q235A 等四种材料,请选择一种材料制造一个运行速度较高、承受负荷较大且有冲击的传动齿轮,并写出该齿轮的加工工艺路线,说明每道热处理工艺的作用和所获得的组织。

# 参 考 文 献

[1]  束德林. 金属力学性能. 北京:机械工业出版社,1987.

[2]  《金属机械性能》编写组. 金属机械性能. 北京:机械工业出版社,1982.

[3]  何肇基. 金属力学性质. 北京:冶金工业出版社,1982.

[4]  沈莲编. 机械工程材料. 北京:机械工业出版社,1990.

[5]  陶岚琴,王道胤. 机械工程材料简明教程. 北京:北京理工大学出版社,1991.

[6]  韩德伟. 金属的硬度及其试验方法. 长沙:湖南科学技术出版社,1983.

[7]  杨道明. 金属机械性能基础知识问答. 北京:机械工业出版社,1990.

[8]  李庆春. 铸件形成理论基础. 北京:机械工业出版社,1983.

[9]  王寿鹏. 铸件形成理论及工艺基础. 西安:西北工业大学出版社,1994.

[10]  章熙康. 非晶态材料及其应用. 北京:北京科学技术出版社,1987.

[11]  王绪威. 非晶态材料及应用. 北京:高等教育出版社,1992.

[12]  王一禾,杨膺善. 非晶态合金. 北京:冶金工业出版社,1989.

[13]  俞德刚,谈育熙. 钢的组织强度学. 上海:上海科学技术出版社,1983.

[14]  谢希文,过梅丽. 材料科学基础. 北京:北京航空航天大学出版社,1999.

[15]  李杰. 工程材料学基础. 长沙:国防科技大学出版社,1995.

[16]  侯增寿,卢光熙. 金属学原理. 上海:上海科学技术出版社,1993.

[17]  李超. 金属学原理. 哈尔滨:哈尔滨工业大学出版社,1989.

[18]  胡德林. 金属学及热处理. 西安:西北工业大学出版社,1994.

[19]  俞德刚. 钢的强韧化理论与设计. 上海:上海交通大学出版社,1990.

[20]  崔昆. 钢铁材料及有色金属材料. 北京:机械工业出版社,1984.

[21]  中国机械工程学会铸造专业学会. 铸造手册—铸钢. 北京:机械工业出版社,1991.

[22]  陈兰芬. 机械工程材料与热加工工艺. 北京:机械工业出版社,1990.

[23]  戴枝荣. 工程材料及机械制造基础(Ⅰ)—工程材料. 北京:高等教育出版社,1992.

[24]  张守华,吴承建. 钢铁材料学. 北京:冶金工业出版社,1992.

[25]  赵世臣. 常用金属材料手册(第二版)—钢铁产品部分. 北京:冶金工业出版社,1986.

[26]  戚正风. 金属热处理原理. 北京:机械工业出版社,1987.

[27]  刘永铨. 钢的热处理(修改版). 北京:冶金工业出版社,1987.

[28]  徐祖耀. 马氏体相变与马氏体. 北京:科学出版社,1980.

[29]  方鸿生,等. 贝氏体相变. 北京:科学出版社,1999.

[30]  刘云旭. 金属热处理原理. 北京:机械工业出版社,1981.

[31]  G. A. Chadwick, Metallography of phase Transformation, London Butterworks 1972.

[32]  殷凤仕,姜学波等. 非金属材料学. 北京:机械工业出版社,1998.

[33]  梁光启. 工程非金属材料基础. 北京:国防工业出版社,1985.

[34]  [美]凯南斯·皮狄斯金. 工程材料的性能和选择. 吴颖思,童瑾,谢修才,谢善骁译. 北京:国防工业出版社,1988.

[35]  金志浩,周敬星. 工程陶瓷材料. 北京:机械工业出版社,1986.

[36]  詹武. 工程材料. 北京:机械工业出版社,1997.

［37］　王特典．工程材料．南京：东南大学出版社,1997.

［38］　莫之明,齐宝森,陈方生,彭其凤．材料科学与工程基础．上海：上海交通大学出版社,1997.

［39］　荆秀芝,陈文,杨武鸣．金属材料应用手册．西安：陕西科学技术出版社,1989.

［40］　邢淑仪,王世洪．铝合金和钛合金．北京：机械工业出版社,1987.

［41］　王焕庭,等．机械工程材料．大连：大连理工大学出版社,1991.

［42］　郑明新．工程材料．北京：清华大学出版社,1994.

［43］　[日]舟久保,等．形状记忆合金．北京：机械工业出版社,1992.

［44］　F. A. A. 克兰,J. A. 查尔斯．工程材料的选择与应用．北京：科学出版社,1990.

［45］　肖纪美．材料的应用与发展．北京：宇航出版社,1988.

［46］　[日]山本良一．环境材料．王天民译．北京：化学工业出版社,1997.

［47］　郑明新,朱张竣,等．工程材料习题与辅导．北京：清华大学出版社,1993.

［48］　张一公．常用工程材料选用手册．北京：机械工业出版社,1998.

［49］　宋子濂,史建平,邹定强,等．车轴断裂失效分析图谱．北京：中国铁道出版社,1995.

［50］　M. M. 法拉格．工程材料及加工选择,北京：机械工业出版社,1985.

［51］　许晋堃,陆大纮．机械工程材料,北京：中国铁道出版社,1989.

［52］　张鲁阳．工程材料．武汉：华中理工大学出版社,1990.

［53］　葛中民,侯虞铿,温诗铸．耐磨损设计．北京：机械工业出版社,1985.

［54］　刘家浚．材料磨损原理及其耐磨性．北京：清华大学出版社,1993.

［55］　沈莲,柴惠芬,石德珂．机械工程材料与设计选材．西安：西安交通大学出版社,1996.

［56］　沈莲．机械工程材料．北京：机械工业出版社,1999.

［57］　胡赓祥,钱苗根．金属学．上海：上海科学技术出版社,1980.

［58］　崔忠圻．金属学与热处理．北京：机械工业出版社,1995.